Peter Dörsam

Oberstufenmathematik leicht gemacht

Band 1:
Differential- und Integralrechnung

8. überarbeitete Auflage
mit zahlreichen Abbildungen und Beispielaufgaben

PD-Verlag Heidenau

Bibliografische Information der Deutschen Nationalbibliothek

Die Deutsche Nationalbibliothek verzeichnet diese Publikation in der Deutschen Nationalbibliografie; detaillierte bibliografische Daten sind im Internet über http://dnb.d-nb.de abrufbar.

1. Aufl. Juni 1996 (ISBN: 3-930737-01-9)
2. überarbeitete Aufl. Juni 1997 (ISBN: 3-930737-02-7)
3. überarbeitete und erweiterte Auflage März 2001 (ISBN: 3-930737-03-5)
4. überarbeitete und erweiterte Auflage 2003 (ISBN: 3-930737-04-3)
5. überarbeitete Auflage 2006 (ISBN 3-930737-66-3)
6. überarbeitete Auflage 2008 (ISBN 978-3-86707-166-6)
7. überarbeitete Auflage 2010 (ISBN 978-3-86707-167-3)
8. überarbeitete Auflage 2014, 43. - 48. Tausend

© 1996 - 2014 PD-Verlag, Everstorfer Str.19, 21258 Heidenau,
Tel. 04182/401037, FAX: 04182/401038
http://www.pd-verlag.de, e-mail: info@pd-verlag.de
Druck: Freiburger Graphische Betriebe GmbH

ISBN 978-3-86707-168-0

Vorwort

In der 3. Auflage wurden einige Fehler beseitigt, und es wurden zahlreiche Stellen überarbeitet, an einigen wenigen Stellen wurde auch die Gliederung verändert. Ganz neu sind die Abschnitte zum Newton-Verfahren (5.8) und zur Partialbruchzerlegung (8.6.3). Bei der 4. Auflage wurden wiederum einige Überarbeitungen und Erweiterungen vorgenommen. Zudem wurde in Abschnitt 5.1 eine detailliertere Untergliederung eingefügt. Bei der 5., 6., 7. und 8. Auflage wurden lediglich einige Überarbeitungen vorgenommen.

In dem Buch wird versucht, die Grundideen der mathematischen Zusammenhänge darzustellen, denn es ist meine feste Überzeugung, dass sich viele Dinge in der Mathematik durchaus „begreifen lassen". Diese Grundideen werden in der Regel anhand von Aufgaben erläutert. Erst nachdem auf diese Weise ein gewisses Verständnis vermittelt wurde, wird auf die allgemeineren Zusammenhänge eingegangen. Längere Beweisführungen gibt es in diesem Buch nur dort, wo sie für das Verständnis der Zusammenhänge nützlich sind.

Ausgangspunkt für dieses Buch war mein 1993 erstmals erschienenes Buch "Mathematik - anschaulich dargestellt - für Studierende der Wirtschaftswissenschaften". Die sehr positive Resonanz auf dieses Buch, 2008 ist die 14. Auflage erschienen, legte den Gedanken nahe, die Ausarbeitung auf die Bedürfnisse in der Oberstufe umzuarbeiten. Aus dieser Idee hat sich aber mittlerweile für weite Teile eine Neuausarbeitung ergeben. Dies liegt insbesondere daran, dass die Zusammenhänge in diesem Buch noch um einiges ausführlicher dargestellt worden sind.

Ich hoffe, dass dieses Buch sowohl für das Verständnis der Mathematik als auch für die Mathematikprüfungen eine echte Hilfestellung bietet. Für Verbesserungsvorschläge oder Hinweise auf Fehler bin ich stets dankbar.

Vielen Dank an dieser Stelle an Amelie Becker und Renate Dörsam für die Durchsicht und Hilfestellungen zur Verbesserung. Vielen Dank auch an alle, die mir Hinweise auf Fehler gaben bzw. Verbesserungsvorschläge machten. Insbesondere möchte ich Silke Blättner, Bernd von Borstel, Andreas Cohrs, Ann-Christin Dähnke, Frank Eichinger, Joachim Fuhrmann, Martin Kurz, Hendrick Neef, Gesche Raabe, Peter Scholl, Frank Skrzipietz, Udo Wenzel, Hendrik Wiese und Christopher Vogt danken.

Ein Gutteil dieser Ausarbeitung entstand während eines "Urlaubs" auf Fuerteventura. Vielen Dank an Jens Margull und Dirk Rehlmeyer für den, trotz der vielen Arbeit, gelungenen Urlaub.

Peter Dörsam

Inhaltsverzeichnis

6 Kurvendiskussion 105

1 Einleitung

Bei den nachfolgenden Ausführungen wurde versucht, eine einheitliche und verständliche Form der Darstellung zu wählen. Allerdings sind die Bezeichnungen in der Mathematik nicht immer einheitlich. Im Zweifelsfall sollte man sich an die im Unterricht benutzten Bezeichnungen halten. Dies gilt insbesondere für Klausuren.

Die Differentialrechnung dürfte von den in der Oberstufe behandelten Gebieten das Wichtigste sein. Nicht nur in den Naturwissenschaften, bei Ingenieurstudiengängen und in den Wirtschaftswissenschaften sind fundierte Kenntnisse der Differentialrechnung unerlässlich.

Die nachfolgenden Ausführungen versuchen nicht, die historische Entwicklung der Differential- und Integralrechnung, die man auch **Analysis** oder **Infinitesimalrechnung** nennt, nachzuvollziehen. Dies ist zwar interessant, aber in der Regel didaktisch wenig geschickt. Es wird vielmehr versucht, die innere Struktur der behandelten mathematischen Zusammenhänge schon in der Gliederung zum Ausdruck zu bringen.

Ein paar Zeilen zur Entstehung der Infinitesimalrechnung seien aber zunächst angeführt:

Die Analysis wurde im Wesentlichen von Gottfried Wilhelm Leibniz (1646–1716) und Isaak Newton (1643–1727) unabhängig voneinander entwickelt. Zwischen diesen beiden entbrannte dann auch ein heftiger Streit über den eigentlichen Urheber. Die wesentliche Leistung von Newton und Leibniz war die Abstraktion ins Unendliche, die Berechnung von Grenzübergängen, bei denen bestimmte Größen bis ins Unendliche wachsen oder unendlich nahe an einen bestimmten Wert herankommen, den sie aber nicht erreichen. Aus diesen Zusammenhängen wird auch der Begriff Infinitesimalrechnung verständlich, denn dies stammt von infinitum (lat. unendlich). Insbesondere die Physik und Technik wäre ohne die Infinitesimalrechnung nie bis zu ihrem heutigem Stand entwickelt worden.

2 Folgen und Reihen

2.1 Grundlagen

Wenn man eine bestimmte Anzahl von Zahlen in einer Reihenfolge anordnet, so nennt man dies eine **Folge** (oder auch Zahlenfolge). Die einzelnen Zahlen der Folge nennt man **Glieder**. Nachfolgend ein Beispiel für eine Folge:

$$1, 4, 7, 10, 13, 16, 19, \ldots$$

Die Folge kann, wie in dem vorherigen Beispiel, einer bestimmten Vorschrift unterliegen, wie die einzelnen Folgenglieder gebildet werden. In dem Beispiel entsteht ein Folgenglied jeweils, indem zu dem vorherigen Glied eine 3 addiert wird. Natürlich kann der Zusammenhang zwischen den Folgengliedern auch wesentlich komplizierter sein.

Man nummeriert die Folgenglieder der Reihe nach durch und bezeichnet die einzelnen Glieder mit a_i, wobei der Index die jeweilige Nummer angibt. Für die vorherige Folge würde man also auch schreiben:

$$a_1{=}1, a_2{=}4, a_3{=}7, a_4{=}10, a_5{=}13, a_6{=}16, a_7{=}19, \ldots$$

Bei einer Folge wird also jeder natürlichen Zahl eine bestimmte Zahl zugeordnet. Wird allgemein von irgendeinem Folgenglied gesprochen, so bezeichnet man dieses auch mit a_n. Statt eine Folge durch die Auflistung der Folgenglieder zu beschreiben, kann man häufig auch eine Vorschrift angeben, wie sich aus der jeweiligen Natürlichen Zahl das entsprechende Folgenglied ergibt. Bei der angegebenen Folge ist das nächste Folgenglied immer um 3 größer als das vorherige. Es lässt sich folgende Vorschrift aufstellen:

$$a_n = 1 + 3(n - 1) \quad \text{oder auch} \quad a_n = -2 + 3n$$

Die beiden Darstellungen sind gleichwertig, und natürlich kann man den Ausdruck auch noch anders schreiben. Für die Konstruktion der Vorschrift muss man darauf achten, dass die Glieder jeweils um 3 größer werden, daher muss n mit 3 multipliziert werden. Weiterhin muss dafür gesorgt werden, dass sich tatsächlich die richtigen Werte ergeben. Würde man einfach nur $a_n = 3n$ schreiben, so würde sich als erstes Folgenglied $3*1{=}3$ ergeben. Um das vorgegebene Folgenglied zu erhalten, muss man noch die 2 abziehen.

Schließlich hätte man die Folge auch durch die Angabe des ersten Folgengliedes und der Vorschrift, wie sich das jeweils nächste Glied aus dem vorherigen ergibt, beschreiben können. In diesem Fall würde die Beschreibung lauten:

$$a_1 = 1, \ a_n = a_{n-1} + 3$$

Auf die beschriebene Weise ergibt sich das jeweilige Folgenglied immer aus dem vorherigen. Eine derartige Formel nennt man auch **Rekursionsformel**.

Die Summe der ersten n Folgenglieder bezeichnet man mit s_n, entsprechend ergibt sich für die zuvor betrachtete Folge der Zusammenhang:

n	1	2	3	4	5	6	7	...
a_n	1	4	7	10	13	16	19	...
s_n	1	5	12	22	35	51	70	...

Anhand der Darstellung lässt sich erkennen, dass die s_n selber wieder eine Folge ergeben. Eine derartige Folge, bei der sich die einzelnen Folgenglieder als Summe über die Folgenglieder einer anderen Folge ergeben, nennt man eine **Reihe**.

Formal gilt für den Zusammenhang zwischen dem Glied einer Folge und den Gliedern der zugehörigen Reihe folgender Zusammenhang:

$$s_n = \sum_{i=1}^{n} a_i$$

$\sum$ ist das Summenzeichen, der Ausdruck stellt die Summe über die a_i für i=1 bis i=n dar, es gilt also:

$$\sum_{i=1}^{n} a_i = a_1 + a_2 + ... + a_n$$

Wenn eine Folge ein Ende hat, so nennt man sie eine **endliche** Folge. Andernfalls handelt es sich um eine **unendliche** Folge. Bei unendlichen Folgen ist von Interesse, ob diese **beschränkt** sind. Man nennt eine Zahlenfolge nach oben (unten) beschränkt, wenn alle Glieder kleiner oder größer als ein bestimmter Wert sind. Die Folge

$$a_n = 2 + n$$

ist z. B. nach unten beschränkt, denn kein Wert der Folge ist kleiner als 3. Nach oben ist sie aber unbeschränkt, denn wenn man n beliebig groß wählt, werden auch die Folgenglieder unendlich groß. Die Folge

$$a_n = \frac{2}{n}$$

ist nach oben und unten beschränkt. Der größte Wert (2) ergibt sich für n=1. Für große n nähern sich die Werte immer mehr an 0, erreichen die Null aber nie. Formal kann man schreiben:

$$0 < a_n \leq 2$$

Weiterhin nennt man eine Zahlenfolge **streng monoton steigend** (wachsend), wenn die Glieder ständig größer werden. Es muss also gelten:

$$a_{n+1} > a_n$$

Wenn die Werte immer kleiner werden, nennt man die Folge entsprechend **streng monoton fallend**. In diesem Fall muss also für alle Folgenglieder gelten:

$$a_{n+1} < a_n$$

Wenn man zusätzlich erlaubt, dass das nächste Glied auch genauso groß wie das vorherige ist, so spricht man einfach nur von **monoton steigenden (fallenden)** Folgen. In diesem Fall muss also gelten:

$$a_{n+1} \geq a_n \text{ (bzw. bei monoton fallend: } a_{n+1} \leq a_n)$$

2.2 Arithmetische Folgen

Bei dem Anfangsbeispiel ergab sich das nächste Folgenglied, indem immer ein konstanter Betrag addiert wurde. In dem Beispiel war es ein Betrag von 3. Allgemein nennt man Folgen, bei denen sich das nächste Glied durch Addition oder Subtraktion eines konstanten Betrages ergibt, arithmetische Folgen. Anders formuliert: Bei arithmetischen Folgen ist die Differenz zwischen zwei Folgengliedern immer gleichgroß. Genau genommen heißen diese Folgen arithmetische Folgen 1. Ordnung. Auf diese Bedeutung wird später noch näher eingegangen.

Nachfolgend ist ein weiteres Beispiel für eine arithmetische Folge angegeben:

$$-1, -7, -13, -19, -25, -31, \ldots$$

In diesem Fall wird jeweils 6 subtrahiert. Somit kann die Folge auch folgendermaßen beschrieben werden:

$$a_n = -6n + 5$$

Man kann für arithmetische Folgen auch eine allgemeine Formel ermitteln, wie man eine derartige Vorschrift aufstellen kann. Wenn man die Differenz zwischen den Folgengliedern mit d bezeichnet, so kann die Folge allgemein folgendermaßen geschrieben werden:

a_1	a_2	a_3	a_4	a_5	...	a_n
a_1	a_1+d	a_1+2d	a_1+3d	a_1+4d	...	$a_1+(n-1)d$

Bei jedem Term taucht ein a_1 auf, und es werden gerade $(n-1)$ d addiert. Daher ergibt sich der zuvor für a_n angegebene Ausdruck.

Allgemein gilt also für das n-te Folgenglied einer arithmetischen Folge:

$$a_n = a_1 + (n-1)d$$

Auch für die Summe der ersten n Folgenglieder einer arithmetischen Folge lässt sich ein Ausdruck herleiten, der folgendermaßen aussieht:

Summe der ersten n-Folgenglieder einer arithmetischen Folge:

$$s_n = \frac{1}{2} n (a_1 + a_n)$$

Dieser Zusammenhang lässt sich leicht verstehen. $\frac{1}{2} (a_1 + a_n)$ ist gerade der Durchschnitt aus dem größten und dem kleinsten Folgenglied (man nennt diesen Durchschnitt auch das arithmetische Mittel). Dieser Durchschnitt entspricht dem Mittel aus allen Werten, denn auch alle anderen Werte können zu Paaren angeordnet werden, so dass sich als Mittel dieser Wert ergibt. Dies wird für das vorherige Beispiel nachfolgend vorgeführt:

Es soll s_6 berechnet werden. Die Folge lautet:

a_1	a_2	a_3	a_4	a_5	a_6
-1	-7	-13	-19	-25	-31

Für $\frac{1}{2} (a_1 + a_6)$ ergibt sich: $\frac{1}{2} (-1 + (-31)) = -16$

Für die Paare a_2 a_5 und a_3 a_4 ergibt sich ebenfalls ein Wert von -16 als Durchschnitt. Da die Paare also jeweils einen Durchschnitt von -16 liefern, ist dies auch der Schnitt aller Paare Die Summe erhält man, indem man den Durchchnitt mit der Anzahl n malnimmt, und es ergibt sich die zuvor angeführte Formel.

Es war schon darauf hingewiesen worden, dass die zuvor angeführten arithmetischen Folgen streng genommen arithmetische Folgen erster Ordnung heißen. Die Bezeichnung erster Ordnung meint, dass die Differenzen der Folgenglieder konstant sind. Bei einer arithmetischen Folge zweiter Ordnung sind die Differenzen der Differenzen konstant, dies wird nachfolgend an einem Beispiel erklärt:

a_n	5	7	14	26	43	65	92	...
d_n		2	7	12	17	22	27	...

Die d_n ergeben sich jeweils als Differenz der a_n. Die d_n sind somit die Differenzen der Folge a_n. Wie man deutlich sehen kann, sind die d_n nicht konstant. Allerdings nehmen die d_n immer um 5 zu, so dass die d_n eine arithmetische Folge erster Ordnung sind. Daher nennt man die a_n in diesem Fall eine arithmetische Folge zweiter Ordnung. Entsprechend kann man auch arithmetische Folgen höherer Ordnung definieren.

2.3 Geometrische Folgen

Zunächst sei ein Beispiel für eine geometrische Folge angeführt:

$$1, 3, 9, 27, 81, 243, ...$$

Man erkennt, dass sich das nächste Element jeweils durch Multiplikation des vorherigen Elementes mit 3 ergibt. Bei einer geometrischen Folge ist also der Faktor zwischen zwei Gliedern immer konstant. Diesen Faktor kürzt man auch mit q ab. Bei der angeführten Folge gilt also

$$q = \frac{a_{n+1}}{a_n} = 3.$$

Nachfolgend drei weitere Beispiele für geometrische Folgen:

$$1, \frac{1}{2}, \frac{1}{4}, \frac{1}{8}, ...$$
$$256, 64, 16, 4, 1, \frac{1}{4}, ...$$
$$3, -6, 12, -24, 48, -96, ...$$

Bei der ersten angegebenen Folge gilt $q = \frac{1}{2}$, bei der zweiten $q = \frac{1}{4}$ und bei der dritten $q = -2$. Bei der dritten Folge wechselt das Vorzeichen ständig, derartige Folgen nennt man **alternierende**[1] Folgen. Wenn q nega-

---

1: alternare (lat.), abwechseln

tiv ist, so ergeben sich generell alternierende Folgen.

> Für das n-te Glied einer geometrischen Folge ergibt sich:
>
> $$a_n = a_1 * q^{n-1}$$

Für die zugehörige Reihe ergibt sich:

> Für die Summe der ersten n Folgenglieder einer geometrischen Reihe ergibt sich:
>
> $$s_n = a_1 * \frac{q^n - 1}{q - 1}$$

Die Folge der s_n nennt man auch **geometrische Reihe**.

Eine Anwendung für geometrische Folgen stellt die Zinseszinsrechnung dar. Dies wird nachfolgend gezeigt.

Es sei ein Zinssatz von jährlich 10% (10% = $\frac{10}{100}$ = 0,1) gegeben. Aus 1.000 EUR werden dann nach einem Jahr:

$$1 * 1.000 \text{ EUR} + 0,1 * 1.000 \text{ EUR} = 1.100 \text{ EUR}.$$

Einerseits bleibt das ursprüngliche Geld erhalten und andererseits kommen die Zinsen hinzu. Man kann nun auch die 1 und die 0,1 zusammenzählen und erhält so den Faktor, um den sich das Geld pro Jahr vermehrt. Diesen Faktor bezeichnet man mit q. Es sei i der Zinssatz, so gilt q = (1 + i). Wenn das Geld über mehrere Jahre verzinst werden soll, so muss jedes Jahr mit dem Faktor q multipliziert werden. Nach 4 Jahren werden also aus den 1.000 EUR bei 10% Zinsen:

$$1.000 * 1,1 * 1,1 * 1,1 * 1,1 = 1.000 * 1,1^4 = 1.464 \text{ EUR}$$

In diesem Betrag sind die **Zinseszinsen** enthalten. Die 1.000 EUR erbringen zunächst 100 EUR Zinsen, würde man diese Zinsen mit 4 multiplizieren und zu den 1.000 EUR addieren, so erhielte man 1.400 EUR. In diesem Fall hätte man die Zinseszinsen übersehen, denn im zweiten Jahr müssen nicht nur die 1.000 EUR, sondern auch die Zinsen fürs erste Jahr verzinst werden usw. .

Allgemein ergibt sich also der Betrag nach n Jahren (K_n) als das entsprechende Glied einer geometrischen Folge,

$$K_n = K_0 q^n$$

wobei K_0 das Anfangskapital ist und $q=1+i$ der Zinsfaktor (oder auch Aufzinsungsfaktor) genannt wird.

Interessant ist natürlich nicht nur die Fragestellung, wieviel aus einem Betrag in der Zukunft wird, sondern auch, wieviel ein Betrag, der in der Zukunft gezahlt wird, heute wert ist. Angenommen, in 4 Jahren sollen 1.464 EUR ausgezahlt werden. Wieviel ist dieses Geld, bei einem unterstellten Zinssatz von 10%, heute wert? Um diese Frage zu beantworten, muss der Vorgang des Aufzinsens rückgängig gemacht werden. Es muss für jedes Jahr durch q geteilt werden. Für diesen Fall ergibt sich also:

$$1.464 \text{ EUR} * \frac{1}{1,1^4} = 1.000 \text{ EUR}$$

Natürlich mussten sich gerade 1.000 EUR ergeben, denn die 1.464 EUR waren ja der Wert von 1.000 EUR in 4 Jahren.

Den Wert des Geldes zum heutigen Zeitpunkt nennt man auch **Barwert**, während man den Wert am Ende der betrachteten Periode Endwert nennt. Es gilt:

$$\text{Endwert} = q^n * \text{Barwert}$$

$$\text{Barwert} = \frac{1}{q^n} * \text{Endwert}$$

Den Faktor $\frac{1}{q^n}$ nennt man auch **Abzinsungsfaktor**. Der Abzinsungsfaktor ist gerade der Kehrwert des Aufzinsungsfaktors.

Häufig sollen Bar- oder Endwerte von **Zahlungsreihen** mit jährlich gleich hohen Zahlungen berechnet werden. Zahlungen, die jedes Jahr gleich hoch sind, nennt man auch **Renten**, daher spricht man auch von Rentenrechnung.

Im folgenden seien R die Ratenhöhe und n die Anzahl der Raten, so ergibt sich für den Endwert dieser Zahlungsreihe:

$$E_n = \underset{\substack{\text{letzte} \\ \text{Rate}}}{R\,q^0} + Rq^1 + Rq^2 + ... + \underset{\substack{\text{erste} \\ \text{Rate}}}{R\,q^{n-1}} = R(1 + q + q^2 + ... + q^{n-1})$$

Die letzte Zahlung ist gerade zu dem Zeitpunkt fällig, zu dem der Endwert berechnet wird, daher wird diese Zahlung nicht aufgezinst, die erste Zahlung erfolgt nach einem Jahr, daher muss diese für $(n-1)$ Jahre aufgezinst werden.

Bei dem sich ergebenden Ausdruck E_n handelt es sich um ein Glied einer **geometrischen Reihe**. Wie zuvor angeführt, ergeben sich die Glieder

der geometrischen Reihe als Summe der entsprechenden Glieder der geometrischen Folge (R, qR, q^2R + ... + q^{n-1}R), und es gilt für die Glieder der geometrischen Reihe:

$$s_n = a_1 * \frac{q^n - 1}{q - 1}$$

Somit ergibt sich für den Endwert:

$$E = R \frac{q^n - 1}{q - 1}$$

Der Barwert ergibt sich, indem dieser Endwert abgezinst wird:

$$B = \frac{1}{q^n} E = R \frac{1}{q^n} \frac{q^n - 1}{q - 1}$$

Als Beispiel sei für folgende Zahlungsreihe der heutige Wert (Barwert) berechnet:

jährliche Zahlung von 1.000,– EUR, jeweils am Jahresende, für die nächsten 20 Jahre, Kalkulationszinssatz i: 6%

Es ergibt sich

$$B = 1.000 \frac{1}{1.06^{20}} \frac{1.06^{20} - 1}{1.06 - 1} = 11.469,92 \text{ EUR}$$

Wenn man also den Betrag von 11.469,92 EUR heute zur Bank bringen würde und die Bank 6% Zinsen und eine jährlich gleiche Rückzahlung, verteilt auf 20 Jahre, anbieten würde, so erhielte man von der Bank jährlich 1.000,– EUR zurück.

2.4 Grenzwerte von Folgen

Grenzwerte sind Werte, denen sich eine Folge (oder allgemeiner eine Funktion, eine Folge ist lediglich ein bestimmter Typ von Funktion, siehe Kapitel 3) immer mehr annähert. Ein Beispiel für den Grenzwert einer Folge wäre z.b. folgender Ausdruck:

$$\lim_{n \to \infty} \frac{1}{n} \text{ mit } n \in \mathbb{N}$$

$\frac{1}{n}$ ist hierbei eine Folge mit den einzelnen Folgengliedern:

$$a_1 = 1;\ a_2 = \frac{1}{2};\ a_3 = \frac{1}{3};\ a_4 = \frac{1}{4};\ ...$$

Der Ausdruck $\lim_{n \to \infty}$ bedeutet, dass der Wert gesucht wird, dem sich die Folge für immer größer werdende n immer mehr annähert. lim steht hierbei für limes (lat.: Grenze).

Ein Grenzwert existiert, wenn die folgende Bedingung erfüllt ist:

> In einer beliebig kleinen Umgebung des Grenzwertes liegen immer unendlich viele Folgenglieder und nur endlich viele außerhalb dieser Umgebung.

Bei der vorherigen Folge ist diese Bedingung für den Wert 0 erfüllt. Es wird durch immer größere Zahlen geteilt, so dass das Ergebnis immer kleiner wird. Die Folge geht für immer größere Werte von n immer näher an 0 heran. In jeder Umgebung um 0 herum, und sei sie auch noch so klein, werden unendlich viele Folgenglieder liegen, und es werden nur endlich viele außerhalb dieser Umgebung liegen. Daher ist Null der **Grenzwert** dieser Folge.

Man würde also schreiben:

$$\lim_{n \to \infty} \frac{1}{n} = 0$$

Derartige Folgen, deren Grenzwert Null ist, nennt man auch **Nullfolgen**.

Folgen, die einen Grenzwert haben, nennt man **konvergente Folgen**. Hat die Folge keinen Grenzwert, so spricht man von einer **divergenten** Folge.

Einen Punkt, um den herum immer unendlich viele Folgenglieder liegen, nennt man einen **Häufungspunkt**. Man könnte meinen, dass der Häufungspunkt einer Folge auch ihr Grenzwert ist. Dies gilt aber nur, wenn die Folge nur einen einzigen Häufungspunkt hat. Es sei z. B. die folgende Folge betrachtet:

$$\lim_{n \to \infty} (-1)^n + \frac{1}{n}$$

Die ersten Glieder der Folge lauten

$$0, 1\frac{1}{2}, -\frac{2}{3}, 1\frac{1}{4}, -\frac{4}{5}, 1\frac{1}{6}, -\frac{6}{7}, \ldots$$

Man kann erkennen, dass die Folge zwei Häufungspunkte, und zwar bei 1 und bei −1, besitzt. Sowohl bei 1 als auch bei −1 liegen in einer beliebig kleinen Umgebung unendlich viele Folgenglieder. Es liegen aber auch unendlich viele Folgenglieder außerhalb der Umgebung. Die zuvor angeführte Bedingung für einen Grenzwert ist hier also nicht erfüllt, somit divergiert die Folge.

Zusammenfassend kann man Folgendes festhalten:

> Eine konvergente Folge hat nur einen einzigen Häufungspunkt, der gerade dem Grenzwert entspricht.

Nachfolgend ist noch ein weiteres Beispiel für eine divergente Folge angeführt:

$$\lim_{n \to \infty} n^2$$

Diese Folge ist nach oben unbeschränkt und überschreitet jeden Wert. Daher geht sie gegen unendlich, und es existiert kein reeller Grenzwert.

Für die Grenzwerte von Summen, Differenzen, Produkten und Quotienten von konvergenten Folgen gilt, dass man diese einzeln berechnen kann. Formal gilt also:

$$\lim_{n \to \infty} (a_n + b_n) = \lim_{n \to \infty} a_n + \lim_{n \to \infty} b_n$$

$$\lim_{n \to \infty} (a_n - b_n) = \lim_{n \to \infty} a_n - \lim_{n \to \infty} b_n$$

$$\lim_{n \to \infty} (a_n * b_n) = \lim_{n \to \infty} a_n * \lim_{n \to \infty} b_n$$

$$\lim_{n \to \infty} \left(\frac{a_n}{b_n}\right) = \frac{\lim_{n \to \infty} a_n}{\lim_{n \to \infty} b_n} \quad \text{für } b \neq 0$$

Diese zuvor aufgeführten Zusammenhänge, die an sich sehr nahe liegend sind, bezeichnet man auch als **Grenzwertsätze**.

Nachfolgend wird ein Beispiel für die Anwendung der Grenzwertsätze angeführt:

$$\lim_{n \to \infty} \frac{12 + \frac{1}{n}}{3}$$

Nach den Grenzwertsätzen können die Grenzwerte aus den einzelnen Termen gebildet werden, so dass sich ergibt:

$$\lim_{n \to \infty} \frac{12 + \frac{1}{n}}{3} = \frac{12 + 0}{3} = 4$$

3 Funktionen

3.1 Begriff der Funktion

Eine Funktion stellt eine Zuordnung zwischen verschiedenen Mengen dar. Dabei ist nicht jede Zuordnung eine Funktion, sondern nur **eindeutige** Zuordnungen sind Funktionen. D.h. jedem Element der Definitionsmenge wird genau ein Element der Wertemenge zugeordnet. Eine Funktion wäre z.B. folgende Zuordnung:

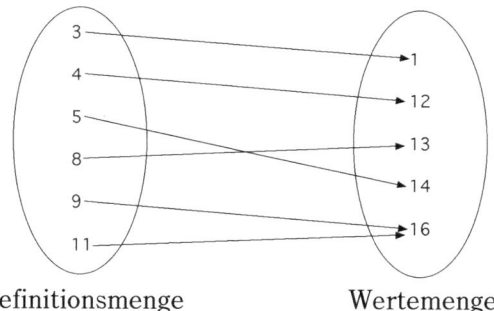

Definitionsmenge   Wertemenge

Die linke Menge ist die **Definitionsmenge**. In obigem Fall wird jedem Element der Definitionsmenge nur ein Element der **Wertemenge** zugeordnet, daher handelt es sich bei dieser Zuordnung um eine Funktion. Nachfolgend ist das Beispiel leicht geändert, der 4 werden nun zwei verschiedene Werte zugeordnet, daher handelt es sich in nachfolgendem Beispiel um keine Funktion:

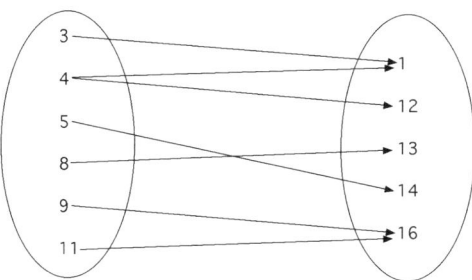

In den beiden dargestellten Fällen wurde die Zuordnung durch Pfeile dargestellt, und es handelte sich um ziemlich "kleine" Mengen. In der

Regel betrachtet man Funktionen, die aus einer unendlichen Definitionsmenge in eine unendliche Wertemenge abbilden.

Bei den im vorherigen Abschnitt betrachteten Folgen wurde jeweils einer natürlichen Zahl n ein entsprechendes Folgenglied a_n zugeordnet. Da
hierbei jeder Zahl immer nur ein Folgenglied zugeordnet wird, handelt es
sich bei den Folgen auch um Funktionen. Ebenso wird bei Reihen jeweils
einer natürlichen Zahl n genau ein bestimmtes Reihenglied s_n zugeordnet. Somit sind auch Reihen Funktionen. Nachfolgend wird die entsprechende Zuordnung für eine Folge angedeutet:

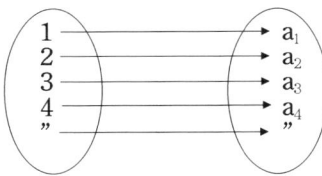

Die meisten im Nachfolgenden betrachteten Funktionen haben allerdings
als Definitions- und Wertemengen die Menge der reellen Zahlen ($\mathbb{R}$)
oder Teilmengen von $\mathbb{R}$. Während man die natürlichen Zahlen der Reihe
nach abzählen kann (diese Eigenschaft nennt man **Abzählbarkeit**, auch
die rationalen Zahlen ($\mathbb{Q}$) sind abzählbar), ist dies bei den reellen Zahlen
nicht möglich (diese Eigenschaft nennt man **Überabzählbarkeit**). Es wäre
ein hoffnungsloses Unterfangen, die Funktionen, die aus $\mathbb{R}$ oder Teilmengen von $\mathbb{R}$ abbilden, durch einzelne Abbildungspfeile beschreiben zu wol-
len. Stattdessen wird die Funktion durch eine Abbildungsvorschrift festgelegt, die vorschreibt, welches Element der Wertemenge den jeweiligen
Elementen der Definitionsmenge zugeordnet wird.[1] Man schreibt also
beispielsweise $f: x \mapsto x^2$; x steht hierbei für ein Element der Definitionsmenge (es ist gebräuchlich, diese Variable x zu nennen, natürlich sind
aber auch andere Bezeichnungen möglich). Der Pfeil deutet an, dass jedem x ein Element der Wertemenge zugeordnet wird, das gerade den
Wert x^2 hat.

1: Streng genommen ist eine Abbildung ein allgemeinerer Begriff als eine Funktion. Funktionen sind Abbildungen, deren Wertebereich der $\mathbb{R}^n$ ist. Weiterhin
wird eine Funktion durch die Angabe der Zuordungsvorschrift noch nicht hinreichend definiert. Es ist auch die Angabe des Definitions- und Wertebereiches
nötig.

Meistens werden Funktionen aber beschrieben, indem als Gleichung angegeben wird, wie sich der jeweilige Funktionswert aus der Variablen x ergibt. Die zuvor angegebene Funktion lautet so ausgedrückt: $f(x) = x^2$. f(x) steht hierbei für das Element der Wertemenge, das dem jeweiligen x zugeordnet wird. Häufiger schreibt man statt $f(x) = x^2$ auch $y = x^2$, wobei y einfach nur ein gebräuchlicher anderer Name für f(x) ist.

3.2 Graphen von Funktionen

Der Graph einer Funktion ist die Zeichnung dieser Funktion in einem Koordinatensystem. Auf der waagerechten Achse trägt man die x-Werte und auf der senkrechten Achse die y-Werte, also die Funktionswerte f(x), auf. Die waagerechte Achse nennt man auch **Abszisse** und die senkrechte **Ordinate**. Nachfolgend ist ein derartiges Koordinatensystem dargestellt:

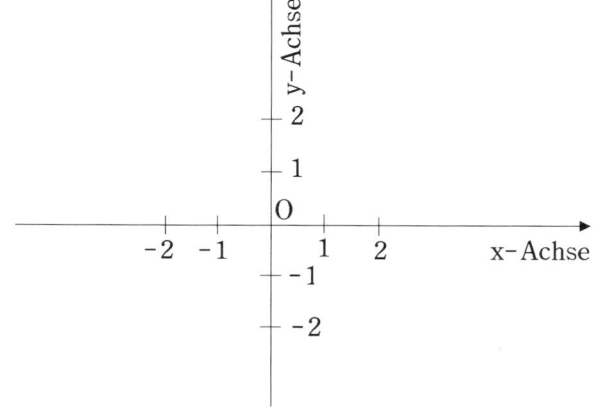

Derartige Koordinatensysteme, bei denen die Koordinatenachsen senkrecht zueinander stehen, nennt man auch **kartesische** Koordinatensysteme. Die Stelle in der Mitte, wo sich die Koordinatenachsen schneiden, nennt man den **Ursprung** des Koordinatensystems, den man auch mit O abkürzt. In der Zeichnung sind die Achsen jeweils nur bis 2 und -2 beschriftet.

Um eine Funktion zu zeichnen, muss man zunächst Wertepaare für die Funktion ermitteln. Es müssen also zu bestimmten x-Werten die zugehörigen y-Werte ermittelt werden. Bei der zuvor betrachteten Funktion,

$y = x^2$, ergibt sich z.B. für $x = 1$: $y = 1^2 = 1$. Somit geht die Funktion also durch den Punkt (1, 1), bei dem $x = 1$ und $y = 1$ ist. Dieser ist nebenstehend in das Koordinatensystem eingezeichnet. Um eine absolut exakte Darstellung der Funktion zu erhalten, müssten nun zu allen x-Werten die zugehörigen y-Werte berechnet und eingezeichnet werden. Dies ist aber natürlich gar nicht möglich, denn es gibt ja unendlich viele x-Werte, so dass unendlich viele y-Werte berechnet und eingezeichnet werden

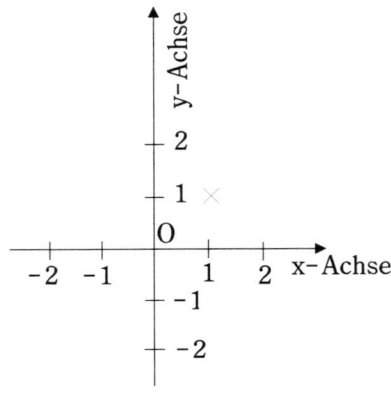

müssten. Wenn man für einen bestimmten Bereich einige Werte berechnet und einzeichnet, so kann man aus diesen Punkten häufig schon eine brauchbare Skizze der Funktion erstellen. (Allerdings kann eine derartige Skizze auch in die Irre führen. Um über den Verlauf der Funktion auch zwischen den errechneten Punkten sicher zu gehen, ist an sich die später betrachtete Kurvendiskussion notwendig.) Für die Skizze müssen Wertepaare berechnet werden, die dann in das Koordinatensystem eingetragen werden. Nachfolgend sei angenommen, dass die Funktion in dem Bereich zwischen -3 und 3 skizziert werden soll. Dann errechnet man am besten zunächst in einer Wertetabelle zu einigen x-Werten aus diesem Bereich die zugehörigen y-Werte. Dies wird nachfolgend für die x-Werte -3, -2, -1, 0, 1, 2 und 3 durchgeführt. Es ergibt sich folgende Wertetabelle:

x	y
-3	9
-2	4
-1	1
0	0
1	1
2	4
3	9

In der nebenstehenden Graphik ist die Funktion gezeichnet worden. Die Punkte aus der Wertetabelle sind in der Skizze durch Sterne deutlich gemacht worden. Wie man erkennen kann, werden die einzelnen Punkte nicht durch Geraden miteinander verbunden, sondern es wird eine Gesamtkurve gezeichnet, die die Punkte möglichst ohne "Knick" miteinander verbindet. Die dargestellte Funktion ist die Normalparabel. Statt von dem Graphen oder der Zeichnung der Funktion spricht man auch von der Kurve der

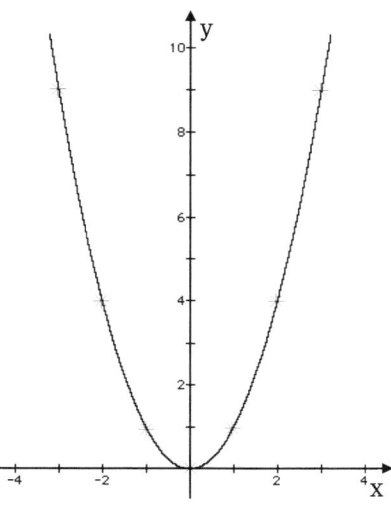

Funktion. Die Definitionsmenge dieser Funktion ist ganz $\mathbb{R}$, denn man kann für x jede reelle Zahl einsetzen. Für die Wertemenge ergibt sich aber nicht ganz $\mathbb{R}$. Wie man in der Zeichnung deutlich erkennen kann, erhält man immer nur positive Werte. Dies folgt daraus, dass die Quadrate von reellen Zahlen immer positiv sind. Somit lautet die Wertemenge $\mathbb{R}_+$.

3.3 Geraden (lineare Funktionen)

Besonders einfache Funktionen sind Geraden, die man auch lineare Funktionen nennt. Nachfolgend ist der Funktionsterm einer Geraden als Beispiel angegeben:

$$y = 2x - 1$$

Um eine Gerade zu zeichnen, reicht es aus, zwei Punkte der Geraden in ein Koordinatensystem einzuzeichnen. Es gibt nur eine einzige Gerade, die durch diese beiden Punkte geht, und dieses ist dann die entsprechende Gerade. Man kann z.B. für x 0 und 1 einsetzen, auf diese Weise erhält man die Punkte (0, -1) und (1, 1). In den Klammern gibt die erste Zahl den x-Wert und die zweite Zahl den y-Wert an. Diese beiden Punkte sind nachfolgend eingezeichnet. Die sich auf diese Weise ergebende Gerade ist ebenfalls in der Zeichnung dargestellt:

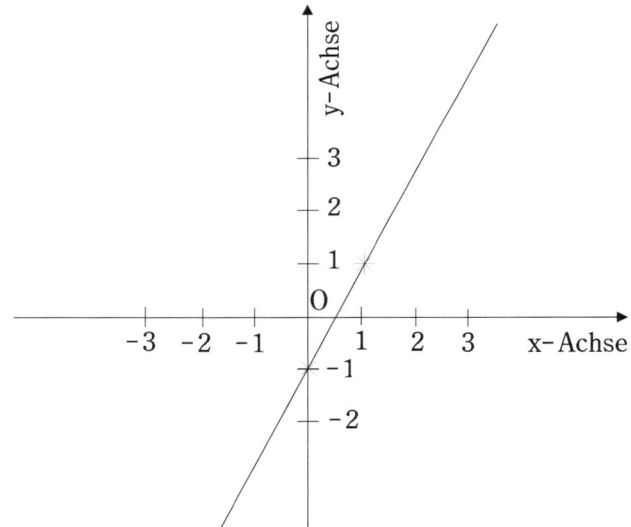

Wenn man für x den Wert Null einsetzt, so erhält man für y natürlich immer den Wert, bei dem die Gerade die y-Achse schneidet, denn entlang der y-Achse ist der x-Wert immer Null. Diesen y-Wert nennt man den **Achsenabschnitt** der Geraden. Wie zuvor angeführt, ergibt sich der Achsenabschnitt, indem man für x Null in die Funktion einsetzt. In diesem

Fall ergibt sich also:

$$y_{\text{Achsenabschnitt}} = 2*0 - 1 = -1$$

Den Achsenabschnitt bezeichnet man auch mit a. Wie in dem Beispiel gezeigt, ergibt sich für den Achsenabschnitt immer die einzelne Zahl oder Konstante, die in der Geradengleichung auftritt.

Die Zahl, die vor dem x steht, gibt die **Steigung** der Funktion an. Bei Geraden bezeichnet man die Steigung häufig mit m. Die Steigung einer Funktion gibt an, wie steil sie ist, also wie viel Einheiten sie nach oben geht, wenn man eine Einheit nach rechts geht. Eine Gerade hat überall die gleiche Steigung, so dass man diese einfach über ein Steigungsdreieck bestimmen kann. In der folgenden Zeichnung ist ein solches Steigungsdreieck eingezeichnet. $\triangle$x steht hierbei für die Strecke, die man nach rechts geht, und $\triangle$y für die Strecke, die die Gerade hierbei nach oben geht.

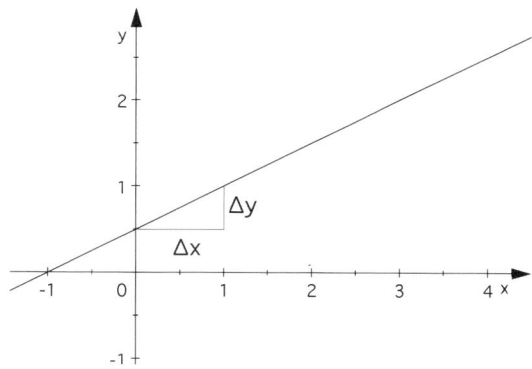

Die abgebildete Gerade geht pro Schritt nach rechts einen halben Schritt nach oben, daher ist die Steigung $\frac{1}{2}$. Formal ergibt sich die Steigung als folgender Quotient:

$$m = \frac{\triangle y}{\triangle x}$$

Mittels des Achsenabschnittes a und der Steigung m kann man eine Gerade auch folgendermaßen beschreiben:

$$y = m*x + a$$

3.4 Parabeln zweiten Grades

Bei einer Geradengleichung tritt einerseits ein konstanter Term (a) und andererseits ein Term, bei dem x mit einer Konstanten multipliziert wird, auf. Bei einer Parabel zweiten Grades taucht nun zusätzlich ein Term mit x^2 auf. Die eingangs betrachtete Funktion $y = x^2$ war ein besonders einfaches Beispiel für eine Parabel zweiten Grades, daher nennt man sie auch die Normalparabel.

Die allgemeine Funktionsgleichung einer Parabel zweiten Grades lautet:

$$y = ax^2 + bx + c$$

Häufig spricht man bei Parabeln zweiten Grades auch einfach nur von Parabeln. Diese Abkürzung soll nachfolgend ebenfalls verwendet werden. Ein besonders charakteristischer Punkt von Parabeln ist der **Scheitelpunkt**. In der nebenstehenden Graphik ist der Scheitelpunkt der dargestellten Parabel eingezeichnet.

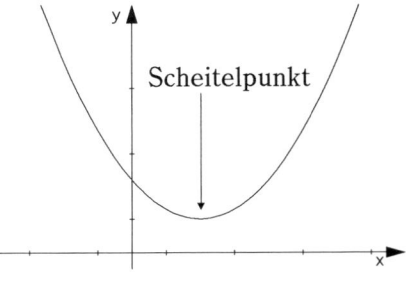

Man kann die Funktionsgleichung für eine Parabel so umschreiben, dass der Scheitelpunkt aus der Gleichung direkt abgelesen werden kann. Hierbei geht man ähnlich wie beim Lösen von quadratischen Gleichungen mittels einer quadratischen Ergänzung vor. An dem folgenden Beispiel wird die Bestimmung der Scheitelpunktsform schematisch beschrieben:

$$f(x) = x^2 - 6x + 4$$

Von dem Ausgangsausdruck lässt man zunächst die einzelne Zahl (hier die 4) weg:

$$x^2 - 6x$$

Der Term wird nun durch x geteilt:

$$x - 6$$

Schließlich wird die einzeln stehende Zahl (hier die 6) noch durch 2 geteilt:

$$x - 3$$

Dieser Ausdruck wird nun in eine Klammer geschrieben und quadriert

$$(x - 3)^2$$

Wenn man diese Klammer ausmultipliziert, ergibt sich (man kann hier die zweite Binomische Formel anwenden):

$$(x - 3)^2 = x^2 - 6x + 9$$

Die ersten beiden Terme entsprechen den in der Funktion stehenden Termen. Wenn man die 9 noch abzieht, erhält man genau die ersten beiden Terme der Funktion:

$$(x - 3)^2 - 9 = x^2 - 6x + 9 - 9 = x^2 - 6x$$

Somit kann man $x^2 - 6x$ in der Funktion durch $(x - 3)^2 - 9$ ersetzen und erhält:

$$f(x) = (x - 3)^2 - 9 + 4$$
$$\Leftrightarrow f(x) = (x - 3)^2 - 5$$

Diese Art der Darstellung nennt man **Scheitelpunktsform** der Parabel, denn man kann an dieser Gleichung den Scheitelpunkt direkt ablesen. Der Klammerausdruck wird quadriert und liefert somit immer einen positiven Wert. Daher hat die Funktion ihren niedrigsten Wert, wenn die Klammer Null ergibt. Dies ist für x=3 der Fall. Dieser niedrigste Punkt ist der Scheitelpunkt der Parabel.[1] Für den y-Wert des Scheitelpunktes ergibt sich: $f(3) = (3 - 3)^2 - 5 = -5$. Der Scheitelpunkt lässt sich also bei Gleichungen in Scheitelpunktsform direkt ablesen:

$$(x - 3)^2 + (\underbrace{-5})$$

x-Wert   y-Wert

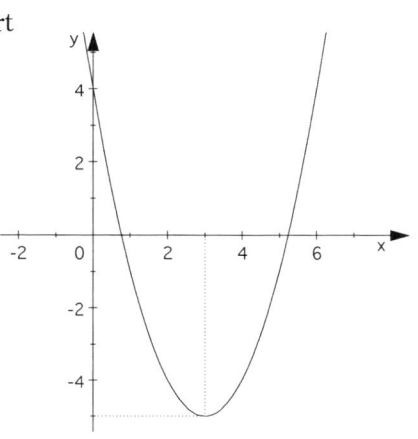

Der x–Wert ist der in der Klammer hinter dem Minus stehende Ausdruck, und der y-Wert ist der alleinstehende Term zusammen mit dem zugehörigen Vorzeichen (in diesem Fall dem Minus).

Nebenstehend ist die Funktion gezeichnet. Man kann erkennen, dass es sich bei der Funktion um die Normalparabel handelt, die um 3 nach rechts und um 5 nach unten verschoben

---

1:   Bei einer nach unten geöffneten Parabel zweiten Grades ist der Scheitelpunkt entsprechend der höchste Punkt der Parabel.

worden ist. Diese Verschiebungswerte korrespondieren mit den Koordinaten des Scheitelpunktes.

Wenn in der Ausgangsgleichung vor dem x^2 noch ein Faktor gestanden hätte, so hätte man zunächst diesen Faktor ausklammern müssen. Dieser Faktor gibt die **Streckung** der Parabel an. Wenn der Faktor negativ ist, so ist die Parabel nach unten geöffnet.

Nachfolgend wird angeführt, wie man vorgeht, wenn vor dem x^2 noch ein Faktor steht. Hierzu wird die vorherige Funktion leicht modifiziert:

$$f(x) = 2x^2 - 6x + 4$$

In diesem Fall muss der Faktor zunächst ausgeklammert werden, hierbei müssen die anderen Terme durch diesen Faktor geteilt werden:

$$2x^2 - 6x + 4 = 2(x^2 - 3x + 2)$$

Dass die Umformung korrekt ist, kann man leicht durch Ausmultiplizieren des rechten Terms zeigen. Den Ausdruck in der Klammer kann man nun wieder, wie zuvor beschrieben, in die Scheitelpunktsform bringen. Es ergibt sich für den Klammerausdruck:

$$x^2 - 3x + 2 = (x - 1{,}5)^2 - 0{,}25$$

Dieser Ausdruck muss nun noch mit 2 multipliziert werden:

$$f(x) = 2\big((x - 1{,}5)^2 - 0{,}25\big) = 2(x - 1{,}5)^2 + (-0{,}5)$$

Diese Parabel hat also den Scheitelpunkt $(1{,}5 \mid -0{,}5)$ und ist um den Faktor 2 gestreckt.

Schließlich soll noch folgende Parabel betrachtet werden:

$$f(x) = x^2 + 6x + 1$$

Bei der Aufstellung der Scheitelpunktsform ergibt sich:

$$(x + 3)^2 - 8$$

Bei der Scheitelpunktsform muss allerdings in der Klammer ein Minus stehen, somit erhält man:

$$(x - (-3))^2 - 8$$

Diese Parabel hat somit den Scheitelpunkt $(-3 \mid -8)$.

Allgemein kann man für die **Scheitelpunktsform** Folgendes angeben:

$$f(x) = a(x - x_S)^2 + y_S,$$

wobei die Koordinaten des Scheitelpunktes $(x_S | y_S)$ lauten und a die Streckung der Parabel angibt.

3.5 Parabeln n-ter Ordnung /Ganzrationale Funktionen

Zuvor waren Parabeln zweiten Gerades betrachtet worden. Diese sind Spezialfälle von Parabeln n-ten Grades, wobei n jeweils für die höchste x-Potenz steht, die in der Funktionsgleichung tatsächlich auftritt. Für Parabeln n-ter Ordnung sind in der Mathematik allerdings noch zwei weitere Namen geläufig. Man nennt sie auch **ganzrationale Funktionen** oder **Polynomfunktionen**. Die gebräuchlichste Bezeichnung ist hierbei die der ganzrationalen Funktionen, daher soll diese nachfolgend in erster Linie benutzt werden, es könnte aber natürlich jeweils auch eine der anderen Bezeichnungen verwendet werden.

Wie zuvor schon angedeutet, bestehen ganzrationale Funktionen aus einzelnen Termen mit ganzzahligen Potenzen der Variablen. Sie haben also allgemein ausgedrückt folgende Form:

$$f(x) = a_0 x^0 + a_1 x^1 + ... + a_{n-1} x^{n-1} + a_n x^n$$

Die höchste tatsächlich auftretende Potenz von x bestimmt den **Grad** der Funktion. Eine ganzrationale Funktion 1. Grades hat also die folgende Form:

$$f(x) = a_1 x^1 + a_0 x^0 \text{ mit } a_1 \neq 0,$$

oder anders ausgedrückt:

$$f(x) = a_1 x + a_0.$$

Dies ist eine Geradengleichung. Eine Gerade ist also ebenfalls ein Spezialfall einer ganzrationalen Funktion.

Enthält eine ganzrationale Funktion nur gerade Exponenten (z.B. f(x)

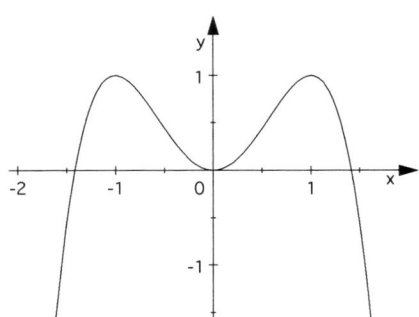

$= 2x^2 - x^4$), so ist die Funktion **achsensymmetrisch** zur y-Achse. Nebenstehend ist die Funktion $f(x) = 2x^2 - x^4$ gezeichnet.

Enthält sie nur ungerade Exponenten, so ist sie **punktsymmetrisch** zum Ursprung. Nebenstehend ist die punksymmetrische Funktion $f(x) = x^3 - 2x$ gezeichnet.

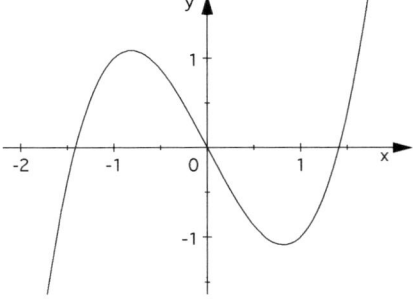

Auf die beschriebenen Symmetrie-Eigenschaften von Funktionen wird in Abschnitt 6.4 detaillierter eingegangen.

3.6 Gebrochenrationale Funktionen

Funktionen, die man in der folgenden Form darstellen kann, nennt man rationale Funktionen:

$$f(x) = \frac{a_0 x^0 + a_1 x^1 + \dots + a_n x^n}{b_0 x^0 + b_1 x^1 + \dots + b_m x^m} \qquad n, m \in \mathbb{N}$$

Wichtig ist, dass diese Funktionen an den Stellen, wo der Nenner Null wird, nicht definiert sind.

Wenn der Ausdruck im Nenner eine Konstante ist, handelt es sich um eine ganzrationale Funktion. Wenn der Nenner hingegen wirklich eine Funktion von x ist, spricht man von einer **gebrochenrationalen Funktion**.

Nachfolgend ist die Funktion $f(x) = \frac{1}{x}$ gezeichnet.

Hierbei handelt es sich um ein sehr einfaches Beispiel für eine gebrochenrationale Funktion. (Bei der Funktion handelt es sich um eine **Hyperbel** .)

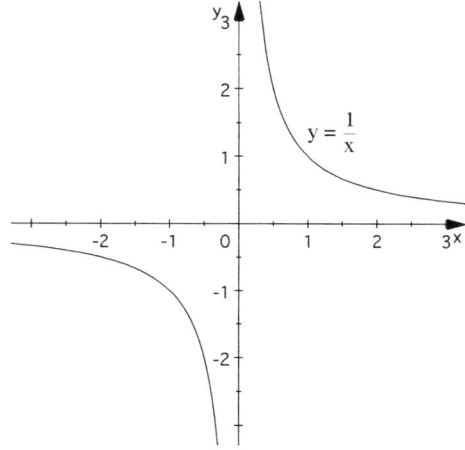

Bei x=0 ist die Funktion nicht definiert. Hier geht sie auf der einen Seite gegen $-\infty$ und auf der anderen gegen $+\infty$. Man nennt dies auch eine **Polstelle** mit Vorzeichenwechsel.

3.7 Wurzelfunktionen

Bei den bisher angeführten Funktionen kamen nur ganzzahlige Exponenten der Variablen vor. Lässt man zusätzlich auch nicht ganzzahlige Exponenten zu, so erhält man auch Wurzelfunktionen.

Ein Beispiel für eine Wurzelfunktion ist etwa $f(x) = x^{\frac{1}{2}} = +\sqrt[2]{x}$, oder auch $f(x) = x^{\frac{1}{3}} = \sqrt[3]{x}$

Zweite Wurzel aus x bedeutet, dass die Zahl gesucht wird, die mit sich selbst multipliziert x ergibt. (Häufig spricht man bei der zweiten Wurzel auch einfach von der Wurzel.) Hierbei gilt es zweierlei zu beachten:

> – die zweite Wurzel einer negativen Zahl existiert (in $\mathbb{R}$) nicht
>
> – die zweite Wurzel ist mehrdeutig, wenn es eine Lösung gibt, so gibt es **immer eine positive und eine negative Lösung,** nur die zweite Wurzel von Null ist eindeutig, denn $+0$ ist das gleiche wie -0.

Die angeführten Eigenschaften gelten für alle geradzahligen Wurzeln. Nicht geradzahlige Wurzeln sind dagegen auch für negative Zahlen definiert und sind immer eindeutig. Die $\sqrt[3]{-8}$ ist die Zahl, die dreimal mit sich selbst multipliziert -8 ergibt. Hier gibt es eine (und nur eine) Lösung, und zwar:

$$\sqrt[3]{-8} = -2, \text{ denn es gilt: } (-2)*(-2)*(-2) = -8.$$

Nachfolgend ist eine Zeichnung der Funktion f(x) = $\sqrt[3]{x}$ dargestellt. (Alle ungeradzahligen Wurzeln ergeben vom Prinzip her einen ähnlichen Verlauf):

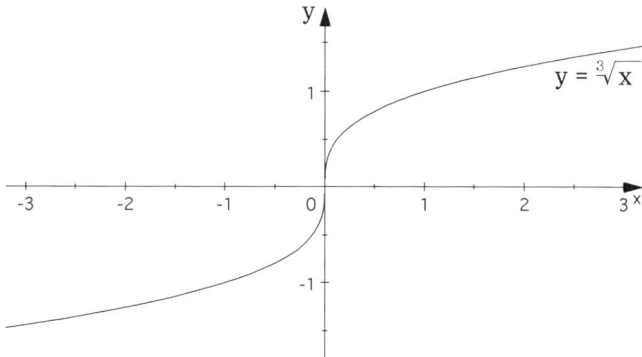

Bei der Darstellung von geradzahligen Wurzeln müssen die beiden angeführten Besonderheiten beachtet werden. Zum einen sind geradzahlige Wurzelfunktionen für negative x-Werte nicht definiert, und zum anderen muss man sich für die Darstellung der negativen oder der positiven Wurzel entscheiden, denn sonst würde es sich um keine Funktion mehr handeln, da jedem positiven x-Wert sonst **zwei** y-Werte zugeordnet würden.

Nachfolgend ist die Funktion f(x) = $+\sqrt[2]{x}$ dargestellt:

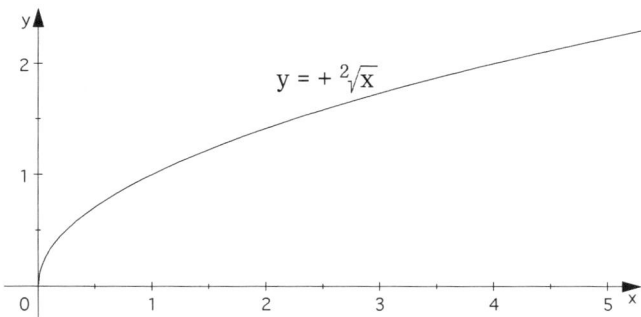

3.8　Umkehrfunktionen

Eine Umkehrfunktion ist so etwas Ähnliches wie das inverse Element einer Verknüpfung. Bei einer Verknüpfung ist das inverse Element so definiert, dass sich bei der Verknüpfung des Elements mit seinem inversen Element das neutrale Element ergibt. So ist etwa bei der "normalen" Multiplikation x^{-1} das inverse Element zu x, denn es gilt:

$$x * x^{-1} = x * \frac{1}{x} = 1,$$

und 1 ist gerade das neutrale Element der Multiplikation.

Die Umkehrfunktion zu einer Funktion ist die Funktion, die die Abbildung der Funktion rückgängig macht. Wenn man also die Funktion mit ihrer Umkehrfunktion verknüpft (die Verknüpfung zweier Funktionen bedeutet einfach, dass diese nacheinander ausgeführt werden müssen), so erhält man als Ergebnis die Funktion f(x) = x. Dies ist eine Funktion, die als Ergebniswert immer den x–Wert hat, also eine Funktion, die "nichts verändert" und die man somit auch das neutrale Element der Funktionen nennen könnte.

Aufgrund des zuvor Dargelegten ist es nahe liegend, dass die Umkehrfunktion mit f^{-1} bezeichnet wird. Dies ist keinesfalls mit dem Ausdruck $\frac{1}{f}$ identisch, denn hier ist ja nicht das inverse Element der Multiplikation, sondern die inverse Funktion zu f gesucht. Angenommen, es sei die Funktion f(x) = $\sqrt[2]{x}$ gegeben. Wie lautet die Umkehrfunktion zu dieser Funktion? Wenn auf den Funktionswert der Funktion die Umkehrfunktion angewendet wird, so muss einfach x dabei herauskommen. Man könnte also auch fragen, was man mit $\sqrt[2]{x}$ machen muss, damit wieder x herauskommt. Es wird gerade die Funktion gesucht, die das Wurzelziehen rückgängig macht. Diese Funktion ist $f^{-1}(x) = x^2$. Für die Verknüpfung von Umkehrfunktion und Funktion gilt nun: $f^{-1} \circ f = \left(\sqrt[2]{x}\right)^2 = x$. [1]

Anschaulich dargelegt dürfte das Ergebnis klar sein: Die Wurzel aus x ist die Zahl, die mit sich selbst multipliziert x ergibt. Wenn man die Wurzel aus x nun quadriert, also mit sich selbst multipliziert, kommt wieder x heraus. In dem angegebenen Fall lässt sich die Umkehrfunktion sehr

---

1:　Der Kreis steht für "verknüpft", statt des benutzten Ausdrucks hätte man auch schreiben können: $f^{-1}(f(x))$.

einfach ohne Rechnung bestimmen. Wie erhält man aber z.B. die Umkehrfunktion zu $f(x) = x^3 + 4$?

Um die Umkehrfunktion zu erhalten, löst man die Funktionsgleichung nach x auf. Die vorliegende Funktion lautet $f(x) = y = x^3 + 4$. Somit ergibt sich:

$$y = x^3 + 4 \quad \Leftrightarrow \quad y - 4 = x^3 \quad \Leftrightarrow \quad x = \sqrt[3]{y - 4}$$

Die Umkehrfunktion lautet also:

$$f^{-1}(y) = x = \sqrt[3]{y - 4}$$

Der Benennung der Variablen kommt keine inhaltliche Bedeutung zu, daher kann man die Variablen auch vertauschen, so dass sich für die Funktion in der gängigeren Schreibweise ergibt:

$$f^{-1}(x) = y = \sqrt[3]{x - 4}$$

(Man hätte auch am Anfang der Berechnung in der Ausgangsfunktion x und y vertauschen und dann nach y auflösen können.)

Gezeichnet ergibt sich die Umkehrfunktion als Spiegelung der Funktion an der 45° Linie. Nebenstehend ist der positive Ast der Normalparabel und die entsprechende Umkehrfunktion, also die Wurzelfunktion, dargestellt.

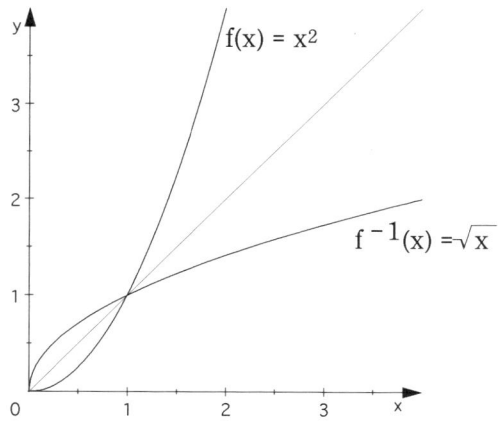

Der Definitionsbereich der Ausgangsfunktion entspricht immer dem Wertebereich der Umkehrfunktion. Entsprechend ist der Wertebereich der Funktion immer der Definitionsbereich der Umkehrfunktion.

Zuvor wurde bewusst nur die Umkehrfunktion zum positiven Ast der Normalparabel dargestellt, denn zu der Normalparabel als Ganzes existiert keine Umkehrfunktion. Würde man die gesamte Normalparabel an der Diagonalen spiegeln, so ergäbe sich eine Abbildung, bei der den x-

Werten nicht nur ein y–Wert zugeordnet würde. Dieses wäre keine eindeutige Zuordnung und damit auch keine Funktion.

Da beim Bilden der Umkehrfunktion x– und y–Achse vertauscht werden, ergibt sich immer dann eine eindeutige Umkehrabbildung, wenn bei der Ausgangsfunktion auch **jedem y–Wert nur ein x–Wert zugeordnet ist**. Graphisch gesprochen darf die Funktion also jede Parallele zur x–Achse nur einmal schneiden. Eine derartige Funktion nennt man auch **injektiv**. Für die gesamte Funktion existiert also immer nur eine Umkehrfunktion, wenn die Funktion injektiv ist.

Wenn die Funktion nur auf einem bestimmten Intervall injektiv ist, so existiert nur für dieses Intervall eine Umkehrfunktion.

Wenn eine Funktion als Ergebnisse alle Werte des Wertebereiches liefert, so nennt man sie **surjektiv**. Eine Funktion, die sowohl injektiv als auch surjektiv ist, nennt man **bijektiv**. Bei bijektiven Funktionen existiert immer für die ganze Funktion eine Umkehrfunktion.

3.9 Exponentialfunktion und Logarithmus

3.9.1 Exponentialfunktion

Exponentialfunktionen sind Funktionen, bei denen die Variable im Exponenten steht. Ein sehr einfaches Beispiel ist etwa die Funktion $y = 2^x$. Diese Funktion verdoppelt jeweils ihren Wert, wenn die Variable um eins zunimmt. Das dadurch entstehende rasante Anwachsen geht über das an der alltäglichen Umgebung geschulte menschliche Vorstellungsvermögen hinaus. Zunächst ist nebenstehend eine Darstellung der Funktion $y = 2^x$ angeführt, wobei sich gut sehen lässt, dass der Funktionswert sich jeweils verdoppelt, wenn x um eins zunimmt.

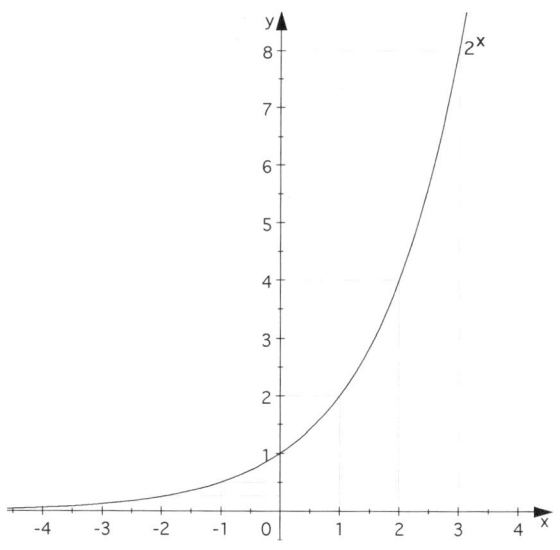

Ein schönes Beispiel für exponentielles Wachstum liefert auch folgende Überlegung: *Angenommen Jesus hätte einen Cent auf die Bank gebracht und dieser wäre bis heute zu 5% verzinst worden. Jetzt soll das Geld auf alle Menschen gerecht verteilt werden. Wieviel erhält jeder Mensch?*

Eine Verzinsung von 5% bedeutet, dass das Geld sich jährlich um den Faktor 1,05 vermehrt. Es handelt sich also um exponentielles Wachstum, und berechnet werden muss der Ausdruck: $1{,}05^{2006}$. Das Ergebnis ist so astronomisch, dass es sich kaum fassen lässt: Jeder Mensch würde etwa 2.000 mal die Erde dicht gepackt aus Fünfhunderteuroscheinen erhalten!

Es gibt unter den Exponentialfunktionen eine, die sich gegenüber allen anderen Exponentialfunktionen auszeichnet, dies ist die e–Funktion

($y = e^x$). e ist die Eulersche Zahl und steht für eine irrationale Zahl (die Zahl lässt sich also nicht als Bruch darstellen, und wird sie als Dezimalzahl dargestellt, so endet sie nie, und es gibt auch nie eine Periode). Die ersten Stellen von e lauten: 2,71828. Wie kommt man auf eine derartig "krumme" Zahl?

Eine Erklärung ist, dass dies die einzige Zahl ist, bei der der Funktionswert und die Steigung in jedem Punkt identisch sind. Die e–Funktion liefert als Funktionswert also immer ihre Steigung. Diese Eigenschaft zeichnet die e–Funktion gegenüber allen anderen Exponentialfunktionen aus und sorgt dafür, dass viele Berechnungen mit der e–Funktion sehr viel einfacher sind als mit anderen Exponentialfunktionen. (Die genaue Bedeutung der Steigung wird in Kapitel 5 behandelt.)

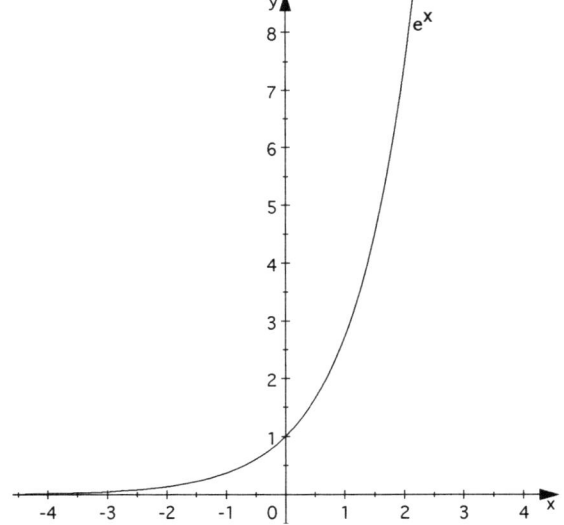

In der Darstellung unterscheidet sich die e–Funktion nicht wesentlich von anderen Exponentialfunktionen. Wie man nebenstehend erkennen kann, ist sie etwas steiler als die zuvor betrachtete Funktion $f(x) = 2^x$.

Die Zahl e lässt sich auch über den folgenden Grenzwert definieren:

$$e = \lim_{n \to \infty} \left(1 + \frac{1}{n}\right)^n$$

Dieser Zusammenhang wird in Aufgabe 3 in Kapitel 5.10.3 gezeigt.

Außerdem ergibt sich e auch als die folgende Summe:

$$e = \sum_{i=0}^{\infty} \frac{1}{i!}$$

i! steht für die Fakultät von i. Die Fakultät einer natürlichen Zahl ist als das Produkt dieser Zahl mit allen kleineren natürlichen Zahlen definiert, es gilt:

$$i! = i * (i-1) * \ldots * 1$$

3.9.2 Darstellung des Taschenrechners für sehr große und sehr kleine Zahlen

Der Taschenrechner bedient sich bei der Darstellung von sehr großen und sehr kleinen Zahlen der Exponentialfunktion 10^x. So steht der

Ausdruck: $4{,}3^{-04}$ für $4{,}3 * 10^{-4} = \dfrac{4{,}3}{10^4} = 0{,}00043$

und $2{,}76^{11}$ steht für $2{,}76 * 10^{11} = 276.000.000.000$

3.9.3 Rechenregeln für Exponenten

1) $a^n * a^m = a^{n+m}$

Diese Regel lässt sich an einem Beispiel gut verdeutlichen:

$a^2 * a^3 = a*a * a*a*a = a^5$ (es soll gerade 5 mal a mit sich selbst malgenommen werden)

Manchmal wird auch eine extra Regel für Quotienten definiert:

$$\frac{a^n}{a^m} = a^{n-m}$$

diese ergibt sich aber sofort aus der zuerst angeführten Regel (da die Division die inverse Operation zur Multiplikation ist, lassen sich auf ähnliche Weise alle "extra" Regeln für Quotienten auf die Regeln für die Multiplikation zurückführen):

$$\frac{a^n}{a^m} = a^n * a^{-m} = a^{n+(-m)} = a^{n-m}$$

2) $(a^n)^m = a^{n*m}$

Auch diese Regel kann gut an einem Beispiel verdeutlicht werden:

$$(a^4)^3 = (a*a*a*a)^3 = \underbrace{(a*a*a*a)}_{4\ a's} * \underbrace{(a*a*a*a)}_{4\ a's} * \underbrace{(a*a*a*a)}_{4\ a's} = a^{4*3} = a^{12}$$

3 mal 4 a's

Die Regeln gelten auch, wenn n bzw. m keine ganzen Zahlen sind. Somit gelten die Regeln also auch für Wurzeln:

$$\left(\sqrt{a}\right)^4 = \left(a^{\frac{1}{2}}\right)^4 = a^{\frac{1}{2}*4} = a^2$$

3.9.4 Umkehrfunktion zur Exponentialfunktion

Die Umkehrfunktion erhält man, indem man die Variablen vertauscht und dann wieder nach y auflöst. Für die Funktion $y = 10^x$ ergibt sich demnach:

$$x = 10^y$$

Wie kann dieser Ausdruck nun nach y aufgelöst werden?

Mit den bisher behandelten mathematischen Verfahren ist dies nicht möglich. Für viele Problemstellungen ist es aber notwendig, eine Umkehrfunktion zur Exponentialfunktion zu haben. Da sich der Ausdruck aber mit schon bekannten Umformungen nicht auflösen lässt, muss eine neue Funktion definiert werden, die dies tut. Diese neu zu definierende Funktion ist der **Logarithmus**.
Man schreibt nun statt $10^y = x$:

$$\log_{10}(x) = y$$

wobei der Logarithmus eben als die Funktion definiert wird, die den vorherigen Ausdruck nach y auflöst. Die Fragestellung bei dem Logarithmus bleibt also weiterhin: 10 hoch wieviel ist gleich x? Dies sei an drei Beispielen verdeutlicht:

$\log_{10}(100) = 2$ (10 hoch wieviel ist gleich 100? 10^2 ist gleich 100)

$\log_{10}(10.000) = 4$

$\log_{10}(0,01) = -2 \ (10^{-2} = \dfrac{1}{10^2} = 0,01)$

Die nach unten gesetzte Zahl gibt an, zu welcher Exponentialfunktion der jeweilige Logarithmus die Umkehrfunktion ist. Diese Zahl nennt man auch die Basis des Logarithmus. Nachfolgend wird noch ein Logarithmus zur Basis 2 berechnet:

$$\log_2(32) = 5 \ (\text{denn } 2^5 \text{ ist } 32)$$

Wenn nur "log" ohne Angabe einer Basis oder auch lg geschrieben wird, so ist dies eine abkürzende Schreibweise für $\log_{10}$. Für den Logarithmus zur Basis e gibt es auch eine besondere Bezeichnung:

$$\log_e(x) = \ln(x)$$

Diesen Logarithmus nennt man auch den natürlichen Logarithmus. Aus den gleichen Gründen, aus denen die e–Funktion die wichtigste Exponentialfunktion ist, ist der natürliche Logarithmus (er ist gerade die Umkehrfunktion zur e–Funktion) der wichtigste Logarithmus. Die Taschenrechner haben den 10er Logarithmus und den natürlichen Logarithmus als Funktion.

Nachfolgend eine Zeichnung des natürlichen Logarithmus:

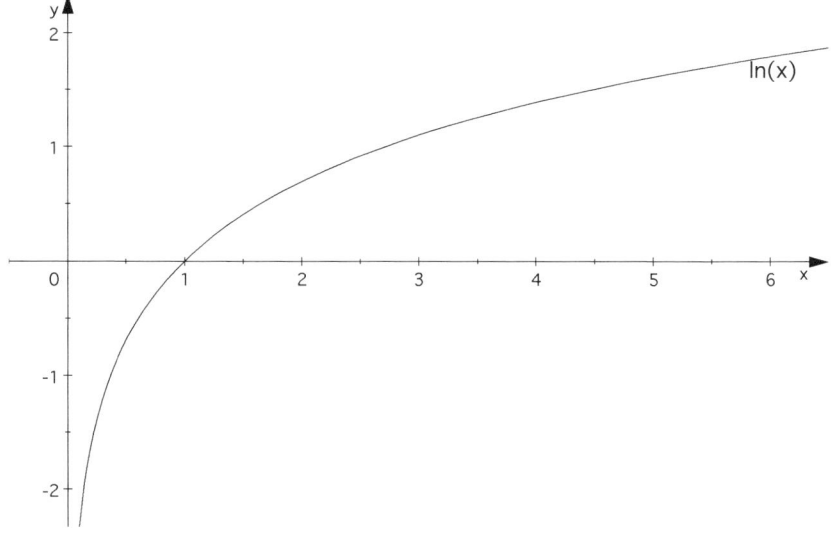

Wie alle Logarithmen ist der ln nur für positive x-Werte definiert. Die Fragestellung hinter dem natürlichen Logarithmus lautet: e hoch wieviel ist x? Da e positiv ist, ist auch jede beliebige Potenz von e positiv. Somit kann x nur positiv sein.

Wie bei allen Funktionen ergibt sich auch für e^x die Umkehrfunktion als Spiegelung der Funktion an der 45^0 Linie:

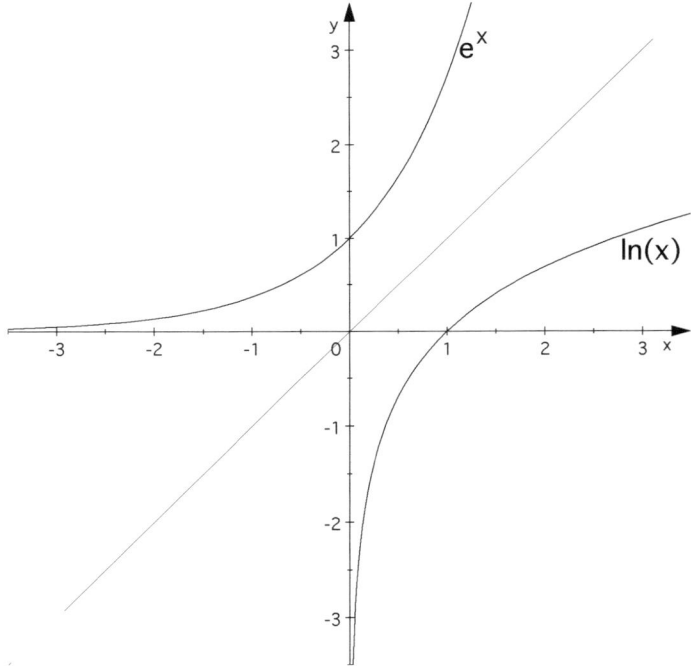

3.9.5 Rechenregeln für Logarithmen

Diese Regeln werden nachfolgend aus den Rechenregeln für die Exponentialfunktion hergeleitet:

1) $\quad\quad \ln(x) + \ln(y) = \ln(e^{\ln(x)+\ln(y)})$

Es wurden der Logarithmus und die e–Funktion eingefügt. Da diese beiden Funktion und zugehörige Umkehrfunktion sind, heben sie sich in ihrer Wirkung gerade auf, so dass die Umformumg korrekt ist.

$$\ln(e^{\ln(x)+\ln(y)}) = \ln(e^{\ln(x)} * e^{\ln(y)})$$

Hier wurde die 1. Rechenregel für Exponentialfunktionen angewendet.

$$\ln(e^{\ln(x)} * e^{\ln(y)}) = \ln(x*y)$$

Funktion und Umkehrfunktion heben sich gerade auf.

Es gilt also:

$$\mathbf{\ln(x*y) = \ln(x) + \ln(y)}$$

Für einen Quotienten ergibt sich auf analoge Weise:

$$\mathbf{\ln(\frac{x}{y}) = \ln(x) - \ln(y)}$$

2) $\ln(x^y) = \ln((e^{\ln(x)})^y)$

Hier wurden wieder e–Funktion und Logarithmus eingefügt. $e^{\ln(x)}$ ist gerade x.

$$\ln((e^{\ln(x)})^y) = \ln(e^{y*\ln(x)})$$

Hier wurde die zweite Rechenregel für Exponentialfunktionen benutzt.

$$\ln(e^{y*\ln(x)}) = y*\ln(x)$$

ln und e–Funktion heben sich wieder gegenseitig auf. Es gilt also folgende Regel:

$$\mathbf{\ln(x^y) = y*\ln(x)}$$

3.10 Trigonometrische Funktionen

Dies sind insbesondere die Funktionen sin(x), cos(x) und tan(x). Diese Funktionen zeichnen sich vor allem durch ihr periodisches Verhalten aus.

3.10.1 Die Sinusfunktion

Bei der nachfolgenden Abbildung der Sinusfunktion ist der periodische Verlauf sehr gut zu erkennen. Nach 2Π (360^0) wiederholt sich der Verlauf der Funktion. Wenn man also zu dem Argument der Funktion (dem x–Wert) 2Π addiert, so ergibt sich der gleiche Funktionswert (y–Wert) wie zuvor. Die Funktionswerte schwanken zwischen –1 und 1.

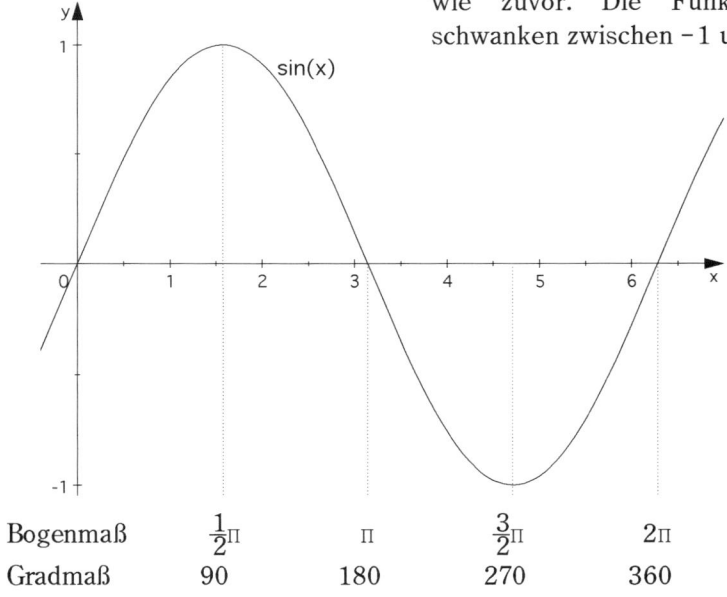

Bogenmaß	$\frac{1}{2}\Pi$	Π	$\frac{3}{2}\Pi$	2Π
Gradmaß	90	180	270	360

3.10.2   Winkelmaße - Bogenmaß(rad) und Gradmaß(deg)

Winkel können in verschiedenen Einheiten gemessen werden. Den meisten ist das Gradmaß wohl vertraut, hierbei wird "einmal ganz rum" als 360° definiert. Wenn der Taschenrechner auf "deg" gestellt ist, rechnet er im Gradmaß. Beim Bogenmaß wird der Winkel durch die Länge des Bogens auf dem Einheitskreis (Kreis mit dem Radius 1), die er überstreicht, festgelegt. "Einmal ganz rum" ist hierbei also gerade als der Umfang des Einheitskreises definiert. Da für den Umfang eines Kreises gerade gilt U = 2Πr und hier r gleich 1 ist, ergibt sich im Bogenmaß für einen Winkel von 360° ein Wert von 2π.

Bei Berechnungen mit dem Taschenrechner muss man darauf achten, ob dieser auf "deg" oder "rad" eingestellt ist.

3.10.3 Cosinus und Tangens

Der Cosinus verläuft fast genauso wie der sinus, er ist nur um $\frac{\Pi}{2}$ nach links verschoben. Dies bedeutet, dass, wenn man zum Argument des sinus $\frac{\Pi}{2}$ addiert, sich gerade der cosinus ergibt:

$$\sin(x + \frac{\Pi}{2}) = \cos(x)$$

Oder anders ausgedrückt:

$$\cos(x - \frac{\Pi}{2}) = \sin(x)$$

Somit hat auch der cosinus eine Periode von 2π. In der nachfolgenden Zeichnung sind der sinus (durchgezeichnet) und der cosinus (gepunktet) dargestellt:

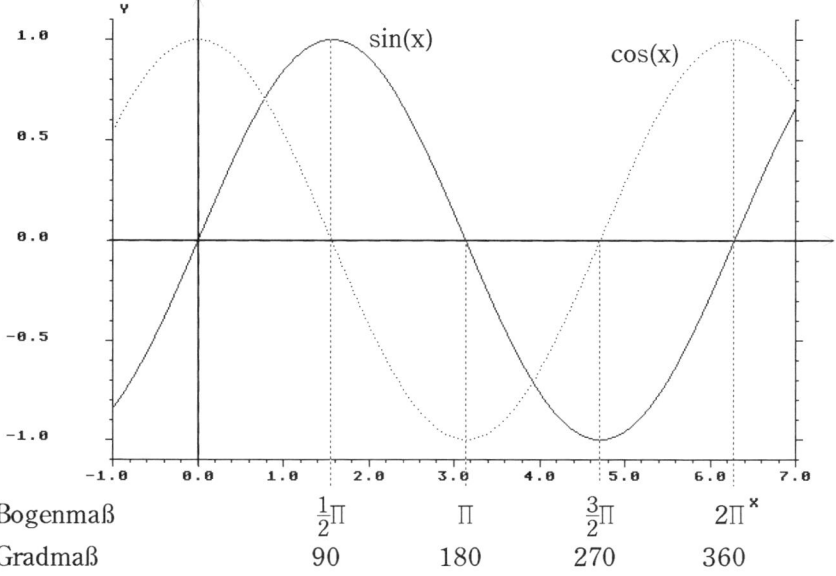

Bogenmaß	$\frac{1}{2}\Pi$	Π	$\frac{3}{2}\Pi$	2Π
Gradmaß	90	180	270	360

Der tangens ist als Quotient aus dem sinus und cosinus definiert:

$$\tan(x) = \frac{\sin(x)}{\cos(x)}$$

Aus der Definition des Tangens ergibt sich, dass er dort, wo der cosinus Null wird ($\frac{1}{2}\Pi$, $\frac{3}{2}\Pi$ ...), nicht definiert ist, denn durch Null kann man nicht teilen. An diesen Stellen hat der tangens **Polstellen** mit Vorzeichenwechsel. In der nachfolgenden Zeichnung ist der tangens dargestellt:

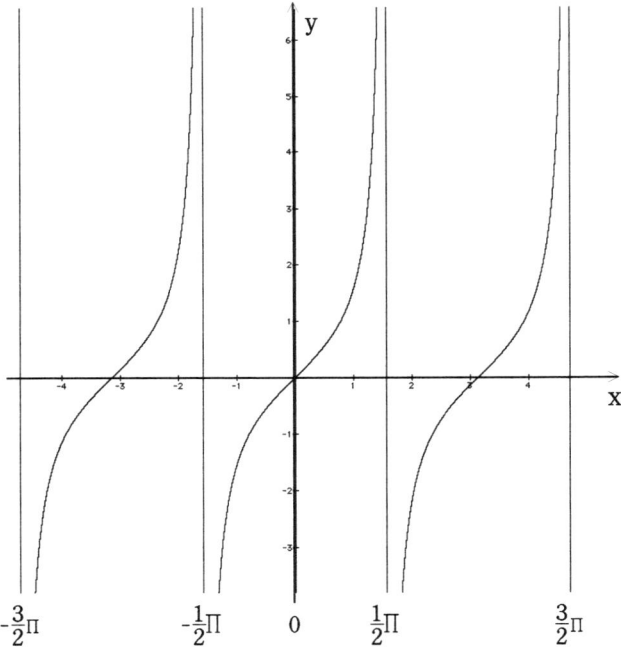

An den Polstellen wurde jeweils eine senkrechte Gerade eingezeichnet, derartige Geraden nennt man Asymptoten der Funktion. Man kann erkennen, dass der tangens eine Periode von Π (180°) hat.

$-\frac{3}{2}\Pi$ $-\frac{1}{2}\Pi$ 0 $\frac{1}{2}\Pi$ $\frac{3}{2}\Pi$

Für Potenzen von Trigonometrischen Funktionen ist eine eigene Schreibweise üblich. Statt $(\sin(x))^2$ schreibt man oft:

$$(\sin(x))^2 = \sin^2(x)$$

Dieser Ausdruck ist von $\sin(x^2)$ zu unterscheiden, denn bei $\sin(x^2)$ wird zunächst das x quadriert und erst von dem sich dabei ergebenden Wert der sinus berechnet. Bei $\sin^2(x)$ wird hingegen zunächst der sinus berechnet und der sich hierbei ergebende Wert dann quadriert.

3.10.4 Trigonometrische Umkehrfunktionen

Die Umkehrfunktionen zu den trigonometrischen Funktionen sind natürlich nur für injektive Abschnitte der jeweiligen trigonometrischen Funktion definiert. In dem Bereich darf also jeder y−Wert nur einmal vorkommen.

Für das betrachtete Intervall ergibt sich auch hier die Umkehrfunktion als die Spiegelung an der Winkelhalbierenden. Die Umkehrfunktionen nennt man:

arcsin, arccos und arctan

Beim Taschenrechner kann man diese Funktionen meist anwählen, indem man zuerst die Invers−Taste und dann die jeweilige Funktionstaste wählt. Hierbei liefert der Taschenrechner den jeweiligen Winkel aus dem Intervall zwischen -90^0 und 90^0. D.h. er hat die Umkehrfunktion zu diesem Intervall gespeichert. Z.B. ergibt sich (mit der Einstellung „deg"):

$$\arcsin(-1) = -90^0,$$

denn der sinus von -90^0 ergibt -1.

Allerdings ist z. B. auch der sinus von 270^0 -1.

4   Grenzwerte von Funktionen

4.1   Grenzwerte für x gegen unendlich

Ähnlich wie bei einer Folge kann man auch bei einer Funktion untersuchen, ob die Funktionswerte sich für große x-Werte einem bestimmten Wert annähern. Die Untersuchung verläuft hierbei genauso wie bei einer entsprechenden Folge. Anhand eines Beispiels wird dies nachfolgend betrachtet:

$$f(x) = \frac{1}{x}$$

$$\lim_{x \to \infty} f(x) = \lim_{x \to \infty} \frac{1}{x} = 0$$

Auch für Grenzwerte von Funktionen gelten die **Grenzwertsätze**, die zuvor schon für die Grenzwerte von Folgen angeführt wurden.

Nachfolgend wird ein Beispiel zur Anwendung der Grenzwertsätze angeführt. Es sei folgender Grenzwert zu bestimmen:

$$\lim_{x \to \infty} \frac{3x^2 - 7x}{4x^2 - 5x + 9}$$

Zunächst wird die höchste gemeinsame x-Potenz in Zähler und Nenner ausgeklammert:

$$= \lim_{x \to \infty} \frac{x^2}{x^2} * \frac{3 - \frac{7}{x}}{4 - \frac{5}{x} + \frac{9}{x^2}}$$

Für die Grenzwertbetrachtung kann nun der Term mit den x-Potenzen gekürzt werden:

$$= \lim_{x \to \infty} \frac{3 - \frac{7}{x}}{4 - \frac{5}{x} + \frac{9}{x^2}}$$

Nach den Grenzwertsätzen können nun die jeweiligen Grenzwerte einzeln bestimmt werden:

$$= \frac{\lim_{x \to \infty} 3 - \lim_{x \to \infty} \frac{7}{x}}{\lim_{x \to \infty} 4 - \lim_{x \to \infty} \frac{5}{x} + \lim_{x \to \infty} \frac{9}{x^2}} = \frac{3 - 0}{4 - 0 + 0} = \frac{3}{4}$$

4.2 Grenzwerte gegen eine reelle Zahl

Bei Funktionen gibt es aber auch noch die Möglichkeit, dass der Grenzwert für x gegen einen bestimmten Wert, eine reelle Zahl a, gesucht wird. Z.B. könnte folgender Grenzwert zu bestimmen sein:

$$\lim_{x \to 0} (x^2 - 4x + 2)$$

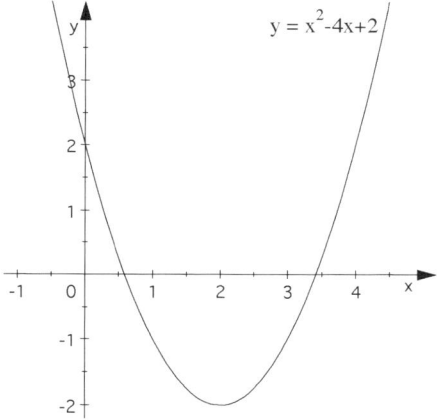

In der nebenstehenden Zeichnung ist die Funktion, von der der Grenzwert bestimmt werden soll, dargestellt. Man erkennt, dass der Grenzwert 2 sein muss, denn egal ob man sich von links oder von rechts an die Stelle x=0 nähert, man kommt immer näher an den Funktionswert 2 heran. Es gilt also:

$$\lim_{x \to 0} (x^2 - 4x + 2) = 2$$

Nun kann man sich natürlich fragen, was das denn für eine Erkenntnis ist. Wenn man 0 in die Funktion einsetzt, kommt ja 2 heraus:

$$0^2 - 4*0 + 2 = 2$$

Wie sieht es aber mit dem folgenden Grenzwert aus:

$$\lim_{x \to 0} \frac{x^3 - 4x^2 + 2x}{x}$$

Hier kann man nicht einfach 0 einsetzen, denn hierbei würde durch 0 geteilt werden und es würde sich somit ein Ausdruck ergeben, der nicht definiert ist. Allerdings kann man bei der Grenzwertbetrachtung x kürzen, denn es wird ja nur der Grenzwert für x gegen Null betrachtet, x nähert sich also beliebig nahe an 0 an, wird aber nicht 0. Somit ergibt sich:

$$\lim_{x \to 0} \frac{x^3 - 4x^2 + 2x}{x} = \lim_{x \to 0} \frac{x^2 - 4x + 2}{1} = \lim_{x \to 0} (x^2 - 4x + 2) = 2$$

Nach dem Kürzen hat sich der gleiche Grenzwert ergeben, wie er zuvor bereits betrachtet wurde. Wenn man die ursprünglich in dem Grenzwert stehende Funktion zeichnen würde, so würde die Zeichnung mit einer einzigen Ausnahme genau so aussehen wie die oben dargestellte Zeichnung: Bei der Stelle x=0 hat der Graph der Funktion eine Unterbrechung. Allerdings ist es schwer, eine derartige Unterbrechung in einer Zeichnung darzustellen. Man spricht in diesem Fall von einer Definitionslücke der Funktion.

Aus den bisherigen Betrachtungen kann man Folgendes erkennen: Wenn die Funktion, deren Grenzwert betrachtet wird, an der untersuchten Stelle definiert ist und die Funktion an dieser Stelle keine Sprünge macht[1], so kann der Grenzwert einfach durch Einsetzen ermittelt werden. Allerdings sind auch ganz andere Fälle möglich, dazu sei die folgende Funktion betrachet:

$$f(x) = \begin{cases} x^2 - 1 & \text{für } x \leq 2 \\ -\frac{1}{4}x^2 + 3 & \text{für } x > 2 \end{cases}$$

Diese Funktion ist abschnittsweise definiert. Nachfolgend ist sie dargestellt worden. Sie macht an der Stelle x = 2 einen Sprung. Es sei nun der folgende Grenzwert betrachtet:

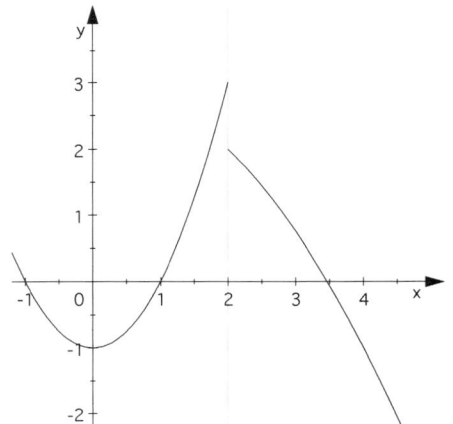

$$\lim_{x \to 2} f(x)$$

Man kann anhand der Zeichnung schon erkennen, dass die Funktion sich, wenn man von links kommt, immer mehr an den Wert 3 annähert, und wenn man von rechts kommt, an den Wert 2. Da die beiden Werte unterschiedlich sind, existiert der angeführte Grenzwert nicht, obwohl man den Wert der Funktion an der Stelle x=2 bestimmen kann, für diesen ergibt sich:

$$f(2) = 2^2 - 1 = 3$$

Man kann allerdings auch die Grenzwerte von links und von rechts ge-

---

1: Wenn die angeführten Bedingungen erfüllt sind, sagt man auch, dass die Funktion an der entsprechenden Stelle stetig ist. Siehe hierzu auch Kapitel 6.3.

trennt betrachten. Für den Grenzwert von links schreibt man:

$$\lim_{\substack{x \to 2 \\ x < 2}} f(x) = \lim_{x \uparrow 2} f(x)$$

Beide Varianten beschreiben den linksseitigen Grenzwert. Im ersten Fall wird beschrieben, dass x gegen 2 geht, aber gleichzeitig kleiner als 2 ist. Im zweiten Fall drückt der von unten nach oben laufende Pfeil aus, dass es sich um den linksseitigen Grenzwert handelt. Für den linksseitigen Grenzwert ergibt sich:

$$\lim_{x \uparrow 2} f(x) = \lim_{x \uparrow 2} (x^2 - 1) = 2^2 - 1 = 3$$

Für den rechtsseitigen Grenzwert ergibt sich entsprechend:

$$\lim_{\substack{x \to 2 \\ x > 2}} f(x) = \lim_{x \downarrow 2} f(x) = \lim_{x \downarrow 2} \left(- \frac{1}{4} x^2 + 3\right) = - \frac{1}{4} * 2^2 + 3 = 2$$

Bei dem Beispiel existiert also sowohl der linksseitige als auch der rechtsseitige Grenzwert. Da die beiden aber verschieden sind, existiert der „gesamte" Grenzwert [$\lim_{x \to 2} f(x)$] nicht.

Um den Grenzwert einer Funktion gegen eine reelle Zahl zu bestimmen, muss man also, um genau zu sein, immer den linksseitigen und den rechtsseitigen Grenzwert bestimmen und prüfen, ob diese identisch sind. Allerdings sind diese Grenzwerte in vielen Fällen identisch. Wenn die Funktionen nicht abschnittsweise (wie in dem vorherigen Ausdruck) definiert sind und die Funktionen oder Terme innerhalb der Funktionen nicht gegen $\pm \infty$ gehen, sind die linksseitigen und rechtsseitigen Grenzwerte zumeist identisch.

Auch bei Grenzwerten von Funktionen gegen eine reelle Zahl gelten die Grenzwertsätze, sie lauten für diesen Fall:

Wenn die Grenzwerte $\lim\limits_{x \to a} f(x) = b$ und $\lim\limits_{x \to a} g(x) = c$ existieren, so gilt:

$$\lim_{x \to a} (f(x) + g(x)) = \lim_{x \to a} f(x) + \lim_{x \to a} g(x) = b + c$$

$$\lim_{x \to a} (f(x) - g(x)) = \lim_{x \to a} f(x) - \lim_{x \to a} g(x) = b - c$$

$$\lim_{x \to a} (f(x) * g(x)) = \lim_{x \to a} f(x) * \lim_{x \to a} g(x) = b * c$$

$$\lim_{x \to a} \frac{f(x)}{g(x)} = \frac{\lim\limits_{x \to a} f(x)}{\lim\limits_{x \to a} g(x)} = \frac{b}{c} \quad \text{für } c \neq 0$$

Die folgende Funktion ist für für x=1 und x=-1 nicht definiert, an diesen Stellen sollen nachfolgend die Grenzwerte bestimmt werden:

$$f(x) = \frac{x^2 + 2x + 1}{x^2 - 1}$$

Für die weiteren Untersuchungen ist es sinnvoll, die Funktion mittels der Binomischen Formeln umzuformen:

$$f(x) = \frac{x^2 + 2x + 1}{x^2 - 1} = \frac{(x+1)(x+1)}{(x+1)(x-1)}$$

Für den Grenzwert gegen -1 ergibt sich nun Folgendes:

$$\lim_{x \to -1} \frac{(x+1)(x+1)}{(x+1)(x-1)}$$

Der Term (x + 1) kann gekürzt werden. In der Funktion hätte man diesen Ausdruck nicht einfach kürzen können, denn dieses Kürzen ist nur erlaubt, wenn der Term im Nenner nicht Null ist. Bei der Grenzwertbetrachtung wird zwar der Grenzwert gegen -1 betrachtet, aber man geht hierbei gewissermaßen nur beliebig nahe an -1 heran, ohne die -1 zu erreichen. Daher ist das Kürzen dieses Termes hier erlaubt.

$$= \lim_{x \to -1} \frac{(x+1)}{(x-1)}$$

Nach den Grenzwertsätzen ergibt sich nun:

$$= \lim_{x \to -1} \frac{(x+1)}{(x-1)} = \frac{(-1+1)}{(-1-1)} = \frac{0}{-2} = 0$$

Die Funktion hat also an der Stelle -1 einen Grenzwert von 0, sie ist zwar an der Stelle selber nicht definiert, nähert sich aber von beiden Seiten beliebig nahe an 0 an. Eine derartige Stelle nennt man eine **Definitionslücke** (oder auch kürzer Lücke) der Funktion. Man kann die Funktion an dieser Stelle durch das Hinzufügen eines Punktes $(-1, 0)$ stetig ergänzen.

Für den Grenzwert gegen 1 ergibt sich:

$$\lim_{x \to 1} \frac{(x+1)(x+1)}{(x+1)(x-1)}$$

$$= \lim_{x \to 1} \frac{(x+1)}{(x-1)}$$

Bei diesem Ausdruck ist an der Stelle $x = 1$ der Nenner Null, aber der Zähler ungleich Null $(1+1=2)$. Wenn man eine Zahl, die ungleich Null ist, durch Zahlen teilt, die immer näher an Null herankommen, so ergibt sich ein immer größerer Zahlenwert. Somit geht die Funktion gegen $+$ oder $-\infty$. Wenn ein Grenzwert gegen $+$ oder $-\infty$ geht, spricht man von einem **uneigentlichen Grenzwert**. Ein uneigentlicher Grenzwert liegt also vor, wenn sowohl der linksseitige, als auch der rechtsseitige Grenzwert entweder gegen $+\infty$ oder gegen $-\infty$ gehen. Für die weitere Untersuchung muss entsprechend unterschieden werden, ob man den Grenzwert von links ($x<1$) oder von rechts ($x>1$) betrachtet:

$$\text{Für } x < 1 \quad \lim_{x \to 1} \frac{(x+1)}{(x-1)} = \lim_{x \uparrow 1} \frac{(x+1)}{(x-1)} = -\infty$$

Der Zähler geht gegen 2, während der Nenner gegen Null geht, da in diesem Fall aber $x<1$ gilt, ist der Nenner stets kleiner als 0, so dass der Zähler durch immer kleinere (vom Betrag her) negative Zahlen geteilt wird. Der ganze Ausdruck geht also gegen $-\infty$.

Entsprechend folgt:

$$\text{Für } x > 1 \quad \lim_{x \to 1} \frac{(x+1)}{(x-1)} = \lim_{x \downarrow 1} \frac{(x+1)}{(x-1)} = \infty$$

Die Funktion geht also auf der einen Seite von 1 gegen $-\infty$ und auf der anderen gegen $+\infty$. Es existieren also die uneigentlichen Grenzwerte von links und von rechts. Allerdings sind diese verschieden, daher existiert der „gesamte" Grenzwert nicht.

Eine derartige Stelle, wie sie sich ergeben hat, nennt man einen **Pol mit Vorzeichenwechsel** (oder auch Zeichenwechsel). Wenn die Funktion auf beiden Seiten gegen + oder auf beiden gegen $-\infty$ gehen würde, so läge ein Pol ohne Vorzeichenwechsel vor.

In der nebenstehenden Zeichnung der Funktion lässt sich die Polstelle der Funktion gut erkennen. Man zeichnet an Polstellen senkrechte Geraden durch den x-Wert des Pols, die man **Polgeraden** nennt. Bei der Polgeraden handelt es sich um einen Spezialfall einer **Asymptote**. Eine Asymptote ist eine Gerade (oder im allgemeinen auch eine andere Funktion), an die sich die Funktion immer mehr annähert (anschmiegt).

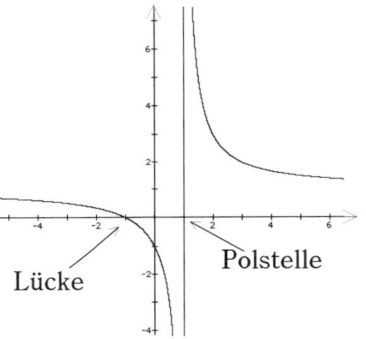

Lücke   Polstelle

4.3 Übungsaufgaben

Bestimmen Sie die folgenden Grenzwerte:

1) $$\lim_{x \to -\infty} \frac{-2x^3 - x^2}{2 + x^2 + 3x^3}$$

2) $$\lim_{x \to 0} \frac{\ln(1+x) - e^{2x+1}}{(x-1)^2}$$

3) $$\lim_{x \to -1} \frac{x^2 + 3x + 2}{x^2 - 1}$$

Lösungsvorschläge:

1)
$$\lim_{x \to -\infty} \frac{-2x^3 - x^2}{2 + x^2 + 3x^3}$$

Nun wird die höchste gemeinsame Potenz in Zähler und Nenner ausgeklammert (alternativ könnte die Regel von l'Hospital angewendet werden, allerdings müsste hierbei ziemlich oft abgeleitet werden, bis nicht mehr Nenner und Zähler beide gegen unendlich gehen):

$$= \lim_{x \to -\infty} \frac{x^3}{x^3} * \frac{-2 - \frac{1}{x}}{\frac{2}{x^3} + \frac{1}{x} + 3}$$

Der vordere Term kürzt sich weg, und für x gegen unendlich werden im hinteren alle Glieder, bei denen x im Nenner steht, Null. Nach den Grenzwertsätzen können diese Grenzübergänge einzeln durchgeführt werden, so dass sich ergibt:

$$= \frac{-2 - 0}{0 + 0 + 3} = -\frac{2}{3}$$

2) Hier sind für x = 0 sowohl der Zähler als auch der Nenner definiert (und machen keine Sprünge bei x = 0), und der Nenner ist ungleich Null, daher kann einfach eingesetzt werden:

$$\lim_{x \to 0} \frac{\ln(1+x) - e^{2x+1}}{(x-1)^2} = \frac{\ln(1+0) - e^{2*0+1}}{(0-1)^2} = \frac{\ln 1 - e^1}{1} = -e$$

3) Zunächst werden der Nenner und der Zähler in Faktoren[1] aufgespalten:

$$\frac{x^2 + 3x + 2}{x^2 - 1} = \frac{(x+1)(x+2)}{(x+1)(x-1)}$$

Bei der Grenzwertbetrachtung kann nun gekürzt werden:

$$\lim_{x \to -1} \frac{(x+1)(x+2)}{(x+1)(x-1)} = \lim_{x \to -1} \frac{(x+2)}{(x-1)} = \frac{(-1+2)}{(-1-1)} = \frac{1}{-2} = -\frac{1}{2}$$

1: Wenn man die Zerlegung für den Zähler (bzw. Nenner) in Faktoren nicht direkt erkennt, muss man zunächst die Nullstellen bestimmen. Lauten die Nullstellen z. B. x_{N1} und x_{N2}, so ergibt sich folgende Zerlegung in Faktoren: $(x - x_{N1}) * (x - x_{N2})$

5   Steigung von Funktionen

5.1   Grundlagen

5.1.1 Steigung einer Geraden

Die Steigung einer Funktion gibt an, wie steil sie ist, also wieviel Einheiten sie nach oben geht, wenn man eine Einheit nach rechts geht. Eine Gerade hat überall die gleiche Steigung, so dass man diese einfach über ein **Steigungsdreieck** bestimmen kann.

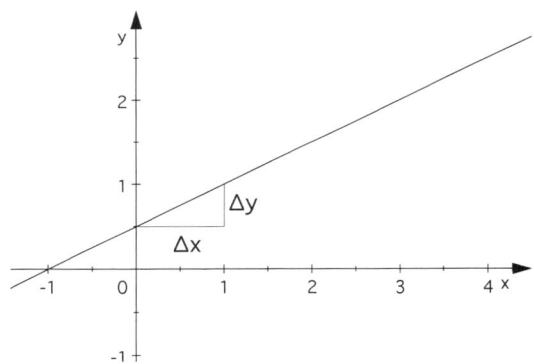

Die abgebildete Gerade geht pro Schritt nach rechts ($\triangle x=1$) einen halben Schritt nach oben ($\triangle y=\frac{1}{2}$), daher ist die Steigung $\frac{1}{2}$. Formal ergibt sich die Steigung als der folgende Quotient:

$$\frac{\triangle y}{\triangle x}$$

5.1.2 Steigung von Sekante und Tangente

Bei anderen Funktionen als Geraden ist die Steigung überall unterschiedlich. In der folgenden Abbildung ist der positive Ast der Parabel $y = \frac{1}{4}x^2$ dargestellt. Es ist klar, dass diese Funktion keine einheitliche Steigung besitzt. Je weiter man nach rechts geht, desto steiler wird die Funktion. Gesucht sei die Steigung bei dem Punkt P.

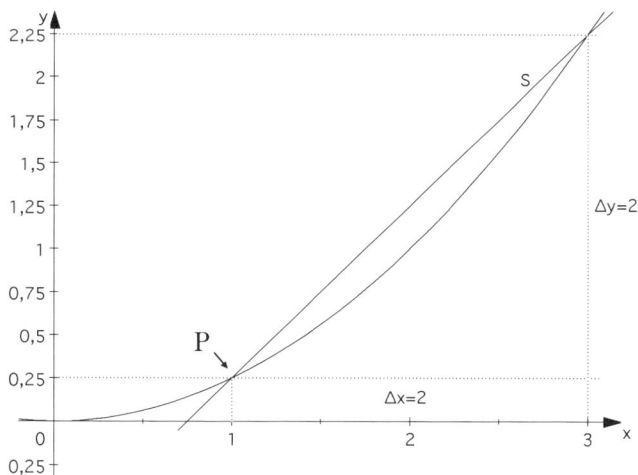

Zwischen x=1 und x=3 ist ein Steigungsdreieck eingezeichnet. Über dieses Steigungsdreieck ergibt sich die Steigung der eingezeichneten Geraden S. Eine derartige Gerade, die eine Funktion in zwei Punkten schneidet, nennt man eine **Sekante**. Allerdings erkennt man, dass die Steigung von S nicht mit der Steigung der Funktion bei P identisch ist, denn die Sekante hat eine weitaus größere Steigung als die Funktion bei P.

Für die Steigung der Sekante ergibt sich:

$$\frac{\triangle y}{\triangle x} = \frac{2{,}25 - 0{,}25}{3 - 1} = \frac{2}{2} = 1$$

Bei der Berechnung werden im Zähler und Nenner Differenzen berechnet und es handelt sich insgesamt um einen Quotienten (Bruch), daher nennt man den Ausdruck $\frac{\triangle y}{\triangle x}$ auch den **Differenzenquotient**.

In der nächsten Zeichnung wurde die vorherige Sekante mit S_1 bezeichnet und es wurde zusätzlich eine weitere Sekante S_2 mit dem zugehörigen Steigungsdreick eingezeichnet.

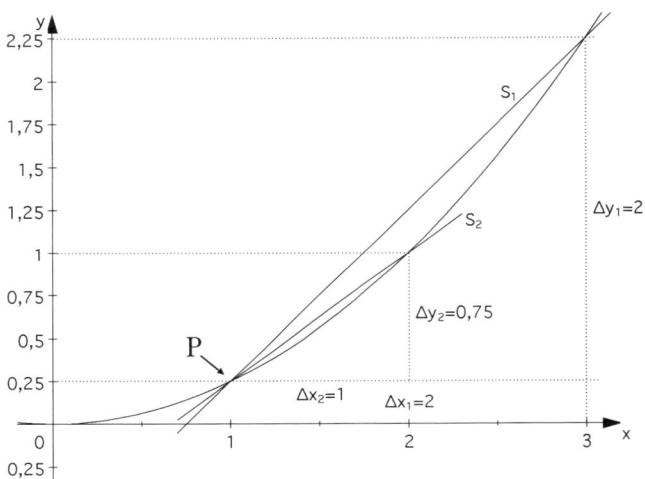

Für die die Steigung von S_2 ergibt sich:

$$\triangle x_2 = 1 \text{ und } \triangle y_2 = 0,75$$

$$\Rightarrow \frac{\triangle y_2}{\triangle x_2} = \frac{0,75}{1} = 0,75$$

Die eingezeichneten Geraden sind beide steiler als die Funktion in dem Punkt P. Die Gerade S_2 weicht aber weniger von dem richtigen Wert ab als die Gerade S_1. Wenn man sich nun vorstellt, immer kleinere Steigungsdreiecke einzuzeichnen, so wird die Steigung der dazugehörigen Geraden immer kleiner, wobei sie aber immer noch größer als die Steigung der Funktion in dem Punkt P sein wird. Je kleiner die Steigungsdreiecke werden, destso näher kommt man an den Wert für die Steigung der Funktion in dem Punkt P heran. **Als Grenzwert für unendlich kleine Steigungsdreiecke erhält man also den richtigen Wert für die Steigung im Punkt P.** Bei diesem Grenzübergang wird aus der Sekante eine **Tangente** (Berührende). In der nachfolgenden Zeichnung ist die Tangente an

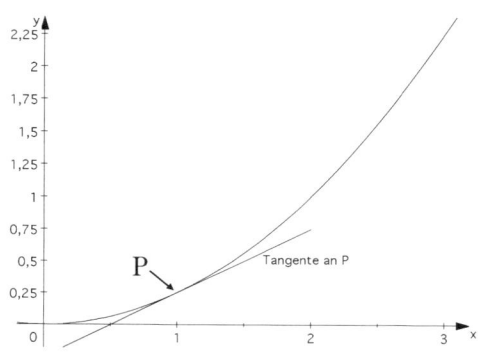

den Punkt P eingezeichnet. Die Steigung dieser Geraden ist mit der Steigung der Funktion im Punkt P identisch.

5.1.3 Bestimmung der Steigung einer Funktion

Um die Steigung in einem Punkt zu bestimmen muss der Grenzwert des Differenzenquotienten für $\triangle x$ gegen Null bestimmt werden. Es ist also folgender Grenzwert zu untersuchen:

$$\lim_{\triangle x \to 0} \frac{\triangle y}{\triangle x}$$

Um diesen Grenzwert konkret zu bestimmen wird nachfolgend der x-Wert des Punktes mit x_0 bezeichnet und $\triangle y$ wird entsprechend der nachfolgenden Darstellung mittels der entsprechenden Funktionswerte ausgedrückt.

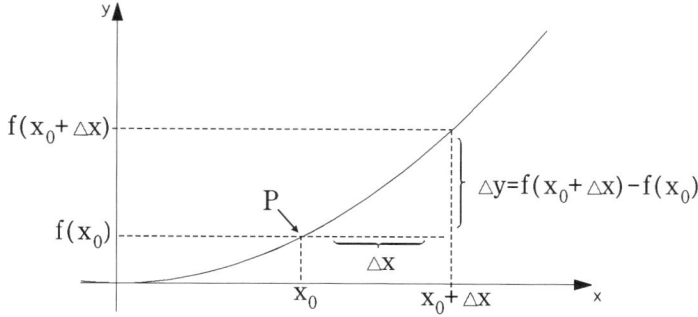

Die Breite des Steigungsdreiecks beträgt $\triangle x$, daher geht das Steigungsdreieck von der Stelle x_0 bis zur Stelle $x_0 + \triangle x$. Hieraus ergeben sich die Funktionswerte $f(x_0)$ und $f(x_0 + \triangle x)$. $\triangle y$ ergibt sich als die Differenz dieser beiden Funktionswerte: $\triangle y = f(x_0 + \triangle x) - f(x_0)$

Für den Grenzwert ergibt sich somit Folgendes:

$$\lim_{\triangle x \to 0} \frac{\triangle y}{\triangle x} = \lim_{\triangle x \to 0} \frac{f(x_0 + \triangle x) - f(x_0)}{\triangle x}$$

Für die Funktion $f(x) = x^2$ soll nun die Steigung bestimmt werden. Für $f(x_0 + \triangle x)$ ergibt sich:

$$f(x_0 + \triangle x) = (x_0 + \triangle x)^2 = x_0{}^2 + 2x_0 \triangle x + \triangle x^2$$

Insgesamt ergibt sich für den Grenzwert des Differenzenquotienten somit:

$$\lim_{\triangle x \to 0} \frac{\triangle y}{\triangle x} = \lim_{\triangle x \to 0} \frac{f(x_0 + \triangle x) - f(x_0)}{\triangle x}$$

$$= \lim_{\triangle x \to 0} \frac{x_0{}^2 + 2x_0 \triangle x + \triangle x^2 - x_0{}^2}{\triangle x}$$

$$= \lim_{\triangle x \to 0} \frac{2x_0 \triangle x + \triangle x^2}{\triangle x}$$

Da $\triangle x$ zwar gegen Null geht, aber nicht Null wird, kann $\triangle x$ gekürzt werden. Es ergibt sich:

$$= \lim_{\triangle x \to 0} (2x_0 + \triangle x) = 2x_0$$

Somit ergibt sich also für die Funktion $f(x) = x^2$ an der Stelle x_0 die Steigung $2x_0$. Da x_0 ein beliebiger Wert sein kann, gilt dieser Zusammenhang auch für die ganze Funktion. Die Steigung einer Funktion nennt man auch die **Ableitung** der Funktion und bezeichnet sie mit $f'(x)$ (sprich: f Strich von x). Für die Funktion $f(x) = x^2$ gilt also $f'(x) = 2x$.

Für die Ableitung gibt es noch eine andere Bezeichnung. Sie ergibt sich als der Grenzwert des Differenzenquotienten:

$$\lim_{\triangle x \to 0} \frac{\triangle y}{\triangle x}$$

Bei diesem Grenzübergang gehen sowohl $\triangle x$ als auch $\triangle y$ gegen 0. Für derartige unendlich kleine Abschnitte gibt es eine eigene Bezeichnung, man nennt sie dx und dy und schreibt deshalb auch:

$$\lim_{\triangle x \to 0} \frac{\triangle y}{\triangle x} = \frac{dy}{dx} = f'(x) \qquad \text{oder auch } \frac{df}{dx}$$

dx und dy nennt man auch **Differentiale**. Daher bezeichnet man den

Quotienten $\frac{dy}{dx}$ auch als **Differentialquotient**.

Ableitungen nach der Zeit, diese treten insbesondere in der Physik häufig auf, werden oft mit einem Punkt gekennzeichnet. Hier gilt also folgende Konvention:

$$\frac{dy}{dt} = \dot{y}$$

Bei der vorherigen Berechnung wurde der Grenzübergang für $\triangle x$ gegen Null betrachtet. Es ist auch üblich, $\triangle x$ durch h zu ersetzen, auf diese Weise wird der Ausdruck etwas übersichtlicher. Außerdem wurde nach-

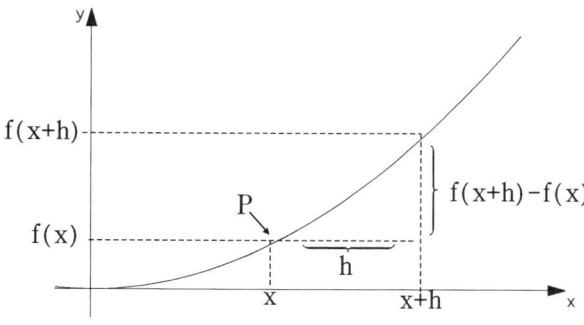

folgend die Stelle, an der die Steigung bestimmt werden soll einfach x statt x_0 genannt. In der nebenstehenden Grafik sind diese Bezeichnungen verwendet worden.

In dieser Darstellung lautet der Grenzwert des Differentialquotienten:

$$\lim_{h \to 0} \frac{f(x+h) - f(x)}{h}$$

Dieser Grenzwert wird nun für die Funktion: $f(x) = x^2 + 4$ berechnet:

$$\lim_{h \to 0} \frac{(x+h)^2 + 4 - (x^2 + 4)}{h}$$

$$= \lim_{h \to 0} \frac{x^2 + 2xh + h^2 + 4 - x^2 - 4}{h}$$

$$= \lim_{h \to 0} \frac{2xh + h^2}{h}$$

$$= \lim_{h \to 0} (2x + h) = 2x$$

Nachfolgend wird das Verfahren nochmals für die Funktion $f(x) = x^3$ durchgeführt:

$$\lim_{h \to 0} \frac{f(x+h) - f(x)}{h}$$

$$= \lim_{h \to 0} \frac{(x+h)^3 - x^3}{h}$$

$$= \lim_{h \to 0} \frac{x^3 + 3x^2h + 3xh^2 + h^3 - x^3}{h}$$

$$= \lim_{h \to 0} (3x^2 + 3xh + h^2) = 3x^2$$

5.1.4 Differenzierbarkeit

Eine Funktion ist differenzierbar, wenn der zuvor betrachtete Grenzwert des Differenzenquotienten existiert. Somit gilt für die Differenzierbarkeit einer Funktion Folgendes:

> Eine Funktion heißt **differenzierbar** an der Stelle x_0, wenn der Grenzwert
> $$\lim_{\triangle x \to 0} \frac{\triangle y}{\triangle x} = \lim_{\triangle x \to 0} \frac{\triangle f(x)}{\triangle x} = \lim_{x \to x_0} \frac{f(x) - f(x_0)}{x - x_0} \quad \text{existiert.}$$

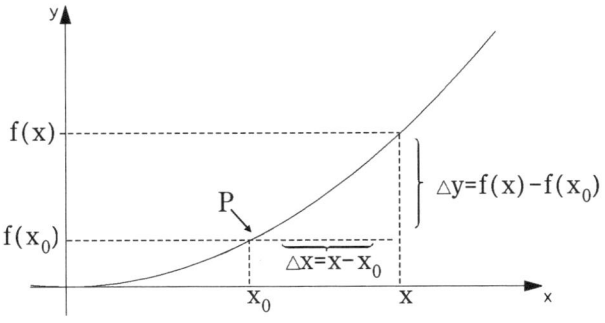

Gebräuchlich ist insbesondere die zuletzt angeführte Darstellung, diese entspricht der nebenstehenden Abbildung. Da $\triangle x$ gegen Null geht, geht x immer mehr gegen x_0.

Bei der konkreten Überprüfung der Differenzierbarkeit ist zu beachten, dass der Grenzwert natürlich nur dann existiert, wenn sowohl der Grenzwert von links als auch der Grenzwert von rechts existiert und beide identisch sind. Nebenstehend ist die Funktion f(x) = |x| dargestellt. Diese Funktion ist an der Stelle x = 0 **nicht differenzierbar.** Links von 0 beträgt die Steigung der Funktion

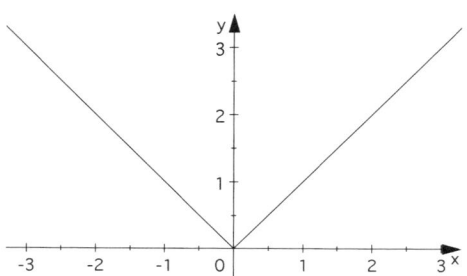

−1 und rechts von Null beträgt sie +1. Der Grenzwert der Steigung für x gegen 0 beträgt somit von links −1 und von rechts +1. Da die beiden Werte verschieden sind, existiert insgesamt kein Grenzwert für x gegen 0.

Die Steigung einer Funktion ist über die Steigung der Tangenten an die Funktion definiert. An der Stelle x = 0 kann man an die eingezeichnete Funktion beliebig viele Tangenten (Berührende) einzeichnen, auch daran erkennt man, dass die Steigung der Funktion bei x = 0 nicht definiert ist.

Schließlich sei auf folgenden Zusammenhang verwiesen, der in Abschnitt 6.3 bei der Betrachtung der Stetigkeit von Funktionen näher erläutert wird:

Ist eine Funktion an der Stelle x_0 differenzierbar, so ist sie an dieser Stelle auch stetig.

5.2 Ableitungen verschiedener Funktionen

5.2.1 Ableitung für Potenzen von x

Bei den beiden vorherigen Beispielen lässt sich schon ein bestimmtes Schema erkennen: Die Zahl im Exponenten wird "vor" den Ausdruck geschrieben und der Exponent wird um eins reduziert. Es lässt sich beweisen, dass sich auf diese Weise alle Potenzen von x differenzieren (ein anderer Ausdruck für ableiten) lassen. Dies gilt selbst dann, wenn es sich bei dem Exponenten um keine ganze Zahl handelt. Es gilt also ganz allgemein

für $f(x) = x^b$ ist $f'(x) = b * x^{b-1}$ mit $b \in \mathbb{R} \setminus \{0\}$ (b Element $\mathbb{R}$ **ohne** Null)

Die Null muss ausgeschlossen werden, denn x^0 ist 1. Für b=0 würde die Funktion lauten $f(x) = 1$. Der y-Wert dieser Funktion ist immer eins, egal wie groß x ist. Somit handelt es sich hierbei um eine waagerechte Gerade:

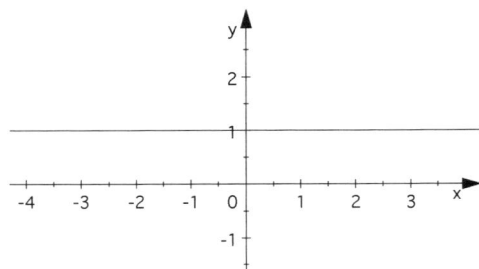

Die Steigung einer derartigen Funktion ist natürlich Null. Also gilt:

$$f(x) = a \quad a \in \mathbb{R} \quad \Rightarrow \quad f'(x) = 0$$

Aus der angeführten Regel ergibt sich auch die Ableitung für Wurzelfunktionen, denn jede Wurzel kann auch als Potenz geschrieben werden. In dem Abschnitt zu Wurzelfunktionen war folgender Zusammenhang angegeben worden:

$$\sqrt[2]{x} = x^{\frac{1}{2}} \text{ , oder auch allgemein } \sqrt[n]{x} = x^{\frac{1}{n}}$$

Somit ergibt sich für die Ableitung der zweiten Wurzel, die in der Regel gemeint ist, wenn einfach nur von der Wurzel gesprochen wird:

$$f(x) = \sqrt[2]{x} \iff f(x) = x^{\frac{1}{2}}$$

$$\Rightarrow f'(x) = \frac{1}{2} x^{\frac{1}{2}-1} = \frac{1}{2} x^{-\frac{1}{2}}$$

Der Term kann nun noch umgeformt werden:

$$f'(x) = \frac{1}{2} x^{-\frac{1}{2}} = \frac{1}{2x^{\frac{1}{2}}} = \frac{1}{2\sqrt{x}}$$

Es wurde zunächst die x–Potenz in den Nenner geschrieben und hierbei das Vorzeichen im Exponenten verändert. Anschließend wurde die Potenz wieder als Wurzel geschrieben.

Wie zuvor gezeigt wurde, können Wurzeln nach derselben Regel wie "normale" Potenzen abgeleitet werden. Man kann aber auch eine extra Regel für das Ableiten von Wurzeln erstellen, diese wird nachfolgend errechnet:

Für die Ableitung einer beliebigen Wurzel ergibt sich:

$$f(x) = \sqrt[n]{x} = x^{\frac{1}{n}}$$

$$f'(x) = \frac{1}{n} x^{\frac{1}{n}-1} = \frac{1}{n} x^{\frac{1}{n}-\frac{n}{n}} = \frac{1}{n} x^{\frac{1-n}{n}}$$

$$= \frac{1}{n \, x^{\frac{-1+n}{n}}} = \frac{1}{n \sqrt[n]{x^{n-1}}}$$

Es gilt also:

$$f(x) = \sqrt[n]{x} \qquad f'(x) = \frac{1}{n \sqrt[n]{x^{n-1}}}$$

5.2.2 Ableitungen mit Faktoren

Angenommen, es sei $3*x^3$ abzuleiten. Was verändert die 3 bei der Ableitung gegenüber der Ableitung von x^3? In nachfolgender Zeichnung sind die beiden Funktionen abgebildet:

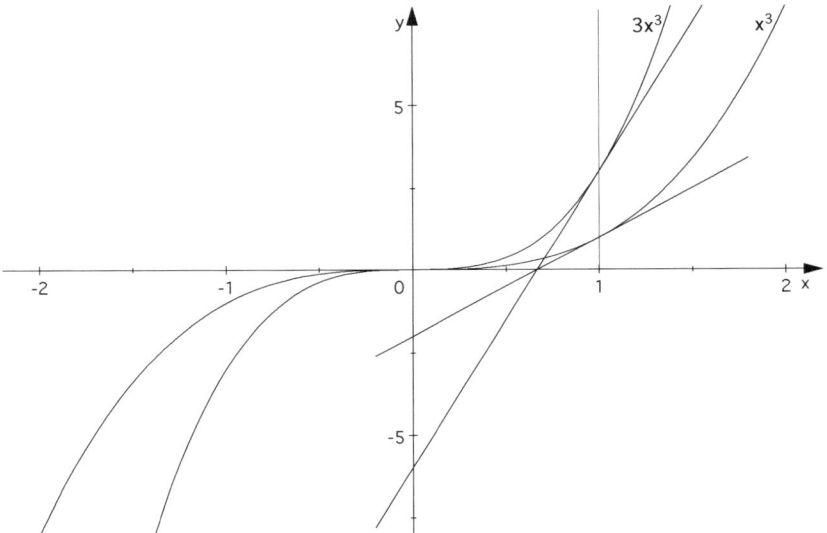

Für x=1 sind zu beiden Funktionen die Tangenten gezeichnet. Es ist deutlich sichtbar, dass die Steigung bei der Funktion $3x^3$ viel größer ist. Sie ist genau dreimal so groß wie bei der anderen Funktion. Dieser Zusammenhang gilt allgemein, d.h. wird eine Funktion mit einem Faktor multipliziert, so ist ihre Steigung genau um diesen Faktor größer als die Steigung der ursprünglichen Funktion. Dieses bedeutet, **dass Faktoren beim Ableiten einfach stehen bleiben**. Es gilt also:

$$(a*f(x))' = a*f'(x)$$

Man könnte diese Regel auch mittels des Differentialquotienten herleiten. Man kann einen Faktor aus dem Differentialquotienten ausklammern und erhält auf diese Weise den beschriebenen Zusammenhang.

5.2.3 Ableitungen für Trigonometrische Funktionen

Auch für diese Funktionen lässt sich mittels des Differentialquotienten, wie zuvor für Potenzfunktionen beschrieben, ein Grenzwert bilden und so die Ableitung bestimmen. Nachfolgend wird allerdings lediglich anhand einer Grafik etwas Intuition zu den Ableitungen von sinus und cosinus vermittelt.

In der Zeichnung sind der sinus (durchgehende Linie) und der cosinus (gepunktete Linie) eingezeichnet. Man kann in der Zeichnung deutlich erkennen, dass man aus der sinus-Funktion den cosinus erhält, indem man die Funktion nach links verschiebt.

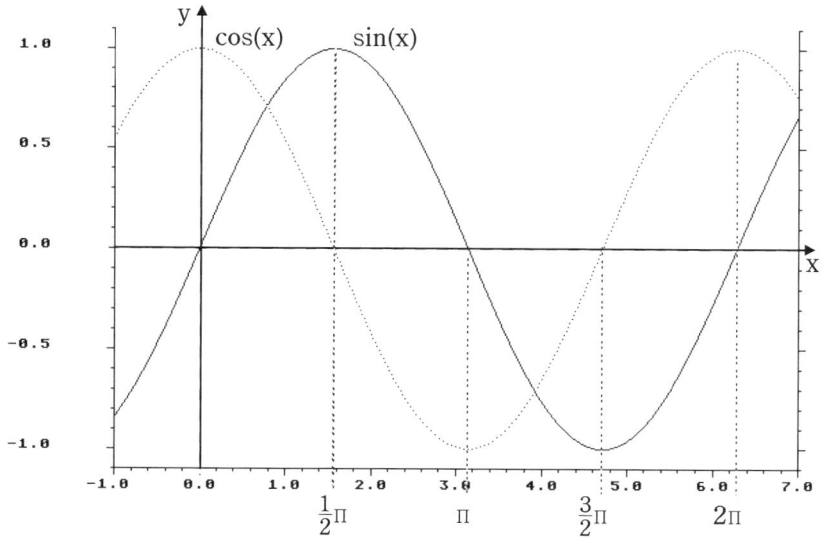

Die Steigung des sinus bei x = $\frac{1}{2}\Pi$ ist Null. Der Wert der cosinus-Funktion bei x = $\frac{1}{2}\Pi$ ist auch 0. Bei x = 0 hat der sinus eine positive Steigung, die man aufgrund der Zeichnung ungefähr auf 1 schätzen kann (sie ist tatsächlich 1), der cosinus liefert bei x = 0 den Wert 1. Somit könnte man vermuten, dass der cosinus die Steigung des sinus angibt und somit die Ableitung der sinus-Funktion darstellt. Dieser Zusammenhang gilt tatsächlich. Die Plausibilität dieses Zusammenhangs kann man sich anhand der Zeichnung noch an anderen Stellen verdeutlichen, allerdings stellen diese Betrachtungen natürlich keinen Beweis für den Zusammenhang dar.

Wenn man in der Zeichnung die Steigung des cosinus mit den Werten der sinus-Funktion vergleicht, so ergibt sich als Vermutung, dass die Steigung des cosinus durch -sin gegeben ist. Auch dieser Zusammenhang gilt tatsächlich, so dass man insgesamt erhält:

$$f(x) = \sin(x) \qquad f'(x) = \cos(x)$$

$$g(x) = \cos(x) \qquad g'(x) = -\sin(x)$$

Der Tangens ergibt sich als Quotient aus der sinus und cosinus Funktion:

$$\tan(x) = \frac{\sin(x)}{\cos(x)}$$

Mittels dieses Zusammenhangs kann man die Ableitung für den Tangens mit der Quotientenregel, die in Abschnitt 5.3.4 behandelt wird, ausrechnen. Mittels bestimmter Zusammenhänge für trigonometrische Funktionen kann der so entstehende Ausdruck in folgende Form gebracht werden:

$$f(x) = \tan(x) \qquad f'(x) = \frac{1}{\cos^2(x)}$$

5.2.4 Ableitungen von Exponentialfunktionen

Wie schon angesprochen, ist die e-Funktion die einzige Funktion, deren Funktionswerte gleichzeitig die Steigung an der jeweiligen Stelle angeben (wenn man es ganz genau nimmt, gilt dies allerdings auch noch für die Funktion y=0). Daher ist die e-Funktion ihre eigene Ableitung. Es gilt also:

$$f(x) = e^x \qquad f'(x) = e^x$$

Andere Exponentialfunktionen lassen sich durch die Kenntnis der Ableitung der e-Funktion ableiten. Hierzu formt man sie mittels der e-Funktion und des natürlichen Logarithmus um:

$$f(x) = a^x = e^{\ln(a^x)} = e^{x * \ln(a)}$$

Hierbei wurden zunächst die e-Funktion und ihre Umkehrfunktion eingefügt und danach die 2. Rechenregel für Logarithmen benutzt. Der nun entstandene Ausdruck kann mittels der Kettenregel abgeleitet werden. Die entsprechende Ableitung wird in dem Abschnitt zur Kettenregel berechnet.

5.2.5 Ableitung von Umkehrfunktionen

Die Ableitung einer Funktion kann mittels der Ableitung der Umkehr-funktion berechnet werden. Die Ableitung einer Funktion lautet:

$$f'(x) = \frac{dy}{dx}$$

Diesen Term kann man umformen:

$$\frac{dy}{dx} = \frac{1}{\frac{dx}{dy}}$$

Auf der rechten Seite wird 1 durch einen Bruch geteilt. Durch einen Bruch teilt man, indem man mit dem Kehrwert malnimmt. Auf diese Weise ergibt sich wieder der Term auf der linken Seite der Gleichung.

$\frac{dx}{dy}$ ist nun gerade die Ableitung der Umkehrfunktion, es gilt:

$$(f^{-1}(y))' = \frac{dx}{dy}$$

Somit gilt für die Ableitung einer Funktion: f^{-1}

$$f'(x) = \frac{1}{(f^{-1}(y))'} = \frac{1}{(f^{-1}(f(x))'}$$

Die Ableitung einer Funktion ergibt sich also, indem man die Ableitung der Umkehrfunktion bildet und dann das Ergebnis in den Nenner schreibt.

Für die Ableitung des **natürlichen Logarithmus** ergibt sich nun mittels der Ableitungsregel für Umkehrfunktionen:

Die Umkehrfunktion zum $\ln(x)$ ist die Funktion $x = e^y$ und die Ableitung von e^y ist wieder e^y. Also folgt:

$$f'(x) = \frac{d\ln(x)}{dx} = \frac{1}{(e^y)'} = \frac{1}{e^y}$$

Nun hatte sich für die Umkehrfunktion aber gerade ergeben: $x = e^y$, somit kann man den letzten Ausdruck weiter umformen:

$$\frac{1}{e^y} = \frac{1}{x}$$

Also gilt:

$$g(x) = \ln(x)$$

$$g'(x) = \frac{1}{x}$$

Nebenstehend ist der ln(x) und seine Ableitung, eben $\frac{1}{x}$, grafisch dargestellt.

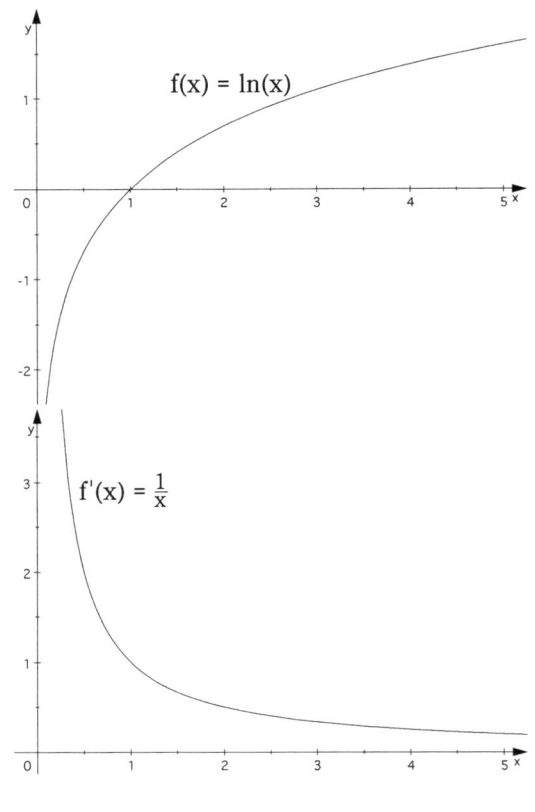

Die Zeichnung ist natürlich kein Beweis dafür, dass $\frac{1}{x}$ die Ableitung des ln ist, aber es lässt sich doch erkennen, dass $\frac{1}{x}$ den qualitativen Verlauf der Steigung des ln gut widerspiegelt. Bei sehr kleinen x-Werten steigt der ln sehr stark an, entsprechend liefert $\frac{1}{x}$ hier sehr große Funktionswerte. Bei sehr großen x-Werten wird der ln sehr flach und hat somit eine sehr geringe Steigung. Entsprechend liefert $\frac{1}{x}$ bei sehr großen x-Werten sehr niedrige Funktionswerte.

Ähnlich wie bei Exponentialfunktionen kann man Logarithmen mit einer anderen Basis als e durch geschickte Umformungen auf den ln zurückführen:

$$\log_a(x) = y = f(x),$$

dieser Ausdruck steht für die Frage: a hoch wieviel ist gleich x, also

$a^y = x.$

Diesen Ausdruck kann man nun umformen:

$a^y = x \mid \ln$ (beide Seiten werden logarithmiert)

$\Leftrightarrow \ln(a^y) = \ln(x)$

$\Leftrightarrow \quad y * \ln(a) = \ln(x) \mid /\ln(a)$

$\Leftrightarrow \quad y = \dfrac{1}{\ln(a)} \ln(x)$

Also gilt $f(x) = \log_a(x) = \dfrac{1}{\ln(a)} \ln(x)$

Da die Funktion nur von x abhängt, ist a eine Konstante und somit auch $\dfrac{1}{\ln(a)}$. Dieser Ausdruck muss also beim Ableiten wie ein konstanter Faktor behandelt werden. Also ergibt sich für die Ableitung:

$$f'(x) = \dfrac{1}{\ln(a)} * \dfrac{1}{x}$$

Nachfolgend sei dieses Ergebnis noch einmal für einen bestimmten Wert von a verdeutlicht:

$$f(x) = \log_2(x) = \dfrac{1}{\ln 2} \ln(x) = \dfrac{1}{0,69} \ln(x) = 1,44 * \ln(x)$$

$$\Rightarrow f'(x) = 1,44 * \dfrac{1}{x} = \dfrac{1}{\ln 2} * \dfrac{1}{x}$$

5.3   Ableitungen von verknüpften Funktionen

5.3.1 Ableitungen von Summen und Differenzen

Die Steigung einer Funktion in einem Punkt ist durch die Steigung der Tangenten an die Funktion in dem entsprechenden Punkt definiert. Was passiert nun mit der Steigung, wenn man zwei Funktionen addiert? Nachfolgend sind die Funktionen $f(x) = x^2$ und $g(x) = \sqrt{x}$ dargestellt. Beide Funktionen haben in dem dargestellten Bereich eine positive Steigung. Wenn man die Funktionen nun addiert, so steigt die dabei entstehende Funktion stärker als die einzelnen Funktionen. In der zweiten Graphik sind die beiden Funktionen addiert.

Da die zusammengesetzte Funktion gerade um soviel nach oben geht, wie die einzelnen Funktionen zusammengezählt nach oben gehen, kann die Steigung der zusammengesetzten Funktion als Summe der Steigungen der einzelnen Funktionen berechnet werden. Es gilt somit:

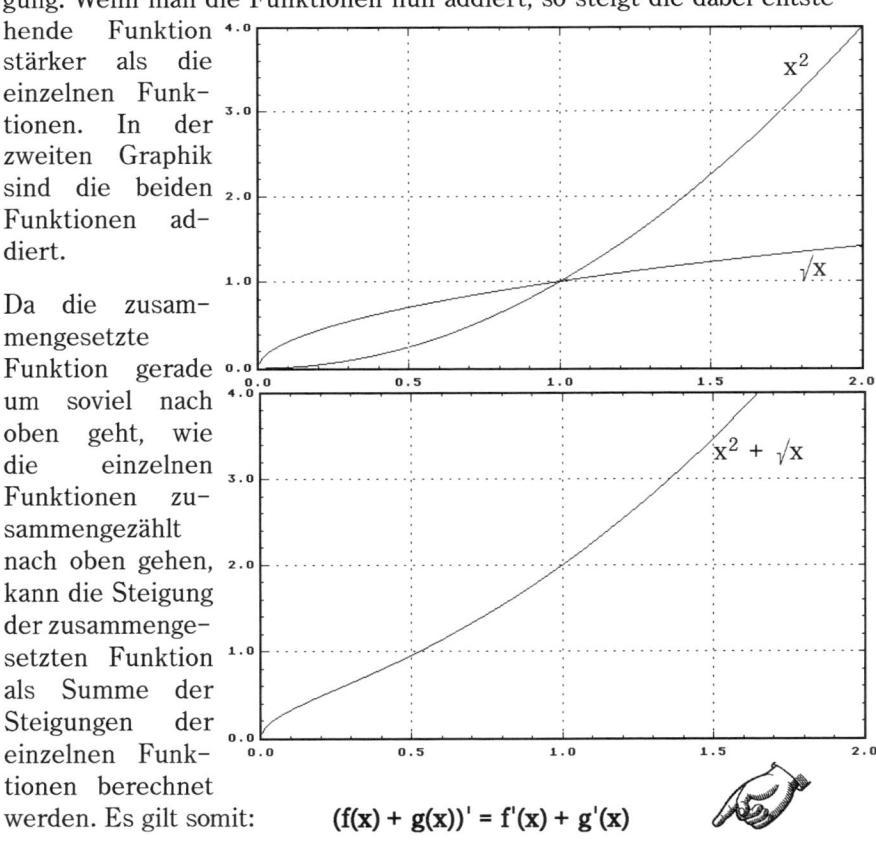

$$(f(x) + g(x))' = f'(x) + g'(x)$$

5.3.2 Kettenregel

Wenn verschiedene Funktionsvorschriften nacheinander ausgeführt werden, spricht man von verketteten Funktionen. Z.B. ist die Funktion $f(x) = (\sin(x))^2$ eine verkettete Funktion. Zunächst wird die sinus–Funktion auf das x angewendet, und auf das Ergebnis dieser Berechnung wird dann die Funktion "hoch 2" angewendet. Die Funktion kann auch durch die verketteten Funktionen beschrieben werden: $f(x) = g(h(x))$ (g von h von x), wobei für diesen Fall gilt:

$$h(x) = \sin(x) \text{ und } g(x) = x^2$$

Hier wurde die Funktionsvariable jeweils mit x bezeichnet. Intuitiv wird die Verkettung etwas klarer, wenn man die Verkettung auch schon in der Benennung der Variablen ausdrückt:

$$y = h(x) = \sin(x) \text{ und } g(y) = y^2$$

Hier wird bereits durch die Benennung der Variablen klar, dass das Ergebnis der ersten Funktion (y) in die zweite Funktion als Variable eingesetzt werden soll. Aber da die Bezeichnung von Variablen für das Ergebnis egal ist, kann es durchaus sein, dass bei beiden Funktionen die Variable mit x bezeichnet wird.

Die Kettenregel besagt nun, dass sich die Ableitung einer verketteten Funktion als das Produkt der Ableitungen der äußeren Funktion und der inneren Funktion ergibt. In diesem Fall ist y^2 die äußere und $\sin(x)$ die innere Funktion. Somit ergibt sich als Ableitung:

$$f'(x) = \underbrace{2y}_{\text{äußere Ableitung}} * \underbrace{\cos(x)}_{\text{innere Ableitung}}$$

Die verkettete Funktion hängt nur von der Variablen x ab. In obigem Ausdruck tauchen aber als Variable noch x und y auf. y muss nun noch entsprechend der inneren Funktion (y=sin(x)) ersetzt werden. Somit ergibt sich insgesamt:

$$f'(x) = \underbrace{2 * \sin(x)}_{\text{äußere Ableitung}} * \underbrace{\cos(x)}_{\text{innere Ableitung}}$$

Man kann sich auch zuerst die äußere und die innere Ableitung einzeln hinschreiben und die Terme dann erst zusammenfügen. Auf diese Weise würde sich für die Lösung der Aufgabe Folgendes ergeben:

$$f(x) = (\sin(x))^2 = g(h(x))$$

mit $y = h(x) = \sin(x)$ und $g(y) = y^2$

die einzelnen Ableitungen lauten nun;

$$h'(x) = \cos(x) \text{ und } g'(y) = 2y \Leftrightarrow g'(x) = 2*\sin(x)$$

Somit ergibt sich für $f'(x)$:

$$f'(x) = g'(x) * h'(x) = 2*\sin(x) * \cos(x)$$

Formal geschrieben lautet die Kettenregel folgendermaßen:

$$\mathbf{g(h(x))' = g'(h(x)) * h'(x)}$$

Zur Unterscheidung von innerer und äußerer Funktion:

Die innere Funktion ist immer der "Ausdruck", der zuerst auf das x angewendet werden muss. In obigem Beispiel lautete die Funktion:

$$f(x) = (\sin(x))^2$$

Hier muss zunächst der sinus von x gebildet werden, also ist $\sin(x)$ die innere Funktion. Nachfolgend wird die Funktion leicht modifiziert:

$$f(x) = \sin(x^2)$$

Hier muss das x zunächst quadriert werden. Also ist die innere Funktion nun $h(x) = x^2$. Nachfolgend noch ein anderes Beispiel:

$$f(x) = \ln(3x)$$

Das x muss zunächst mit 3 multipliziert werden, bevor der ln auf das Ergebnis angewendet wird. Daher lautet die innere Funktion $h(x) = 3x$ und die äußere entsprechend $g(y) = \ln y$.

Wenn mehr als zwei Funktionen miteinander verkettet sind, so muss die Kettenregel mehrfach angewendet werden. Angenommen, es sei folgender Ausdruck zu differenzieren:

$$f(x) = \sin(\ln(x^2))$$

Die äußerste Funktion ist in diesem Fall der sinus. Die äußerste Funktion sei nun wieder g(y) und der restliche Ausdruck sei h(x). Also gilt: g(y) = sin(y) und y = h(x) = ln(x^2)

Nun gilt:

$$g'(y) = \cos(y) \Leftrightarrow g'(x) = \cos(\ln(x^2))$$

Nun muss noch h(x) abgeleitet werden. h(x) besteht nun aber aus der Verkettung von 2 Funktionen, so dass hier nochmals die Kettenregel angewendet werden muss:

$$h(x) = k(z(x)) \text{ mit } k(y) = \ln(y) \text{ und } y = z(x) = x^2$$

$$k'(y) = \frac{1}{y} \Leftrightarrow k'(x) = \frac{1}{x^2}$$

$$z'(x) = 2x$$

Also: $h'(x) = \frac{1}{x^2} * 2x = \frac{2}{x}$

Somit ergibt sich für f':

$$f'(x) = \cos(\ln(x^2)) * h'(x) = \cos(\ln(x^2)) * \frac{2}{x}$$

Die Ableitung von beliebigen Exponentialfunktionen (Funktionen, bei denen die Variable im Exponenten steht) lässt sich nun auch mit Hilfe der Kettenregel berechnen. In Abschnitt 3.9.1 wurde folgende Umformung hergeleitet:

$$f(x) = a^x = e^{\ln(a^x)} = e^{x * \ln(a)}$$

Die Funktion hängt nur von x ab. a ist eine beliebige Konstante. ln(a) ist daher auch eine Konstante und kann somit bei der Ableitung wie ein Faktor behandelt werden. Für die Ableitung ergibt sich nun:

$$f'(x) = e^{x * \ln(a)} * \ln(a)$$
$$\text{äußere} \quad \text{innere} \quad \text{Ableitung}$$

5.3.3 Produktregel

Die Ableitung bei Produkten von Funktionen ist nicht ganz so einfach wie bei Summen oder Differenzen. Für die Produkte von Funktionen lässt sich die **Produktregel** herleiten, die folgendermaßen lautet:

$$(g*h)' = g'*h + g*h'$$

Man kann sich die Regel so merken, dass einmal die eine Funktion abgeleitet und mit der anderen multipliziert wird und zu diesem Term ein Term addiert wird, bei dem die andere Funktion abgeleitet und mit der ersten Funktion multipliziert wird.

Nachfolgend sei dies an einigen Beispielen verdeutlicht:

$$f(x) = \sin(x) * x^2$$

$$g(x) \quad * \quad h(x)$$

Der $\sin(x)$ ist hier also die erste Funktion, und diese wird mit der Funktion x^2 multipliziert. Wer sich bei der Anwendung der Produktregel nicht so sicher ist, sollte nun zunächst die einzelnen Funktionen und ihre Ableitungen bilden:

$$g(x) = \sin(x) \qquad g'(x) = \cos(x)$$

$$h(x) = x^2 \qquad h'(x) = 2x$$

Nun folgt nach der Produktregel für die Ableitung von f:

$$f'(x) = g'(x)*h(x) + g(x)*h'(x) = \cos(x)*x^2 + \sin(x)*2x$$

$$= (\cos(x)*x + \sin(x)*2)*x$$

In der letzten Zeile wurde x ausgeklammert.

In dem nachfolgenden Beispiel könnte man auch zuerst die Klammern ausmultiplizieren und dann erst ableiten. Auf diese Weise könnte die Aufgabe auch ohne die Anwendung der Produktregel gelöst werden. Hier wird sie aber über die Produktregel ausgerechnet:

$$f(x) = (2x - 3) * (x^2 - x + 5)$$

$$f'(x) = 2*(x^2 - x + 5) + (2x - 3)*(2x - 1)$$

$$= 2x^2 - 2x + 10 + 4x^2 - 2x - 6x + 3 = 6x^2 - 10x + 13$$

Die Produktregel kann auch angewendet werden, wenn mehr als zwei Funktionen miteinander multipliziert werden. Angenommen, es sei folgende Funktion abzuleiten:

$$f(x) = e^x * \sin(x) * \ln(x)$$

Man kann nun auch um das erste Produkt eine Klammer setzen:

$$f(x) = [e^x * \sin(x)] * \ln(x)$$

(Da bei der Multiplikation das Assoziativgesetz (Klammervertauschungsgesetz) gilt, hätte man auch das zweite Produkt einklammern können)

Nun kann man den ganzen Ausdruck in der Klammer als g(x) auffassen und ln(x) als h(x) und die Produktregel anwenden:

$$f'(x) = [e^x * \sin(x)]' * \ln(x) + [e^x * \sin(x)] * \frac{1}{x}$$

Die vordere Klammer muss nun noch abgeleitet werden (dies ist durch den Strich hinter der Klammer gekennzeichnet). Für die Ableitung dieser Klammer muss nun wieder die Produktregel angewendet werden:

$$f'(x) = [e^x * \sin(x) + e^x * \cos(x)] * \ln(x) + [e^x * \sin(x)] * \frac{1}{x}$$

$$= [\sin(x) + \cos(x)] * \ln(x) * e^x + e^x * \sin(x) * \frac{1}{x}$$

$$= \left[[\sin(x) + \cos(x)] * \ln(x) + \sin(x) * \frac{1}{x}\right] * e^x$$

Das Ausklammern von gemeinsamen Termen ist vor allem dann sinnvoll, wenn untersucht werden soll, wann die erste Ableitung Null wird.

Wie schon mehrfach erwähnt, ist die Division die inverse Operation zur Multiplikation. Daher lässt sich auch jeder Quotient über die Produktregel ableiten. Hierzu muss er nur in ein Produkt umgeschrieben werden:

$$f(x) = \frac{x^2 + x}{\sin(x)} = (x^2 + x) * [\sin(x)]^{-1}$$

Nun kann mittels der Produktregel abgeleitet werden, wobei allerdings bei dem zweiten Ausdruck beachtet werden muss, dass dieser eine Verkettung der Funktionen sin(x) und "hoch −1" ist.

$$f'(x) = (2x+1) * [\sin(x)]^{-1} + (x^2 + x) * \underbrace{(-1) * [\sin(x)]^{-2}}_{\text{äußere Ableitung}} * \underbrace{\cos(x)}_{\text{innere Ableitung}}$$

$$= \frac{2x+1}{\sin(x)} \; - \; \frac{(x^2+x)*\cos(x)}{[\sin(x)]^2}$$

Diesen Term könnte man nun noch auf den Hauptnenner bringen. In diesem Fall bringt das aber keine große Vereinfachung. Häufig ergeben sich aber Terme, die man für die weitere Berechnung auf den Hauptnenner bringen muss. Daher macht es Sinn, für Quotienten eine extra Ableitungsregel zu definieren, bei der der ganze Ausdruck schon auf den Hauptnenner gebracht ist. Diese Regel nennt man Quotientenregel.

5.3.4 Quotientenregel

Aus dem zuvor Dargelegten ergibt sich, dass sich die Quotientenregel relativ leicht aus der Produktregel herleiten lässt. Dieses wird zunächst durchgeführt:

$$f(x) = \frac{g(x)}{h(x)} = g(x) * [h(x)]^{-1}$$

$$f'(x) = g'(x) * [h(x)]^{-1} + g(x)*(-1)*[h(x)]^{-2}*h'(x)$$

Den Ausdruck kann man nun wieder als Bruch schreiben und ihn dann auf den Hauptnenner bringen:

$$f'(x) = \frac{g'(x)}{h(x)} - \frac{g(x)*h'(x)}{[h(x)]^2} = \frac{g'(x)*h(x)}{[h(x)]^2} - \frac{g(x)*h'(x)}{[h(x)]^2}$$

$$= \frac{g'(x)*h(x) \; - \; g(x)*h'(x)}{[h(x)]^2}$$

Somit lautet die **Quotientenregel**:

$$f'(x) = \frac{g'(x)*h(x) \; - \; g(x)*h'(x)}{[h(x)]^2}$$

Nachfolgend wird eine Ableitung mit der Quotientenregel berechnet:

$$f(x) = \frac{x^3+2x}{x^2-6}$$

Also gilt:

$$g(x) = x^3 + 2x \qquad g'(x) = 3x^2 + 2$$

$$h(x) = x^2 - 6 \qquad h'(x) = 2x$$

$$f'(x) = \frac{(3x^2 + 2) * (x^2 - 6) - (x^3 + 2x) * 2x}{(x^2 - 6)^2}$$

$$= \frac{3x^4 - 18x^2 + 2x^2 - 12 - 2x^4 - 4x^2}{(x^2 - 6)^2} = \frac{x^4 - 20x^2 - 12}{(x^2 - 6)^2}$$

Man hätte diese Aufgabe natürlich auch direkt über die Produktregel lösen können. Hierbei hätte man den Term $f(x) = (x^3 + 2x) * (x^2 - 6)^{-1}$ mittels der Produktregel ableiten müssen.

5.4 Ableitungsübersicht

Nachfolgend wird eine Übersicht über die wichtigsten Ableitungen gegeben. Diese wurden zuvor fast alle behandelt. Funktionen, vor denen ein ⇒ steht, können mittels der angegebenen Umformungen und der zuvor angeführten Regel abgeleitet werden.

Funktion	Ableitung
$f(x)$	$f'(x)$
a	0
x^n $n \in \mathbb{R} \setminus \{0\}$	$n * x^{n-1}$
$\Rightarrow \sqrt{x} = x^{\frac{1}{2}}$	$\frac{1}{2} * x^{-\frac{1}{2}} = \frac{1}{2\sqrt{x}}$
$\Rightarrow \frac{1}{x} = x^{-1}$	$-\frac{1}{x^2}$
$\ln(x)$	$\frac{1}{x}$
$\Rightarrow \log_a(x) = \frac{1}{\ln(a)} \ln x$	$\frac{1}{\ln(a)} * \frac{1}{x}$
$\sin(x)$	$\cos(x)$
$\cos(x)$	$-\sin(x)$
$\tan(x)$	$\frac{1}{\cos^2 x}$
e^x	e^x
$\Rightarrow a^x = e^{\ln(a) * x}$	$\ln(a) * e^{\ln(a) * x} = \ln(a) * a^x$

Wenn die Funktionen mit Konstanten multipliziert werden, so muss auch die Ableitung mit diesen Konstanten multipliziert werden. Summen und Differenzen von Funktionen können einzeln abgeleitet werden, während bei Produkten oder Quotienten die entsprechenden Regeln zu beachten sind. Ebenso ist bei verketteten Funktionen die Kettenregel zu beachten. Nachfolgend sind einige weitere Ableitungen, die sich mittels der angeführten Regeln ergeben, angeführt:

Funktion	Ableitung
$f(x)$	$f'(x)$
$\cos^2(x)$	$-2\sin(x) * \cos(x)$
$\sin^2(x)$	$2\sin(x) * \cos(x)$
$\sqrt{g(x)}$	$\dfrac{g'(x)}{2\sqrt{g(x)}}$
$\sqrt[n]{x}$	$\dfrac{1}{n\sqrt[n]{x^{n-1}}}$
$\ln(x^n)$	$\dfrac{n}{x}$
$\ln(g(x))$	$\dfrac{g'(x)}{g(x)}$
$e^{g(x)}$	$g'(x) * e^{g(x)}$

5.5   Ableitungsübungen

Die nachfolgenden Ableitungen sollten zunächst eigenständig gelöst werden. Häufig ist es sinnvoll, den Funktionsterm zunächst umzuformen (z.B. $\frac{1}{x} = x^{-1}$ oder $\sqrt{x} = x^{\frac{1}{2}}$). Es soll jeweils nach der Variablen, von der die Funktion abhängt, abgeleitet werden.

1    $f(x) = \frac{1}{x}$

2    $f(x) = e^x * x^2$

3    $f(x) = x^3 * (\ln(x))^2$

4    $f(x) = \frac{1}{\sqrt[4]{x^3}} + \cos(x)$

5    $f(x) = a^3 * x^2$

6    $f(x) = 4^x$

7    $f(x) = \frac{(x^3 + x) * \sin(x)}{\ln(x)}$

8    $f(t) = t * x^2 + \sin(x)$

9    $f(x) = x^{-b} + e^{ax} * x^a$

Lösungen:

1    $f(x) = \dfrac{1}{x} = x^{-1} \Rightarrow f'(x) = -x^{-2} = -\dfrac{1}{x^2}$

---

2    $f(x) = e^x * x^2 \Rightarrow f'(x) = e^x * 2x + e^x * x^2 = e^x * x * (2+x)$
         Produktregel   ausklammern

---

3    $f(x) = x^3 * (\ln(x))^2$
   $g(x)$ $h(x)$

 $g'(x) = 3x^2$ $h'(x) = 2 * \ln(x) * \dfrac{1}{x}$
         äußere innere Ableitung

 $\Rightarrow f'(x) = 3x^2 * (\ln(x))^2 + x^3 * 2 * \ln(x) * \dfrac{1}{x}$
     $g'(x)$ $h(x)$ $g(x)$ $h'(x)$

 $= x^2 * \ln(x) * (3 * \ln(x) + 2)$ ($x^2 * \ln(x)$ wurde ausgeklammert)

---

4    $f(x) = \dfrac{1}{\sqrt[4]{x^3}} + \cos(x) = x^{-\frac{3}{4}} + \cos(x)$

 $f'(x) = -\dfrac{3}{4} * x^{-\frac{3}{4}-1} - \sin(x) = -\dfrac{3}{4} * x^{-\frac{7}{4}} - \sin(x)$

---

5    $f(x) = a^3 * x^2 \Rightarrow f'(x) = a^3 * 2 * x$
Da die Funktion nur von x abhängt, ist a eine Konstante und wird daher beim Ableiten wie irgendeine beliebige Zahl behandelt.

---

6    $f(x) = 4^x = e^{\ln(4^x)} = e^{x * \ln(4)}$

 $f'(x) = \ln(4) * e^{x * \ln(4)} = \ln(4) * 4^x$
(diese Ableitung ist am Ende von Abschnitt 5.3.2 näher erklärt)

---

7    $f(x) = \dfrac{(x^3+x) * \sin(x)}{\ln(x)}$ Hier wird die Quotientenregel

benutzt. Bei der Ableitung des Zählers (g(x)) muss die Produktregel berücksichtigt werden.

 $g(x) = (x^3+x) * \sin(x)$
 $g'(x) = (3x^2+1) * \sin(x) + (x^3+x) * \cos(x)$

$h(x) = \ln(x) \Rightarrow h'(x) = \dfrac{1}{x}$

$$\Rightarrow f'(x) = \frac{[(3x^2+1)*\sin(x) +(x^3+x)*\cos(x)]*\ln(x) -\frac{1}{x}*(x^3+x)*\sin(x)}{(\ln(x))^2}$$

$$= \frac{[(3x^2+1)*\sin(x) +(x^3+x)*\cos(x)]*\ln(x) - (x^2+1)*\sin(x)}{(\ln(x))^2}$$

8   $f(t) = t*x^2 + \sin(x) \Rightarrow f'(t) = x^2$
Diese Funktion hat nur t als Variable, daher ist hier x eine   Konstante, und es ergibt sich die angeführte Ableitung.

9   Da die Funktion nicht von a und b abhängt, sind a und b Konstante. Beim Ableiten müssen a und b also wie "normale Zahlen" behandelt werden. Weiterhin muss bei dieser Aufgabe natürlich die Produkt- und Kettenregel beachtet werden:

$f'(x) = -bx^{(-b-1)} + (ae^{ax}*x^a + e^{ax}*ax^{(a-1)})$

$= -bx^{(-b-1)} + ae^{ax}(x^a + x^{(a-1)})$

Nun gilt $x^a = x^{(a-1+1)} = x^{(a-1)}*x^1 = x^{(a-1)}*x$, setzt man dieses für x^a ein, so ergibt sich:

$= -bx^{(-b-1)} + ae^{ax}(x^{(a-1)}*x + x^{(a-1)})$

$= -bx^{(-b-1)} + ae^{ax}*x^{(a-1)}*(x+1)$

5.6   Tangente und Normale

Wenn man die Steigung einer Geraden und einen Punkt, den sie schneidet, kennt, so ist die Gerade hierdurch festgelegt. Für die Tangente an
eine Funktion in einem Punkt ist beides bekannt, sie hat die Steigung
der Funktion in dem Punkt und geht durch den Punkt. Also lässt sich zu
einem bestimmten Punkt einer Funktion eine Tangentengleichung für
die zugehörige Tangente ermitteln. Wie dies geschieht, wird nachfolgend
beschrieben.

Es sei folgende Funktion gegeben:

$$f(x) = x^3$$

*es soll die Tangente an die Stelle x = 0,5 dieser Funktion bestimmt
werden.*

Nachfolgend ist die Funktion und die entsprechende Tangente dargestellt:

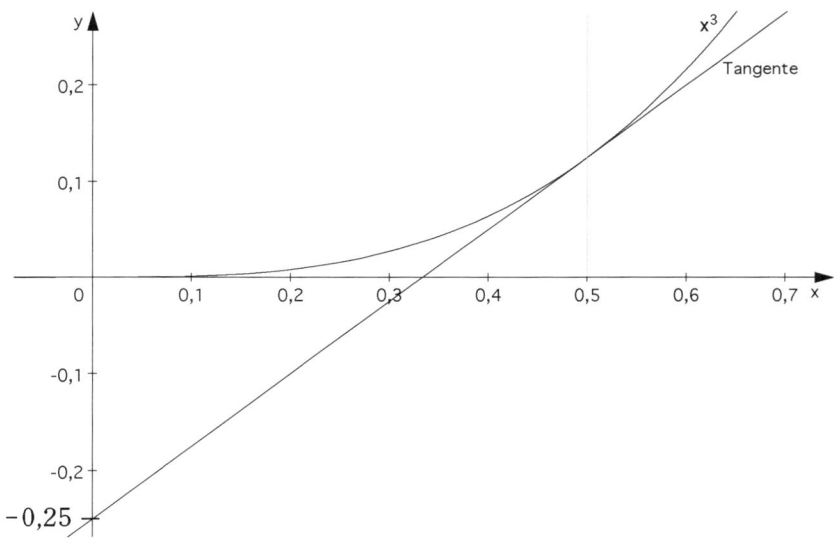

Zunächst wird der Funktionswert und die Steigung der Funktion bei x =
0,5 berechnet:

$$f(0,5) = 0,5^3 = 0,125$$

Für die Steigung der Funktion ergibt sich:

$$f'(x) = 3x^2$$

An der Stelle x = 0,5 ergibt sich somit für die Steigung der Funktion:

$$f'(0,5) = 3 * 0,5^2 = 0,75$$

Die Tangente hat also eine Steigung von 0,75. Um die Gleichung der Tangente aufzustellen, muss nun noch ihr Achsenabschnitt, also der Schnittpunkt mit der y-Achse, bestimmt werden. Hierzu kann die Tangentengleichung zunächst mit einem unbekannten Achsenabschnitt aufgestellt werden.

$$y = 0,75x + a$$

In diese Gleichung werden nun die Koordinaten des Punktes, in dem die Tangente die Funktion tangiert, eingesetzt:

$$0,125 = 0,75*0,5 + a$$

Den Achsenabschnitt erhält man nun, indem man diese Gleichung nach a auflöst:

$$\Leftrightarrow \quad 0,125 = 0,375 + a \mid -0,375$$

$$\Leftrightarrow \quad -0,25 = a$$

Somit ergibt sich für die Tangentengleichung:

$$y = 0,75x - 0,25$$

Man kann auch eine allgemeine Gleichung für die Tangente im Punkt x_1 herleiten. Hierzu geht man prinzipiell wie zuvor beschrieben vor:

Es sei die Tangente an die Funktion f(x) im Punkt x_1 zu bestimmen. Die Steigung der Funktion in diesem Punkt entspricht der Tangentensteigung, sie lautet also $f'(x_1)$. Die Tangente geht durch den Punkt $(x_1, f(x_1))$. Somit gilt:

$$f(x_1) = f'(x_1) * x_1 + a$$

$$\Leftrightarrow a = f(x_1) - f'(x_1)*x_1$$

Die Tangentengleichung lautet also allgemein:

$$y = f'(x_1)*x + f(x_1) - f'(x_1)*x_1$$

Man kann $f'(x_1)$ auch noch ausklammern:

$$y = f'(x_1) * (x - x_1) + f(x_1)$$

Statt sich diese Gleichung zu merken, kann man aber auch, wie es zuvor beschrieben wurde, den Achsenabschnitt der Tangente berechnen und auf diese Weise die Gleichung der Tangente bestimmen.

Die **Normale** durch einen Punkt $(x_1 | f(x_1))$ einer Funktion ist die Gerade durch den Punkt, die senkrecht zu der Tangente steht.

Die **Steigung der Normalen** ergibt sich als: $-\dfrac{1}{f'(x_1)}$

Da die Normale auch durch den Punkt geht, lässt sich ihre Funktionsgleichung mittels der angegebenen Steigung genauso ermitteln, wie es zuvor für die Tangente gezeigt wurde. In der Formel muss lediglich $f'(x)$ durch

$-\dfrac{1}{f'(x)}$ ersetzt werden. Als Formel ergibt sich somit für die Geradengleichung der Normalen:

$$y = -\frac{1}{f'(x_1)} * (x - x_1) + f(x_1)$$

Zu der zuvor bestimmten Tangente soll jetzt die Normale ermittelt werden. Für die Steigung der Funktion bei x=0,5 war zuvor bereits Folgendes ermittelt worden:

$$f'(0,5) = 3 * 0,5^2 = 0,75$$

Somit ergibt sich für die Normale:

$$y = -\frac{1}{0,75} * (x - 0,5) + f(0,5)$$

$$\Leftrightarrow y = -\frac{4}{3} * (x - \frac{1}{2}) + \frac{1}{8}$$

$$\Leftrightarrow y = -\frac{4}{3} x + \frac{2}{3} + \frac{1}{8}$$

$$\Leftrightarrow y = -\frac{4}{3} x + \frac{19}{24}$$

Nachfolgend ist die Normale ebenfalls eingezeichnet worden:

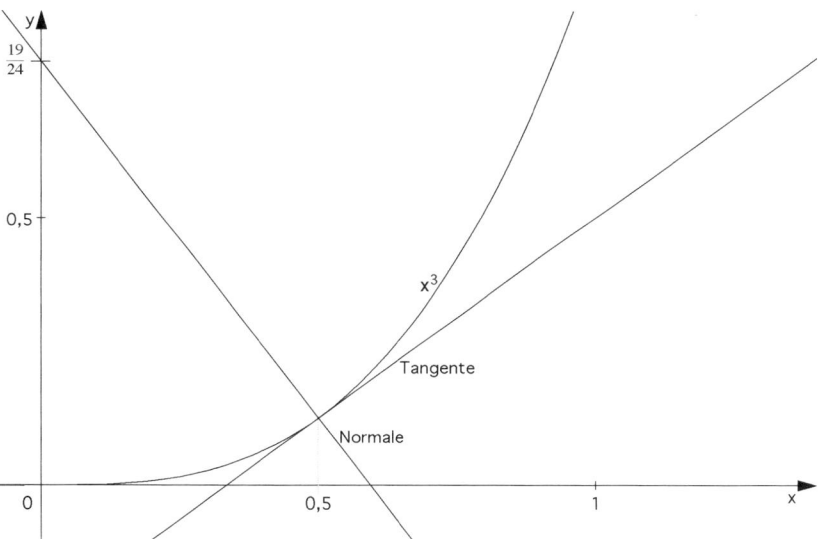

Auch wenn in einer Aufgabe nach dem Schnittpunkt der Tangente (oder der Normale) mit der x-Achse oder der Funktion (die Tangente könnte an einer anderen Stelle die Funktion schneiden) gefragt ist, kann man zunächst, wie zuvor geschehen, die Tangentengleichung aufstellen und dann die Tangente mit Null oder der Funktion gleichsetzen.

5.7   Konkave und konvexe Funktionen

Es gibt einen Unterschied zwischen der Definition von konvexen Mengen und konvexen Funktionen. Eine Menge ist konvex, wenn jede Verbindungslinie zwischen zwei Punkten der Menge durchgehend in der Menge liegt. Eine Kugel ist z.B. eine konvexe Menge.

Eine Funktion ist **konvex**, wenn jede Verbindungslinie zwischen zwei Punkten oberhalb der Funktion liegt. In der nebenstehenden Zeichnung ist eine konvexe Funktion abgebildet. Es ist deutlich zu erkennen, dass alle Punkte der Funktion unterhalb der eingezeichneten Verbindungslinie liegen (eine solche Verbindungslinie nennt man auch Sekante). Gleichbedeutend mit dieser Formulierung ist, dass konvexe Funktionen eine "Linkskurve" darstellen.

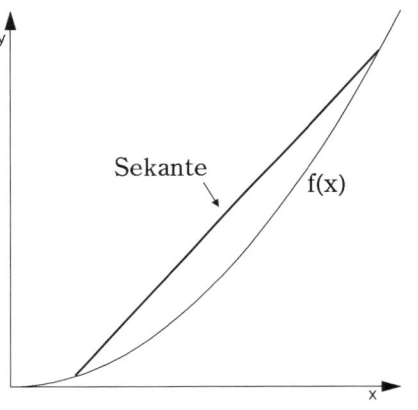

Analytisch bedeutet konvex, dass die Steigung der Funktion ständig zunimmt. Das heißt, die Steigung der Steigung ist positiv. Die Steigung der Steigung ist aber gerade die zweite Ableitung der Funktion. Eine Funktion ist also konvex, wenn ihre zweite Ableitung positiv ist.

Auch bei der nebenstehenden konvexen Funktion nimmt die Steigung ständig zu, denn die Steigung wird nach rechts hin immer weniger negativ.

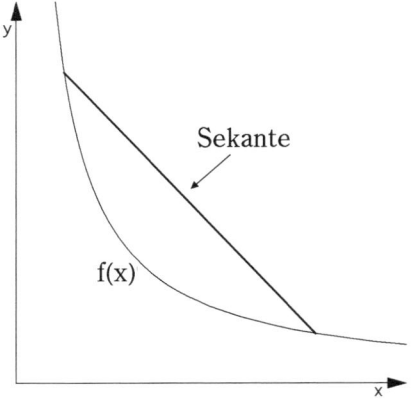

Entsprechend ist eine Funktion **konkav**, wenn alle Funktionswerte oberhalb der Verbindungslinie liegen. Nachfolgend ist eine konkave Funktion

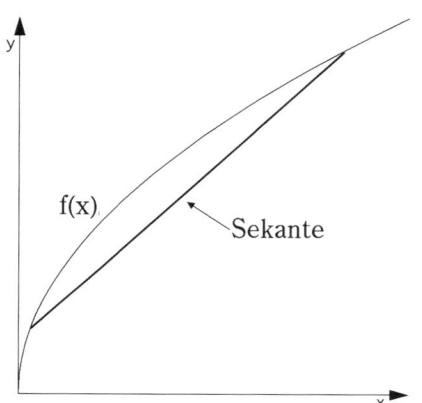

abgebildet. Die Funktionswerte liegen oberhalb der möglichen Verbindungslinien, und die Funktion macht somit eine "Rechtskurve".

Die zweite Ableitung konkaver Funktionen ist negativ.

Zusammenfassend lässt sich festhalten:

> Eine Funktion f(x) ist konvex bzw. konkav, wenn für den ganzen Definitionsbereich gilt:
>
> $$f''(x) \geqq 0 \qquad \text{konvex}$$
> $$f''(x) \leqq 0 \qquad \text{konkav}$$

Das $\geq$ bzw. $\leq$ bedeutet, dass die zweite Ableitung auch Null sein kann. Die Funktion kann also auch Abschnitte haben, in denen sie eine Gerade ist. Es wird also nicht gefordert, dass alle Werte der Funktion unter jeder Verbindungslinie liegen, sondern es dürfen auch Punkte auf der Verbindungslinie liegen.

Bei einer **streng konvexen** Funktion hingegen müssen tatsächlich alle Werte unterhalb der Verbindungslinie liegen.

> Eine Funktion f(x) ist streng konvex bzw. streng konkav, wenn für den ganzen Definitionsbereich gilt:
>
> $$f''(x) > 0 \qquad \text{streng konvex}$$
> $$f''(x) < 0 \qquad \text{streng konkav}$$

Wenn eine Funktion die geforderten Eigenschaften nur auf einem bestimmten Intervall erfüllt, so ist sie auf diesem Intervall (streng) konvex bzw. konkav.

5.8   Newton-Verfahren

5.8.1   Grundlagen

Oft interessiert man sich für Nullstellen von Funktionen, bei der Bestimmung von Extremwerten müssen z. B. jeweils die Nullstellen der ersten Ableitung bestimmt werden. Bisher waren nur Fälle betrachtet worden, bei denen man die Nullstellen direkt ausrechnen konnte. Schon bei einer Polynomfunktion dritten Grades ist dies aber nicht so einfach möglich. Daher benötigt man Näherungsverfahren, mit denen man Nullstellen von Funktionen bestimmen kann. Ein besonders geeignetes Verfahren ist das Newton-Verfahren, das anhand der folgenden Graphik beschrieben wird:

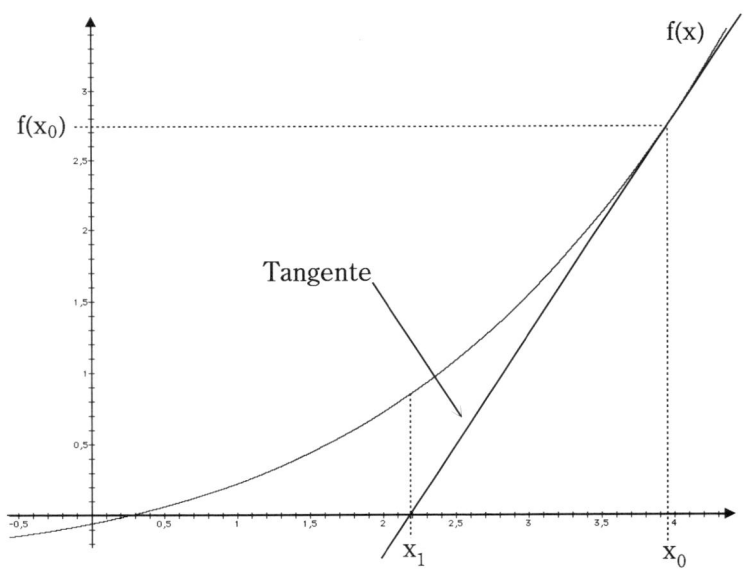

Zunächst wählt man einen Startwert x_0. Man bestimmt dann die Gleichung der Tangente an die Funktion im Punkt $(x_0; f(x_0))$. Der Schnittpunkt dieser Tangente mit der x-Achse ist der erste Schätzwert (x_1) für die Nullstelle der Funktion. Man sieht in dem Beispiel, dass x_1 deutlich dichter an der Nullstelle liegt als x_0.

Für die eingezeichnete Tangente gilt folgender Zusammenhang:

$$f'(x_0) = \frac{f(x_0)}{x_0 - x_1}$$

Auf der linken Seite der Gleichung steht die Steigung der Funktion, in dem Tangentialpunkt muss diese Steigung der Steigung der Tangente entsprechen. Auf der rechten Seite ist die Steigung der Tangente über ein Steigungsdreieck an die Tangente ($\triangle x = x_0 - x_1$; $\triangle y = f(x_0) - 0$) dargestellt. Den angeführten Zusammenhang für die Steigung kann man nun nach x_1 auflösen:

$$f'(x_0) = \frac{f(x_0)}{x_0 - x_1} \quad | * (x_0 - x_1)$$

$$\Leftrightarrow (x_0 - x_1) * f'(x_0) = f(x_0) \quad | \, /f'(x_0)$$

$$\Leftrightarrow x_0 - x_1 = \frac{f(x_0)}{f'(x_0)} \quad | - x_0$$

$$\Leftrightarrow -x_1 = \frac{f(x_0)}{f'(x_0)} - x_0 \quad | * (-1)$$

$$\Leftrightarrow x_1 = x_0 - \frac{f(x_0)}{f'(x_0)}$$

Genauso wie man den ersten Näherungswert x_1 bestimmt, kann man nachfolgend weitere bestimmen, wobei man x_1 als Ausgangswert nimmt. In der folgenden Graphik wurde dies dargestellt:

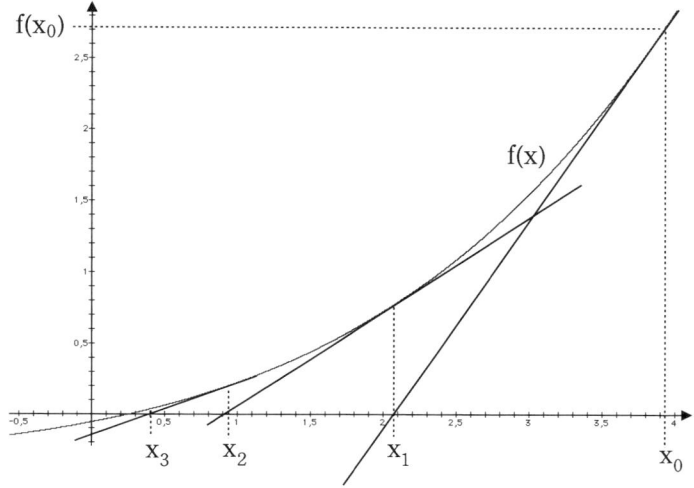

Man erkennt in der Graphik, dass man mit x_3 bereits einen Wert erhalten hat, der ziemlich nahe bei der Nullstelle liegt.

Rechnerisch gilt auch für die weiteren Werte der zuvor gefundene Zusammenhang, x_2 ergibt sich beispielsweise folgendermaßen:

$$x_2 = x_1 - \frac{f(x_1)}{f'(x_1)}$$

Allgemein ergibt sich der nächste Näherungswert jeweils mittels der folgenden **Rekursionsformel**:

$$x_{n+1} = x_n - \frac{f(x_n)}{f'(x_n)}$$

5.8.2 Berechnung von Nullstellen

Nachfolgend wird anhand eines Beispiels die Berechnung von Nullstellen mittels des Newton-Verfahrens beschrieben:

Es sei die folgende Funktion betrachtet:

$$f(x) = 0{,}1x^4 - 0{,}2x^3 - 0{,}2x^2 + x + 0{,}4$$

Bei der Anwendung des Newton-Verfahrens benötigt man die Ableitung der Funktion, deshalb sei diese zunächst berechnet:

$$f'(x) = 0{,}4x^3 - 0{,}6x^2 - 0{,}4x + 1$$

Als Ausgangswert sei nun der Wert $x_0 = 0$ gewählt, es ergibt sich:

$$f(0) = 0{,}4$$

$$f'(0) = 1$$

Für x_1 ergibt sich somit:

$$x_1 = x_0 - \frac{f(x_0)}{f'(x_0)} = 0 - \frac{0{,}4}{1} = -0{,}4$$

Es ergibt sich weiter:

$$f(x_1) = f(-0{,}4)$$
$$= 0{,}1(-0{,}4)^4 - 0{,}2(-0{,}4)^3 - 0{,}2(-0{,}4)^2 + (-0{,}4) + 0{,}4 = -0{,}01664$$

$$f'(x_1) = f'(-0{,}4)$$
$$= 0{,}4(-0{,}4)^3 - 0{,}6(-0{,}4)^2 - 0{,}4(-0{,}4) + 1 = 1{,}0384$$

Der Funktionswert $f(x_1)$ ist schon relativ nahe bei Null. Für x_2 ergibt sich:

$$x_2 = x_1 - \frac{f(x_1)}{f'(x_1)} = -0,4 - \frac{-0,01664}{1,0384} = -0,38397535$$

Setzt man diesen Wert in die Funktion ein, erhält man:

$$f(x_2) = f(-0,38397535) = 0,000033445$$

Der Wert ist schon sehr nahe bei Null, es seien nachfolgend trotzdem noch weitere Werte bestimmt:

$$f'(x_2) = f'(-0,38397535) = 1,042083$$

$$\Rightarrow x_3 = -0,38397535 - \frac{0,000033445}{1,042083} = -0,38400841$$

$$f(x_3) = f(-0,38400841) = -1,08178 * 10^{-6}$$

$$f'(x_3) = f'(-0,38400841) = 1,04247516$$

$$\Rightarrow x_4 = -0.38400737$$

$$\Rightarrow f(x_4) = 6,4944 * 10^{-8}$$

Der Funktionswert ist fast Null. Wenn man weiterrechnet, ergibt sich:

$$\Rightarrow x_5 = -0.38400743$$

$$\Rightarrow f(x_5) = 2,394 * 10^{-9}$$

$$\Rightarrow x_6 = -0.38400743$$

Die Nullstelle wurde nun bis auf 8 Nachkommastellen genau bestimmt.

In der nachfolgend angeführten Graphik ist die Funktion dargestellt worden. Außerdem wurde die Tangente für $x_0 = 0$ eingezeichnet. Man kann gut erkennen, dass man bereits mit dieser Tangente relativ nahe an die Nullstelle der Funktion gelangt.

Außerdem kann man in der Zeichnung erkennen, dass die Funktion noch eine weitere Nullstelle besitzt[1]. Welche Nullstelle man erhält, hängt offensichtlich von dem Startwert für x_0 ab.

1: Theoretisch könnte die Funktion bis zu 4 Nullstellen haben, denn es handelt sich um eine ganzrationale Funktion 4. Grades. In diesem Fall besitzt sie aber tatsächlich nur die beiden, die man in der Zeichnung erkennen kann.

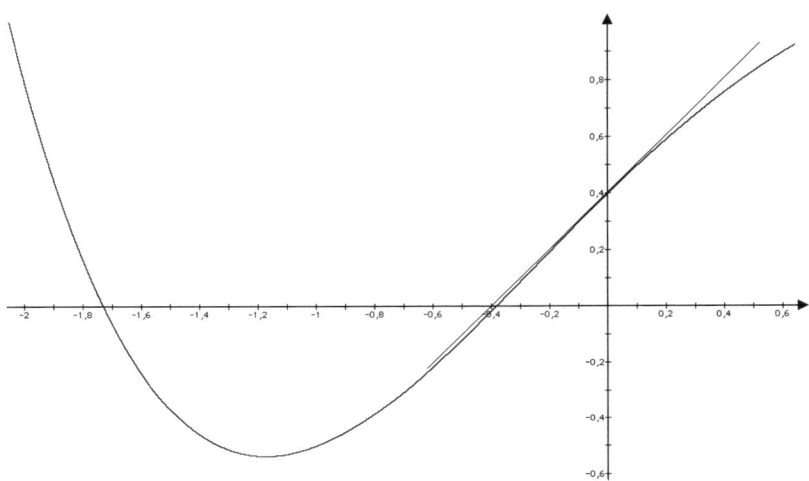

In der Zeichnung erkennt man, dass man die zweite Nullstelle z. B. erhält, wenn man mit einem Startwert von -2 beginnt:

$$x_0 = -2$$
$$\Rightarrow x_1 = -1{,}78947368$$
$$\Rightarrow x_2 = -1{,}73279721$$
$$\Rightarrow x_3 = -1{,}72877246$$
$$\Rightarrow x_4 = -1{,}72875276$$
$$\Rightarrow x_5 = -1{,}72875276$$

Man würde diese Nullstelle übrigens auch erhalten, wenn man mit einem Startwert von 1 beginnt. In diesem Fall würden sich folgende Werte ergeben:

$$x_0 = 1$$
$$\Rightarrow x_1 = -1{,}75$$
$$\Rightarrow x_2 = -1{,}72928082$$
$$\Rightarrow x_3 = -1{,}7287531$$
$$\Rightarrow x_4 = -1{,}72875276$$

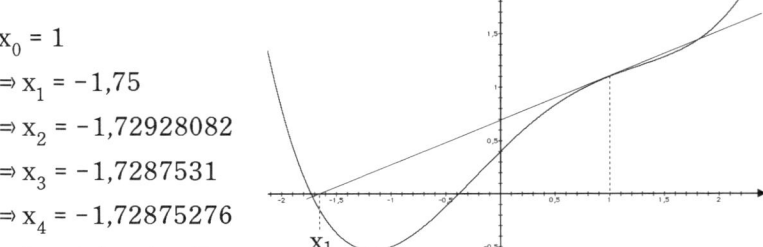

In der nebenstehenden Graphik ist dargestellt, wie man zu dem Wert x_1 kommt.

5.8.3 Konvergenz des Newton-Verfahrens

An dem Beispiel war schon deutlich geworden, dass es von dem gewählten Anfangswert abhängig ist, welche Nullstelle man erhält. Es kann aber auch sein, dass man mit dem Newton-Verfahren eine vorhandene Nullstelle nicht findet. In der nebenstehenden Graphik ist die Funktion f(x) = arctan(x) dargestellt. Ausgehend von dem eingezeichneten x_0 entfernt man sich mit dem Newton-Verfahren in diesem Fall immer mehr von der Nullstelle der Funktion. Die einzelnen Werte, die man beim Newton-Verfahren berechnet, stellen eine Folge dar, die durch den Ausdruck

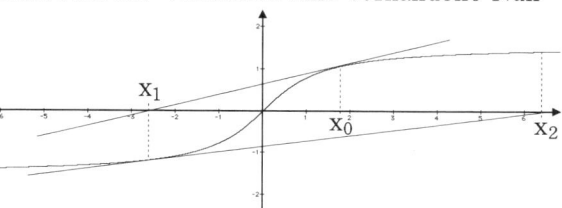

$$x_{n+1} = x_n - \frac{f(x_n)}{f'(x_n)}$$

rekursiv definiert ist. In dem dargestellten Fall konvergiert diese Folge nicht (d. h. sie divergiert).

Man kann bestimmte Bedingungen finden, unter denen die Folge konvergiert. In diesen Fällen findet man also mit dem Newton-Verfahren auf jeden Fall eine Nullstelle.

Die Funktion sei auf einem bestimmten Intervall streng monoton steigend oder fallend, und es gibt außerdem positive und negative Werte in dem Intervall. Somit schneidet die Funktion auf dem Intervall die x-Achse, und es gibt eine Nullstelle. Es lassen sich 4 verschiedene Fälle unterscheiden:

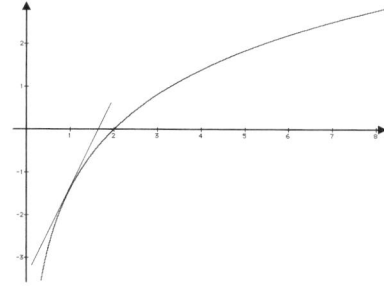

Die Funktion (Bild links) ist

streng monoton steigend: $f'(x) > 0$

und konkav: $f''(x) \leq 0$.

Das Newton-Verfahren konvergiert für jeden Ausgangswert x_0, der **links** der Nullstelle liegt.

Die Funktion (Bild rechts) ist

   streng monoton
   fallend: $f'(x) < 0$
   und konkav: $f''(x) \leq 0$.

Das Newton-Verfahren konvergiert für jeden Ausgangswert x_0, der **rechts** der Nullstelle liegt.

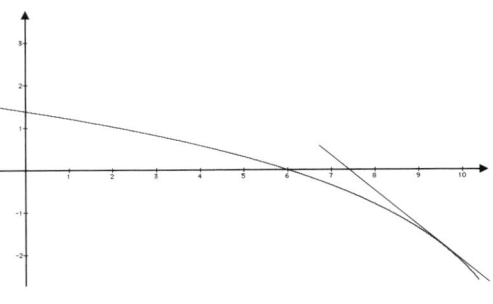

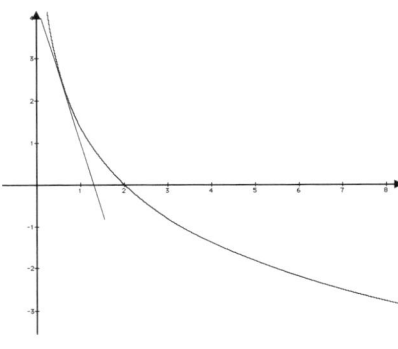

Die Funktion (Bild links) ist

   streng monoton fallend: $f'(x) < 0$

   und konvex: $f''(x) \geq 0$.

Das Newton-Verfahren konvergiert für jeden Ausgangswert x_0, der **links** der Nullstelle liegt.

Die Funktion (Bild rechts) ist

   streng monoton steigend:
   $f'(x) > 0$
   und konvex: $f''(x) \geq 0$.

Das Newton-Verfahren konvergiert für jeden Ausgangswert x_0, der **rechts** der Nullstelle liegt.

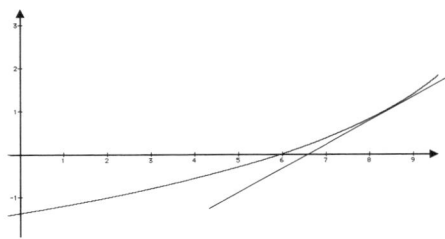

5.9 Mittelwertsatz

Es sei eine Funktion gegeben, die in dem Intervall [a, b] stetig und differenzierbar (es existiert eine Ableitung) ist.

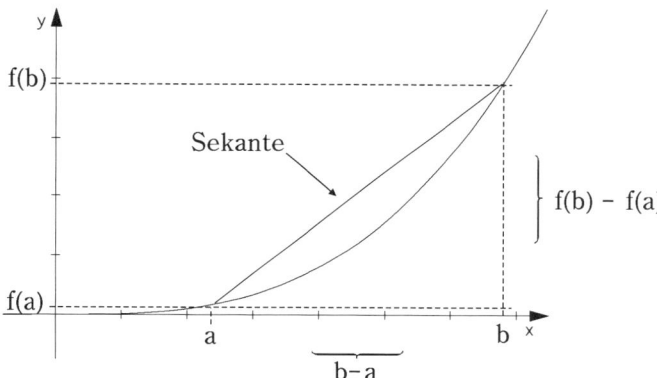

Die Steigung der eingezeichneten Sekante lässt sich über das Steigungsdreieck berechnen:

$$\frac{\triangle y}{\triangle x} = \frac{f(b) - f(a)}{b - a}$$

Bei dieser konvexen Funktion ist die Steigung bei a niedriger als die Steigung der Sekante und bei b größer. In der Zeichnung kann man erkennen, dass es eine Stelle gibt, wo die Steigung der Sekante der Steigung der Funktion entspricht. Nebenstehend ist die Sekante parallel verschoben, so dass sich die Tangente an die Funktion ergibt.

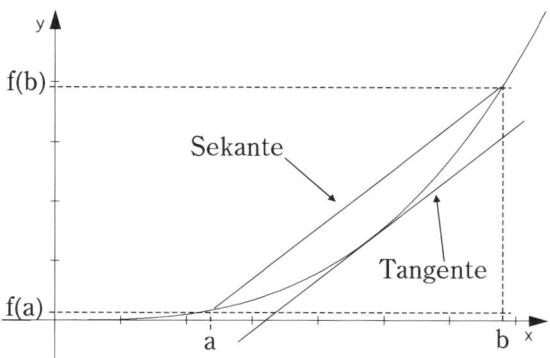

Der Mittelwertsatz behauptet nun, dass es für jede Funktion, die stetig und differenzierbar in dem betrachteten Intervall ist, mindestens eine Stelle in dem Intervall gibt, bei der die Steigung der Funktion der Steigung der Sekante entspricht. Dies gilt also unabhängig davon, ob die Funktion in dem Intervall konvex, konkav oder nichts von beiden ist.

Es soll also ein x_1 in dem Intervall $(a < x_1 < b)$ geben, so dass Folgendes gilt:

$$\frac{f(b) - f(a)}{b - a} = f'(x_1)$$

Wenn man diese Gleichung mit $(b - a)$ multipliziert, erhält man die gebräuchlichere Form der Darstellung für den Mittelwertsatz:

$$f(b) - f(a) = (b - a) * f'(x_1)$$

5.10　Regel von de l´ Hospital zur Bestimmung von Grenzwerten

5.10.1　Grundlagen

Diese Regel bietet eine Möglichkeit, um Grenzwerte von **Quotienten** zu bestimmen. Sie kann angewendet werden, wenn Nenner und Zähler entweder **beide gegen Null** oder **beide gegen unendlich** gehen (und die Ableitungen von Nenner und Zähler existieren). Die Regel von de l' Hospital besagt in diesen Fällen, dass der Grenzwert gleich dem Grenzwert des Quotienten der Ableitungen von Zähler und Nenner ist. Also gilt in diesen Fällen:

$$\lim \frac{f(x)}{g(x)} = \lim \frac{f'(x)}{g'(x)}$$

Es sei die folgende Funktion betrachtet:

$$f(x) = \frac{x^2 + 2x + 1}{x^2 - 1}$$

Für diese Funktion werden nachfolgend einige Grenzwerte mittels der Regel von de l' Hospital berechnet:

$$\lim_{x \to -1} \frac{x^2 + 2x + 1}{x^2 - 1}$$

Wenn man hier für x -1 einsetzt, werden sowohl der Nenner als auch der Zähler Null, und man kann die Regel von de l' Hospital anwenden:

$$\lim_{x \to -1} \frac{x^2 + 2x + 1}{x^2 - 1} = \lim_{x \to -1} \frac{2x + 2}{2x}$$

Da nun ein Grenzwert entstanden ist, bei dem der Nenner an der Stelle -1 nicht mehr Null wird, kann man einfach einsetzen:

$$\lim_{x \to -1} \frac{2x + 2}{2x} = \frac{0}{-2} = 0$$

Für den Grenzwert gegen 1

$$\lim_{x \to 1} \frac{x^2 + 2x + 1}{x^2 - 1}$$

ergibt sich, wenn man 1 in den Nenner einsetzt, auch Null; wenn man 1 in den Zähler einsetzt, ergibt sich aber 4. Da hier zwar der Nenner, aber nicht der Zähler Null wird, darf man die Regel von de l' Hospital **nicht anwenden**. Es existiert kein reeller Grenzwert, denn während der Zähler immer mehr gegen 4 geht, nähert sich der Nenner immer mehr an 0 an. Je näher aber nun der Nenner an Null herankommt, desto größer wird der ganze Ausdruck. Nähert sich x von links an die 1, so ist der Ausdruck im Nenner negativ und der Ausdruck geht gegen $-\infty$. Nähert sich x hingegen von rechts an die 1, so ist der Nenner positiv und der Ausdruck geht gegen $+\infty$.

Für $x \to \pm\infty$ gehen sowohl der Nenner als auch der Zähler gegen unendlich, so dass hier die Regel von de l' Hospital angewendet werden kann.

$$\lim_{x \to \infty} \frac{x^2 + 2x + 1}{x^2 - 1} = \lim_{x \to \infty} \frac{2x + 2}{2x}$$

Bei dem Ausdruck, der sich nun ergibt, gehen auch wieder Nenner und Zähler gegen unendlich, so dass das gleiche Verfahren noch einmal angewendet werden kann:

$$\lim_{x \to \infty} \frac{2x + 2}{2x} = \lim_{x \to \infty} \frac{2}{2} = 1$$

Für den Grenzwert gegen $-\infty$ ergibt sich analog:

$$\lim_{x \to -\infty} \frac{x^2 + 2x + 1}{x^2 - 1} = \lim_{x \to -\infty} \frac{2x + 2}{2x} = \lim_{x \to -\infty} \frac{2}{2} = 1$$

5.10.2 Schema zur Regel von de l´ Hospital

Schematisch kann man zur Bestimmung des Grenzwertes eines Quotienten folgendermaßen vorgehen:

1) Es sei a eine reelle Zahl oder $+\infty$ oder $-\infty$

und der Grenzwert $\lim\limits_{x \to a} \dfrac{f(x)}{g(x)}$ zu bestimmen.

Weiterhin sei angenommen, dass sowohl f(x) als auch g(x) an der Stelle a differenzierbar sind. Falls a eine reelle Zahl ist, wird weiterhin vorausgesetzt, dass f(a) und g(a) existieren.

2) Es ist zu prüfen, ob an der Stelle a der Zähler und der Nenner beide 0 oder beide $\pm\infty$ ergeben. Hierzu setzt man a ein, es sind folgende Fälle zu unterscheiden (c und d sind nachfolgend reelle Zahlen, die ungleich Null sind):

2.1) Es ergibt sich $\dfrac{0}{0}$ oder $\dfrac{\pm\infty}{\pm\infty}$.

In diesen Fällen kann die Regel von de l' Hospital angewendet werden. Es gilt also:

$$\lim_{x \to a} \frac{f(x)}{g(x)} = \lim_{x \to a} \frac{f'(x)}{g'(x)}$$

Man muss somit zunächst die Ableitung des Zählers und die Ableitung des Nenners bestimmen. Für die Bestimmung des neu entstandenen Grenzwertes kann man jetzt wieder mit Schritt 1) weitermachen, es kann also durchaus sein, dass man nochmals die Regel von de l' Hospital anwendet.

2.2) Es ergibt sich $\dfrac{0}{c}$, $\dfrac{0}{\pm\infty}$ oder $\dfrac{c}{\pm\infty}$..
Der Grenzwert ist 0.

2.3) Es ergibt sich $\dfrac{d}{c}$.
Der Grenzwert lautet $\dfrac{d}{c}$.

2.4) Es ergibt sich $\dfrac{c}{0}$, $\dfrac{\pm\infty}{0}$ .oder $\dfrac{\pm\infty}{c}$
Es existiert kein reeller Grenzwert. (es kann überprüft werden, ob ein uneigentlicher Grenzwert vorliegt.)

5.10.3 Übungsaufgaben

Bestimmen Sie die folgenden Grenzwerte:

1) $\displaystyle\lim_{x \to \infty} \frac{4x^3 - 2x^2 + 1}{1 + x^2 - x^3}$

2) $\displaystyle\lim_{x \to -5} \frac{x^2 + 4x - 5}{x + 5}$

3) $\displaystyle\lim_{n \to \infty} \left(1 + \frac{1}{n}\right)^n$ (diese Aufgabe ist relativ schwierig)

Lösungsvorschläge:

1) Nenner und Zähler gehen für x gegen unendlich auch gegen unendlich, so dass de l' Hospital angewendet werden kann:

$$\lim_{x \to \infty} \frac{4x^3 - 2x^2 + 1}{1 + x^2 - x^3} = \lim_{x \to \infty} \frac{12x^2 - 4x}{2x - 3x^2}$$

Da weiterhin Nenner und Zähler für x gegen unendlich jeweils gegen unendlich gehen, kann weiter abgeleitet werden:

$$\lim_{x \to \infty} \frac{12x^2 - 4x}{2x - 3x^2} = \lim_{x \to \infty} \frac{24x - 4}{2 - 6x} = \lim_{x \to \infty} \frac{24}{-6} = -4$$

2) für −5 werden Nenner und Zähler beide Null, so dass die Regel von de l' Hospital angewendet werden kann:

$$\lim_{x \to -5} \frac{x^2 + 4x - 5}{x + 5} = \lim_{x \to -5} \frac{2x + 4}{1}$$

Da der Nenner bei x=−5 nun nicht mehr Null ist, kann einfach eingesetzt werden:

$$\lim_{x \to -5} \frac{x^2 + 4x - 5}{x + 5} = \lim_{x \to -5} \frac{2x + 4}{1} = \frac{-10 + 4}{1} = -6$$

3) Zunächst wird die e-Funktion und der ln eingefügt, da es sich um eine Funktion und ihre Umkehrfunktion handelt, heben sich diese beiden gegenseitig auf:

$$\lim_{n \to \infty} \left(1 + \frac{1}{n}\right)^n = \lim_{n \to \infty} e^{\ln\left(\left(1 + \frac{1}{n}\right)^n\right)}$$

Nach den Rechenregeln für Exponenten ergibt sich nun:

$$= \lim_{n \to \infty} e^{n * \ln\left(1 + \frac{1}{n}\right)} = e^{\left(\lim_{n \to \infty} n * \ln\left(1 + \frac{1}{n}\right)\right)}$$

Die Grenzwertbetrachtung wurde in das Argument der Exponentialfunktion hineingezogen, es muss also der folgende Grenzwert bestimmt werden

$$= \lim_{n \to \infty} n * \ln\left(1 + \frac{1}{n}\right) = \lim_{n \to \infty} \frac{\ln\left(1 + \frac{1}{n}\right)}{\frac{1}{n}}$$

Für n gegen unendlich gehen sowohl der Zähler als auch der Nenner gegen Null, somit kann l' Hospital angewendet werden:

$$\lim_{n \to \infty} \frac{\ln\left(1 + \frac{1}{n}\right)}{\frac{1}{n}} = \lim_{n \to \infty} \frac{\frac{1}{1 + \frac{1}{n}} * \left(-\frac{1}{n^2}\right)}{-\frac{1}{n^2}} = \lim_{n \to \infty} \frac{1}{1 + \frac{1}{n}} = 1$$

Dieses ist das Ergebnis für das Argument der e-Funktion, als Lösung für den ursprünglichen Grenzwert ergibt sich also:

$$e^{\left(\lim_{n \to \infty} n * \ln\left(1 + \frac{1}{n}\right)\right)} = e^1 = e$$

Somit konnte folgender Zusammenhang gezeigt werden:

$$\lim_{n \to \infty} \left(1 + \frac{1}{n}\right)^n = e$$

6 Kurvendiskussion

6.1 Einführung

Das Ziel der Kurvendiskussion ist es, den qualitativen Verlauf einer Funktion durch die Bestimmung einiger charakteristischer Funktionswerte zu beschreiben. Welche Werte sind nun für den Verlauf einer Funktion charakteristisch? Hier sind zunächst die Maxima und Minima der Funktion zu nennen. Von Interesse sind weiterhin die Maxima und Minima der Steigung der Funktion (Wendepunkte). Auch die Schnittpunkte der Funktion mit der y–Achse (Achsenabschnitt) und der x–Achse (Nullstellen) sind von Bedeutung. Weiterhin ist in diesem Rahmen zu betrachten, in welchem Bereich die Funktion steigt bzw. fällt (Monotonie) und ob sie Symmetrie-Eigenschaften hat. Natürlich ist auch wichtig, welche Werte man für x einsetzen kann (Definitionsmenge) und aus welchem Bereich die möglichen y–Werte stammen (Wertemenge).

Nachfolgend werden die zuvor angeführten Aspekte genauer betrachtet. Hierbei werden die wesentlichen Aspekte zu den einzelnen Bereichen beschrieben. Ein Schwerpunkt liegt auf der Bestimmung der Extremwerte (Maxima und Minima). Dieses ist auch für Extremierungsaufgaben mit und ohne Nebenbedingung die zentrale Grundlage.

Nach der Behandlung der verschiedenen Aspekte wird zunächst an dem typischen Beispiel einer ganzrationalen Funktion eine Kurvendiskussion durchgeführt. Anschließend werden spezielle Aspekte zu anderen Funktionen betrachtet und schließlich wird versucht, die Zusammenhänge für die Kurvendiskussion schematisch darzustellen.

Sehr häufig müssen im Rahmen der Kurvendiskussion bestimmte Gleichungen (z.B. quadratische, kubische Gleichungen) gelöst werden. Der erste Abschnitt des Anhangs beschäftigt sich sehr ausführlich mit dem Lösen von Gleichungen. Wegen der großen Bedeutung dieses Bereiches wird aber jedes Verfahren auch noch in dem nachfolgenden Abschnitt bei der ersten Benutzung ausführlich erklärt.

Es sei angemerkt, dass die Kurvendiskussion und insbesondere die Bestimmung von Extremwerten für viele auch im Studium von großer Bedeutung sein dürfte. Dies gilt nicht nur für die Naturwissenschaften, sondern z.B. auch für die Wirtschaftswissenschaften.

6.2   Monotonie

Wenn eine Funktion in einem bestimmten Intervall durchgehend eine positive Steigung hat (f'(x) $\geq$ 0), so spricht man von einer auf dem betrachteten Interavall **monoton steigenden Funktion.** Eine monoton steigende Funktion kann an bestimmten Stellen eine Steigung von Null haben. Ist die Steigung überall größer als Null (f'(x) > 0), so nennt man die Funktion **streng monoton steigend.**

Entsprechend sind Funktionen, die auf einem Intervall immer eine negative Steigung oder auch eine Steigung von Null haben (f'(x) $\leq$ 0), **monoton fallend** auf dem betrachteten Intervall. Ist die Steigung immer kleiner als Null (f'(x) < 0), so ist die Funktion **streng monoton fallend.**

Nachfolgend ist die Funktion f(x) = $-2x^3 + 9x^2 - 12x + 5$ dargestellt. Wie in der Zeichnung an‐
gedeutet, ist die
Funktion zwischen 1
und 2 streng mono‐
ton steigend. Wenn
man die Werte 1 und
2 dazunimmt, ergibt
sich ein Intervall, in
dem die Funktion

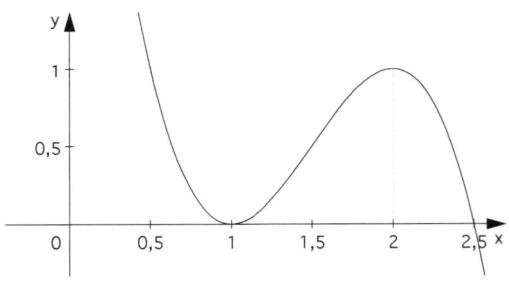

nur monoton steigend ist. Es gilt[1]:

> f(x) ist streng monoton steigend im Intervall]1; 2[
> f(x) ist monoton steigend im Intervall [1; 2]

Weiterhin kann man z.B. Folgendes erkennen:

> f(x) ist streng monoton fallend im Intervall]2; 2,5]
> f(x) ist monoton fallend im Intervall [0,5; 1]

Um die Monotonieeigenschaften der Funktion rechnerisch zu bestimmen muss man zunächst die erste Ableitung der Funktion bilden:

> f'(x) = $-6x^2 + 18x - 12$

In diesem Fall erkennt man nicht sofort, wann der Ausdruck größer bzw.

1: Bei dem ersten Intervall]1; 2[handelt es sich um ein offenes Intervall, die Grenzen (1 und 2) sind in dem Intervall nicht mit enthalten. Das zweite Intervall [1; 2] ist ein geschlossenes, hier sind die Grenzen mit dabei.

kleiner als Null ist, hier müssen zunächst die Nullstellen der ersten Ableitung bestimmt werden. (Das Vorgehen entspricht dem Vorgehen bei der Bestimmung der Hoch- und Tiefpunkte der Funktion.)

6.3 Stetige und unstetige Funktionen

Eine Funktion ist auf einem Intervall stetig, wenn sie in dem ganzen Intervall definiert ist und keine "Sprungstellen" aufweist. Eine Funktion ist also sozusagen stetig, wenn man sie "ohne den Stift abzusetzen" zeichnen kann. Damit eine Funktion in einem Intervall stetig ist, muss sie in jedem Punkt des Intervalls stetig sein.

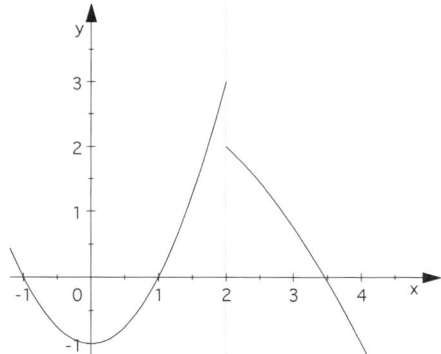

Die nebenstehende Funktion ist z.B. an der Stelle x=2 nicht stetig, an dieser Stelle hat die Funktion eine Sprungstelle. Ansonsten ist die Funktion stetig.

Formal formuliert ist eine Funktion in dem Punkt a stetig, wenn

$$\lim_{x \to a} f(x) \text{ und } f(a) \text{ existieren und}$$

$$\lim_{x \to a} f(x) = f(a) \text{ gilt.}$$

Die letzte Bedingung bedeutet, dass der Grenzwert, sowohl wenn man sich von links als auch wenn man sich von rechts an a annähert, als Ergebnis f(a) ergeben muss. Wenn man also eine Funktion in einem bestimmten Punkt auf Stetigkeit untersuchen will, so muss Folgendes gelten:

$$\lim_{\substack{x \to a \\ x > a}} f(x) = \lim_{\substack{x \to a \\ x < a}} f(x) = f(a)$$

Eine Funktion ist stetig, wenn die angeführte Bedingung für alle x-Werte gilt. Entsprechend ist eine Funktion auf einem Intervall stetig, wenn die Bedingung für alle Werte des Intervalls gilt.

Die meisten "normalen Funktionen" sind stetig. So z.B. alle ganzrationalen Funktionen (x–Potenzen), sin(x), cos(x), e^x, ln(x) und $\sqrt{x}$. Auch viele Verknüpfungen stetiger Funktionen sind wieder stetig:

> Werden stetige Funktionen addiert, subtrahiert oder miteinander multipliziert, so ergibt sich wieder eine stetige Funktion.

Für Quotienten (Brüche) von stetigen Funktionen gilt die angeführte Regel aber nicht. Diese Funktionen sind überall dort unstetig, wo der Nenner Null wird, denn dort sind sie nicht definiert.

> Quotienten von stetigen Funktionen sind dort stetig, wo der Nenner ungleich Null ist. Wo der Nenner Null wird, sind sie unstetig.

Wenn in der Schule unstetige Funktionen vorkommen, so sind es häufig solche, die sich als Quotient zweier stetiger Funktionen ergeben.

Wichtig ist weiterhin folgender Zusammenhang:

> Ist eine Funktion an der Stelle x_0 differenzierbar, so ist sie an dieser Stelle auch stetig.

Der angeführte Zusammenhang erschließt sich aus der Definition der Differenzierbarkeit, folgender Grenzwert muss existieren:

$$\lim_{x \to x_0} \frac{f(x) - f(x_0)}{x - x_0}$$

Damit dieser Grenzwert existiert, muss $f(x_0)$ definiert sein und es darf auch keine Sprungstelle der Funktion vorliegen, denn ansonsten würde der Zähler gegen eine reelle Zahl, die nicht Null ist, gehen, während der Nenner gegen Null geht; einen reellen Grenzwert würde es in diesem Fall nicht geben.

Nützlich ist der Zusammenhang, wenn untersucht werden soll, ob eine Funktion an einer Stelle stetig und differenzierbar ist. Zunächst sollte in einem solchen Fall die Differenzierbarkeit geprüft werden; ist diese gegeben, so ist die Funktion auch stetig.

Die umgekehrte Beziehung gilt nicht, eine stetige Funktion muss also nicht differenzierbar sein. Allerdings ergibt eine Anwendung der Aussagenlogik, dass folgender Zusammenhang gilt:

> Ist eine Funktion an der Stelle x_0 nicht stetig, so ist sie an dieser Stelle auch nicht differenzierbar,.

6.4   Symmetrie von Funktionen

Funktionen können verschiedene Symmetrieeigenschaften haben. Man unterscheidet Achsen- und Punktsymmetrie. **Achsensymmetrie** bedeutet, dass es eine Achse (eine Gerade) gibt, bezüglich derer sich die eine Hälfte der Funktion als Spiegelbild der anderen Hälfte ergibt. Nebenstehend ist eine zur y-Achse symmetrische Funktion dargestellt. Für die gekennzeichneten Punkte sind die Werte nachfolgend in einer Wertetabelle eingetragen:

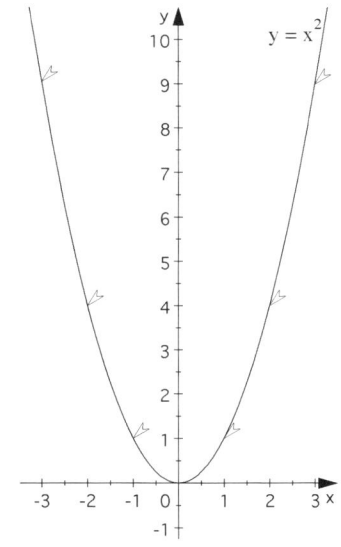

x	y
-3	9
-2	4
-1	1
0	0
1	1
2	4
3	9

Wie sich in der Tabelle erkennen lässt, liefert die Funktion bei x und -x genau denselben Funktionswert. Z.B. für x=1 und -1 den Wert 1 und für x=2 und -2 den Wert 4. Dies lässt sich in der Zeichnung auch gut erkennen.

Formal lautet der zuvor erläuterte Zusammenhang:

> Für zur y-Achse symmetrische Funktionen gilt:
> $$f(x) = f(-x)$$

Häufig spricht man bei derartigen Funktionen auch einfach abkürzend von achsensymmetrischen Funktionen.

Von **Punktsymmetrie** spricht man, wenn der eine Teil der Funktion sich durch die Spiegelung des anderen Teils an einem Punkt ergibt. Nachfolgend ist eine zum Ursprung punktsymmetrische Funktion dargestellt. Die Funktion lautet:

$$f(x) = 2x^3 - 10x$$

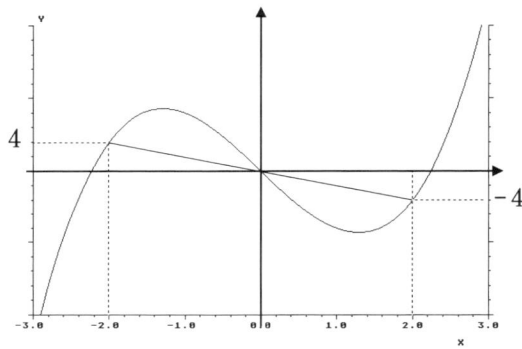

Für x=-2 ergibt sich ein Funktionswert von 4. Bei x=2 lautet der Funktionswert -4. Wenn man bei dem x-Wert das Vorzeichen ändert, so ändert also auch der y-Wert das Vorzeichen. Die beiden zuvor berechneten Werte sind in der Zeichnung kenntlich gemacht worden. Sie wurden mit einer Geraden verbunden, um zu zeigen, dass sich der eine Punkt durch Spiegelung des anderen am Ursprung ergibt.

> Formal gilt für eine zum Ursprung punktsymmetrische Funktion:
> $$f(x) = -f(-x)$$

Wenn man eine Funktion auf Achsen- oder Punktsymmetrie[1] überprüfen will, so muss man x und -x in die Funktion einsetzen und überprüfen, ob sich für beide Fälle dasselbe ergibt (Achsensymmetrie), oder ob sich beide Male derselbe Betrag, aber ein anderes Vorzeichen ergibt (Punktsymmetrie).

Bei den zuvor angeführten Funktionen lässt sich schon ein Zusammenhang zwischen der Symmetrie und den in den Funktionen auftretenden x-Potenzen erahnen. Bei der achsensymmetrischen Funktion waren nur gerade und bei der punktsymmetrischen nur ungerade Exponenten vertreten. Dies ist kein Zufall, denn bei Termen mit geraden Exponenten (x^0, x^2, x^4, etc.) ergibt sich immer das gleiche Ergebnis, egal welches Vor-

---

1:     Hierbei ist die Achsensymmetrie zur y-Achse und die Punktsymmetrie zum Ursprung gemeint.

zeichen die eingesetzte Zahl hat, denn es gilt: $(-x)^2 = x^2$.

Bei ungeraden Exponenten (x^1, x^3, x^5, etc.) ergibt sich für einen negativen x-Wert ein negativer y-Wert: z.B. $(-x)^3 = -x^3$.

Somit gilt für ganzrationale Funktionen:[1]

Hat die Funktion nur **gerade** Exponenten, so ist sie **achsensymmetrisch** zur y-Achse.

Hat sie nur **ungerade** Exponenten, so ist sie **punktsymmetrisch** zum Ursprung.

Aus den dargestellten Eigenschaften ergibt sich, dass man zur y-Achse achsensymmetrische ganzrationale Funktionen auch **gerade Funktionen** und zum Ursprung punktsymmetrische Funktionen entsprechend **ungerade** Funktionen nennt.

Wenn eine ganzrationale Funktion sowohl gerade als auch ungerade Exponenten hat, so ist sie weder achsensymmetrisch zur y-Achse noch punksymmetrisch zum Ursprung. Dies sei nachfolgend an einem Beispiel verdeutlicht:

$$f(x) = x^3 + 2x^2 - 1$$

$$\Rightarrow f(-x) = (-x)^3 + 2(-x)^2 - 1 = -x^3 + 2x^2 - 1$$

f(x) entspricht somit nicht f(-x), denn vor dem x^3 steht bei f(-x) ein Minus. Somit ist die Funktion nicht achsensymmetrisch zur y-Achse.

Für $-f(-x)$ ergibt sich:

$$-f(-x) = x^3 - 2x^2 + 1$$

Dies entspricht nicht f(x) und somit ist die Funktion auch nicht punktsymmetrisch zum Ursprung.

1: Man nennt diese Funktionen auch Parabeln oder Polynomfunktionen; siehe hierzu auch Kapitel 3.5

Zuvor wurden nur zur y‑Achse oder zum Ursprung symmetrische Funktionen betrachtet. Bisweilen werden auch Symmetrien zu einem anderen Punkt oder einer anderen Geraden betrachtet.

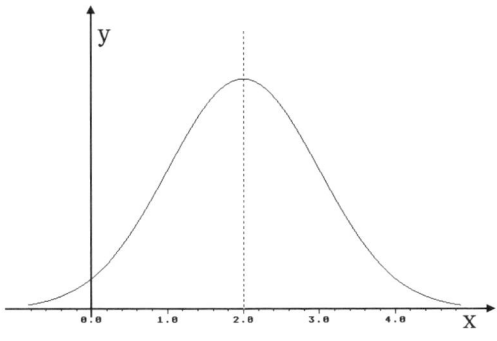

Die nebenstehende Funktion ist achsensymmetrisch zu einer Geraden, die senkrecht durch x=2 geht (die gestrichelte Gerade). In diesem Fall sind die Funktionswerte identisch, wenn man nach links und rechts "gleich weit von der 2 weg ist". Formal gilt hier:

$$f(2+x) = f(2-x)$$

Wenn man bei dieser Funktion von jedem x‑Wert 2 abzieht, so wird die Funktion hierdurch um 2 nach links verschoben und die sich so ergebende Funktion ist achsensymmetrisch zur y‑Achse.

6.5 Nullstellen von Funktionen

Als Nullstellen einer Funktion bezeichnet man die Stellen, bei denen der Funktionswert Null ist. Hier gilt also f(x) = 0. Grafisch sind die Nullstellen der Funktion die Schnittpunkte der Funktion mit der x-Achse.

Die nebenstehend angeführte Funktion 2. Grades (y = x^2 – 4) hat z. B. zwei Nullstellen, denn sie schneidet zweimal die x-Achse.

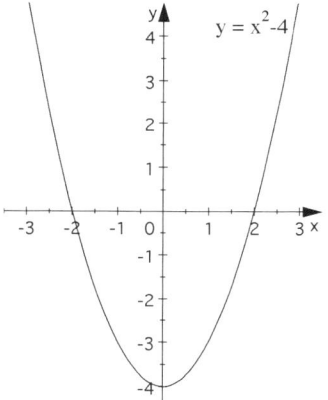

Nullstellen bestimmt man, indem man die Funktion gleich Null setzt. Es seien beispielsweise die Nullstellen der angeführten Funktion zu bestimmen:

$f(x) = x^2 - 4 = 0$

$\Leftrightarrow x^2 = 4$

$\Leftrightarrow x = 2 \vee x = -2$

Die Berechnung von Nullstellen kann natürlich auch wesentlich komplizierter sein. Verfahren zum Lösen verschiedener Gleichungen sind im Anhang dargestellt und werden auch bei einigen nachfolgend behandelten Beispielen angeführt.

Bei **ganzrationalen Funktionen** gilt weiterhin:

Die Anzahl der Nullstellen entspricht höchstens dem Grad der Funktion.

Eine Funktion 3. Grades hat also höchstens 3 Nullstellen.

Nachfolgend wird die Funktion $f(x) = -2x^3 + 3x^2$ betrachtet. Wie sich auf der nebenstehenden Zeichnung erkennen lässt, hat diese Funktion 2 Nullstellen, bei x=0 und bei x=1,5.

In der zweiten Zeichnung ist die Funktion um 0,5 Einheiten im Koordinatensystem nach unten verschoben worden. Nun ergeben sich 3 Nullstellen.

In der dritten Zeichnung wurde die Funktion um insgesamt 1,25 Einheiten nach unten verschoben, nun ergibt sich nur eine Nullstelle.

Egal, wie die Funktion verschoben wird, mehr als drei Nullstellen würden sich nie ergeben.

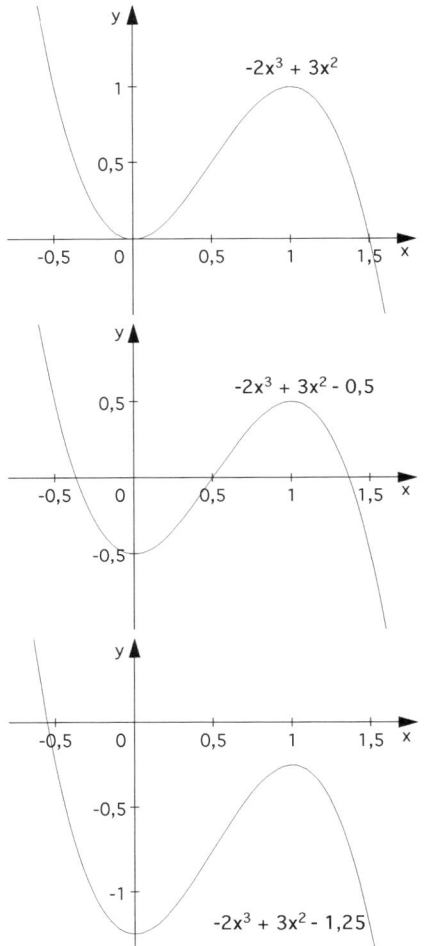

Analytisch ergibt sich die Beschränkung der Anzahl der Nullstellen von ganzrationalen Funktionen aus der Anzahl der Lösungen von Gleichungen. Eine quadratische Gleichung hat höchstens 2 Lösungen, eine Gleichung dritten Gerades höchstens 3 etc..

Bisweilen wird bei Aufgaben nach den Schnittpunkten der Funktion mit den Koordinatenachsen gefragt. Die Schnittpunkte der Funktion mit der x-Achse sind gerade die Nullstellen der Funktion. Der Schnittpunkt der Funktion mit der y-Achse, den man auch Achsenabschnitt nennt, ergibt sich, indem man in die Funktionsgleichung für x Null einsetzt. Er entspricht daher der einzelnen Zahl bzw. der Konstanten, die in der Funktionsgleichung auftritt.

6.6 Bestimmung von Hoch-, Tief- und Sattelpunkten

6.6.1 Notwendige Bedingung

Ein Hochpunkt[1] liegt genau dann vor, wenn alle Punkte neben der betrachteten Stelle niedriger als an der Stelle selbst sind. Dieses ist aber nur dann möglich, wenn die Steigung der Funktion an der betrachteten Stelle 0 ist. Auf einem Berggipfel ist die Steigung immer 0. Wenn ich mich an einer Stelle befinde, an der die Steigung nicht 0 ist, so bin ich noch nicht auf dem Gipfel, denn dann gibt es eine Richtung, in der es noch weiter nach oben geht. Notwendige Bedingung für alle Hoch- und analog auch alle Tiefpunkte ist daher, dass die Steigung der Funktion an den entsprechenden Stellen 0 ist. Die Funktion muss dort also eine waagerechte Tangente haben:

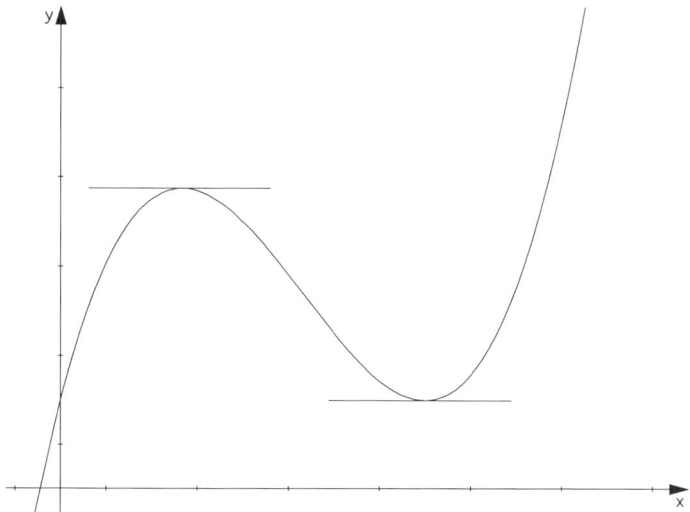

Allerdings bedeutet eine Steigung von Null noch nicht zwingend, dass an der entsprechenden Stelle ein Extremwert vorliegt. Es kann sich auch

---

1: Hochpunkte in diesem Sinne nennt man auch lokale Maxima, weil es eine lokale Umgebung gibt, für die dieser Punkt der höchste Wert ist. Entsprechend werden Tiefpunkte auch lokale Minima genannt.

um einen Sattelpunkt handeln.

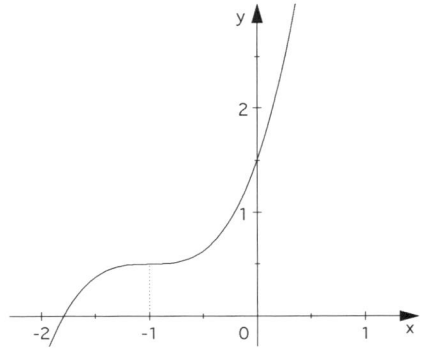

In der Zeichnung links ist ein **Sattelpunkt** dargestellt. Bei x=-1 ist die Steigung der Funktion 0, aber wie sich deutlich erkennen lässt, ist der Punkt weder ein Hoch- noch ein Tiefpunkt.

Bei einem Hoch- oder Tiefpunkt muss die Steigung der Funktion also Null sein, aber es lässt sich aus einer Steigung von Null noch nicht folgern, dass tatsächlich ein Hoch- oder Tiefpunkt vorliegt. Daher spricht man bei dieser Bedingung von der notwendigen Bedingung für Hoch- bzw. Tiefpunkte.

Somit gilt:

Notwendige Bedingung[1] für Hoch- und Tiefpunkte:
$$f'(x) = 0$$

$f'(x) = 0$ bedeutet, dass die Nullstellen der ersten Ableitung bestimmt werden müssen. Es stellt sich nun die Frage, wie man analytisch (rechnerisch) feststellen kann, ob es sich bei einer Nullstelle der ersten Ableitung um einen Sattel-, Hoch- oder Tiefpunkt handelt.

1:    Man nennt diese Bedingung auch Bedingung erster Ordnung.

6.6.2 Hinreichende Bedingung für Hoch- und Tief-punkte

Nachfolgend ist eine Funktion mit einem Hoch- und Tiefpunkt gezeich-

net. Darunter ist die Ableitung der Funktion und darunter wiederum die zweite
Ableitung der Funktion (dies
ist die Ableitung der Ableitung) dargestellt.

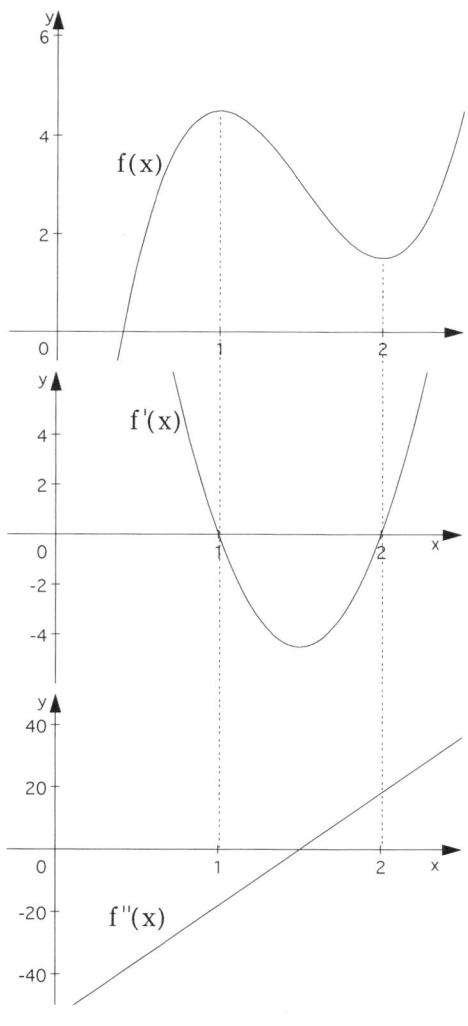

Aus der Zeichnung der Funktion lässt sich entnehmen,
dass diese bei x=1 einen
Hochpunkt und bei x=2 einen
Tiefpunkt hat. An diesen beiden Stellen ist die Steigung
der Funktion also Null. Dies
lässt sich auch gut in der
Zeichnung der ersten Ableitung erkennen.

Es gibt bei dem Hoch- und
Tiefpunkt aber einen Unterschied bei dem Verhalten der
ersten Ableitung. Beim Hochpunkt schneidet f' die x-
Achse von oben kommend,
während f' beim Tiefpunkt
von unten kommend schnei-
det. Dieser Unterschied ist
kein Zufall und lässt sich auch
leicht verstehen: Links von einem Hochpunkt muss die
Steigung der Funktion positiv
und rechts von ihm negativ

sein. Denn wenn man von links auf einen Hochpunkt zukommt, so muss
es zunächst nach oben gehen. Sobald man den Hochpunkt erreicht hat,

muss es aber nach unten gehen (negative Steigung), denn sonst würde es sich ja um keinen Hochpunkt handeln. Aus dem Dargelegten lässt sich folgende Regel ableiten:

> Links von einem Hochpunkt ist die Steigung der Funktion positiv und rechts davon negativ. Wenn also die **erste Ableitung** der Funktion bei ihrer Nullstelle das **Vorzeichen von + nach − wechselt**, so handelt es sich um einen **Hochpunkt**.

Auf analoge Weise lässt sich für Tiefpunkte herleiten:

> Wenn die **erste Ableitung** der Funktion bei ihrer Nullstelle das **Vorzeichen von − nach + wechselt**, so handelt es sich um einen **Tiefpunkt**.

Aus der angeführten Bedingung lässt sich eine weitere Regel folgern, welche oft einfacher zu handhaben ist. Bei dem Hochpunkt schneidet die erste Ableitung die x-Achse von oben kommend.[1] Dieses ist aber gleichbedeutend damit, dass die Steigung der ersten Ableitung in dem Schnittpunkt negativ ist. Die Steigung der ersten Ableitung ist durch die zweite Ableitung der Funktion gegeben, (diese ist ja genau die Ableitung der Ableitung). Wenn die zweite Ableitung bei der Nullstelle der ersten Ableitung negativ ist, ändert sich also das Vorzeichen der ersten Ableitung von + nach −, und es liegt somit ein Hochpunkt vor. Entsprechend gilt, dass, wenn bei der Nullstelle der ersten Ableitung die zweite Ableitung positiv ist, es sich um einen Tiefpunkt handelt. Es gelten also folgende Regeln:

$$f'(x_n) = 0 \wedge f''(x_n) < 0 \;\Rightarrow \text{Hochpunkt bei } x_n \quad [2]$$

$$f'(x_n) = 0 \wedge f''(x_n) > 0 \;\Rightarrow \text{Tiefpunkt bei } x_n$$

Die angeführte Gleichung $f'(x_n) = 0$ ist die Bedingung 1. Ordnung (notwendige Bedingung) und die nachfolgende Ungleichung ist die Bedin-

---

1:     Denn ihr Vorzeichen wechselt ja von plus nach minus.

2:     Das Zeichen „$\wedge$" bedeutet „und".

gung 2. Ordnung. Sind beide Bedingungen erfüllt, so liegt ein Hoch-bzw. Tiefpunkt vor. Beide Bedingungen zusammen sind also hinreichend für die Existenz eines Extremwertes, daher nennt man beide Bedingungen zusammen auch hinreichende Bedingung.

6.6.3 Beispiel zur Berechnung von Hoch- und Tiefpunkten

Nachfolgend soll an einem Beispiel das Vorgehen zur Bestimmung von Hoch- und Tiefpunkten erläutert werden. Es sei folgende Funktion gegeben:

$$f(x) = 2x^3 - 9x^2 + 12x$$

Für die Ableitungen der Funktion ergibt sich:

$$f'(x) = 6x^2 - 18x + 12$$
$$f''(x) = 12x - 18$$

Für die Nullstellen der ersten Ableitung folgt somit:

$$f'(x) = 0$$

$$\Leftrightarrow 6x^2 - 18x + 12 = 0 \mid /6$$

$$\Leftrightarrow x^2 - 3x + 2 = 0$$

Diese quadratische Gleichung kann nun mittels quadratischer Ergänzung oder der pq-Formel gelöst werden. Wenn von den Lehrern kein bestimmtes Verfahren gewünscht wird, so kann man sich aussuchen, wie man die Gleichung löst. Generell sei angemerkt, dass das Lösen von quadratischen Gleichungen eine sehr wichtige Fertigkeit ist, die häufig zum Lösen von Klausuraufgaben (Nullstellen, Nullstellen der ersten Ableitung etc.) benötigt wird. Eine ausführliche Darstellung der Lösungsverfahren findet sich im Anhang in Abschnitt 9.1.2. Nachfolgend wird die Lösung mittels quadratischer Ergänzung berechnet:

$$\Leftrightarrow (x - 1,5)^2 - 2,25 + 2 = 0$$

$$\Leftrightarrow (x - 1,5)^2 = 0,25 \mid \sqrt{}$$

$$\Leftrightarrow x - 1,5 = 0,5 \lor x - 1,5 = -0,5$$

$$\Leftrightarrow x = 2 \lor x = 1$$

An diesen beiden Stellen wird nun die zweite Ableitung überprüft, d. h.

es wird der jeweilige Wert für x in die zweite Ableitung eingesetzt:

$$f''(2) = 12 * 2 - 18 = 6 > 0 \Rightarrow \text{Tiefpunkt bei x=2}$$

Für die zweite Ableitung bei x=2 ergibt sich also ein Wert von 6. Dieser ist größer als Null und somit ergibt sich aus der zuvor angeführten hinreichenden Bedingung, dass es sich um einen Tiefpunkt handelt. Entsprechend ergibt sich für x=1:

$$f''(1) = 12 * 1 - 18 = -6 < 0 \Rightarrow \text{Hochpunkt bei x=1}$$

Um die beiden Hoch- und Tiefpunkte vollständig anzugeben, muss auch der Funktionswert (y-Wert) an der jeweiligen Stelle berechnet werden. Hierzu setzt man die jeweiligen x-Werte einfach in die Ausgangsfunktion f(x) ein. Es ergibt sich:

$$f(2) = 4 \Rightarrow \text{Tiefpunkt: } (2, 4)$$

$$f(1) = 5 \Rightarrow \text{Hochpunkt: } (1, 5)$$

Nachfolgend ist eine Zeichnung der Funktion dargestellt. In dieser Zeichnung lassen sich der Hochpunkt und der Tiefpunkt der Funktion deutlich erkennen:

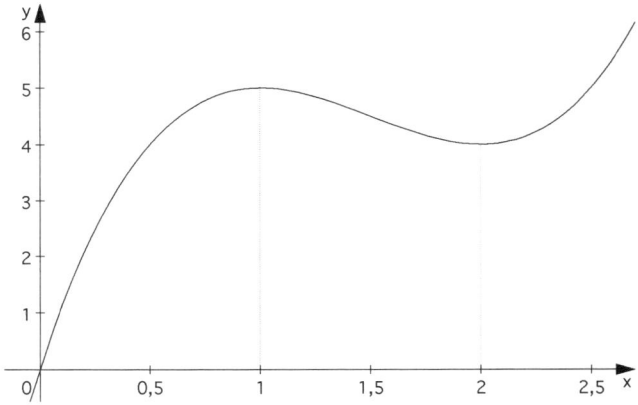

In der Zeichnung wird auch deutlich, dass der Hochpunkt nicht der absolut höchste Punkt der Funktion sein muss. Wenn für einen bestimmten Definitionsbereich der absolut höchste Wert der Funktion gesucht würde, so müssten außer dem Hochpunkt auch die **Randwerte**, also die Funktionswerte, die sich ergeben, wenn man die Ränder des Definitionsbereiches in die Funktion einsetzt, mit in die Betrachtung eingehen. Details zu dem Vorgehen finden sich in Abschnitt 6.6.6.

Bei der vorherigen Aufgabe wurde die hinreichende Bedingung anhand der zweiten Ableitung überprüft. **Stattdessen** hätte die Funktion auch entsprechend der zuvor angeführten Alternative auf Vorzeichenwechsel überprüft werden können. Das verbreitetere Verfahren ist aber das angeführte mittels der zweiten Ableitung. Dieses Verfahren ist auch in vielen Fällen etwas einfacher. In den Fällen, wo die zweite Ableitung bei den Nullstellen der ersten Ableitung auch Null ist, ergibt sich bei diesem Verfahren aber eine zusätzliche Komplikation, die nachfolgend behandelt wird.

6.6.4 Sattelpunkte

In der folgenden Abbildung sind zwei Funktionen (f(x) und g(x)) dargestellt. f(x) hat bei x=0 einen Sattelpunkt, während g(x) bei x=0 einen
Tiefpunkt hat. Es lässt sich jedoch deutlich erkennen, dass bei beiden Funktionen auch die zweite Ableitung an der Stelle x=0 Null ist. f'(x) hat bei x=0 keinen Vorzeichenwechsel, während g'(x) bei x=0 einen Vorzeichenwechsel hat. Wenn die erste und zweite Ableitung beide Null sind, so kann also durch eine Untersuchung der ersten Ableitung auf Vorzeichenwechsel zwischen Hoch-, Tief- und Sattelpunkten unterschieden werden. Mittels der Untersuchung auf Vorzeichenwechsel lässt sich also immer ohne weiteren Aufwand entscheiden, ob es sich um einen Hoch-, Tief- oder Sattelpunkt handelt.

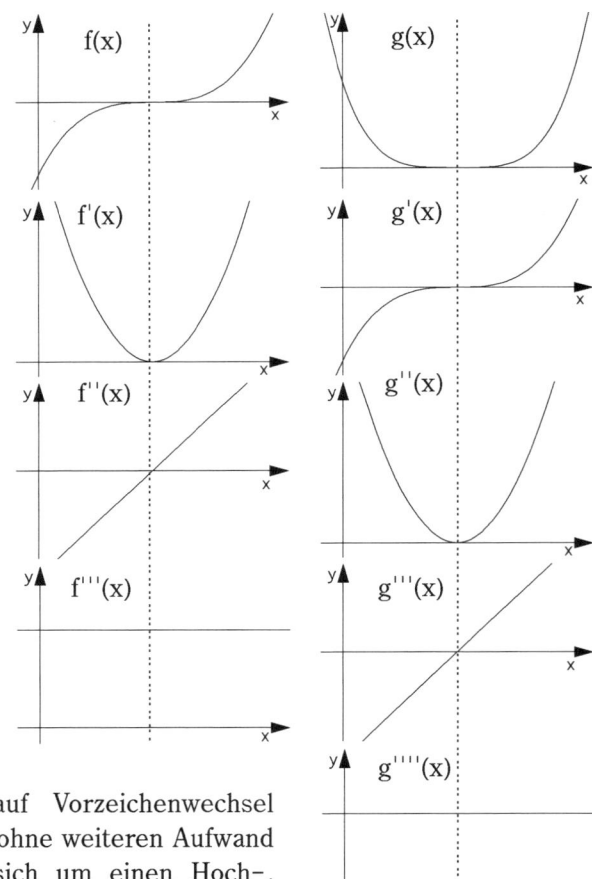

Allerdings kann die Unterscheidung auch durch weiteres Ableiten der
Funktion durchgeführt werden. Da die zweite Ableitung bei den Funktionen bei x=0 Null ist, hat die erste Ableitung f'(x) an dieser Stelle eine
waagerechte Tangente, also einen Hoch-,Tief- oder Sattelpunkt. Hat die
erste Ableitung dort einen Hoch- oder Tiefpunkt (wie f'(x)), so liegt kein
Vorzeichenwechsel der ersten Ableitung vor, und die ursprüngliche

Funktion (f(x)) hat somit an dieser Stelle einen Sattelpunkt. Ein Hoch- oder Tiefpunkt der ersten Ableitung liegt nun aber auf jeden Fall vor, wenn die dritte Ableitung (dies ist die zweite Ableitung von f'(x)) an der entsprechenden Stelle ungleich Null ist. Dieses ist bei f(x) der Fall. Daher lässt sich folgern, dass f(x) einen Sattelpunkt hat.

Es gilt also folgende Regel:

> **Wenn $f'(x_n) = 0$ und $f''(x_n) = 0$ und $f'''(x_n) \neq 0$ sind,**
>
> **so liegt ein Sattelpunkt bei x_n vor.**

Bei g(x) ist auch die dritte Ableitung an der Stelle x=0 Null. Die vierte Ableitung ist allerdings ungleich Null. Mittels des soeben Dargelegten lässt sich nun folgern, dass g'(x) bei x=0 einen Sattelpunkt hat. Somit liegt bei g'(x) ein Vorzeichenwechsel der ersten Ableitung vor, und daher hat g(x) einen Extremwert.

Die dargelegten Überlegungen lassen sich verallgemeinern. Dieses führt zu folgender Regel:

> **Es sei $f'(x_n) = 0$ und $f''(x_n) = 0$**
>
> so wird die Funktion so lange abgeleitet, bis man eine Ableitung erhält, die an der Stelle x_n ungleich Null ist.
>
> Handelt es sich bei dieser Ableitung um eine **ungerade Ableitung** (dritte, fünfte, siebente ... Ableitung), so hat die Funktion einen **Sattelpunkt.**
>
> Handelt es sich um eine **geradzahlige Ableitung**, so hat die Funktion ein **Extremum.** Ist die betreffende Ableitung positiv, so handelt es sich um ein Minimum, ist sie negativ, so ist es ein Maximum.

6.6.5   Schema zur Bestimmung von Extremwerten

1) Feststellen, ob die Funktion **stetig** ist.

2) Die **Nullstellen der ersten Ableitung** werden bestimmt. Hierzu muss die erste Ableitung der Funktion berechnet und nachfolgend gleich Null gesetzt werden. Die dadurch entstandene Gleichung ($f'(x) = 0$) muss nach x aufgelöst werden. (Die angeführte Forderung nennt man auch **Bedingung erster Ordnung** oder **notwendige Bedingung.**)

3) An den Stellen, wo die erste Ableitung Null ist, muss untersucht werden, ob es sich um Hoch-, Tief- oder Sattelpunkte handelt. Hierzu gibt es **zwei verschiedene Möglichkeiten.** Die erste Methode empfiehlt sich vor allem dann, wenn es sehr schwierig ist, die zweite Ableitung zu bilden:

3a) Untersuchung der **ersten Ableitung auf Vorzeichenwechsel.** Hierzu wird ein x-Wert links und einer rechts der Nullstelle der ersten Ableitung in die erste Ableitung eingesetzt. Es ist zu beachten, dass zwischen der Nullstelle und dem eingesetzten Wert keine andere Nullstelle der ersten Ableitung und keine Unstetigkeitsstelle der Funktion liegen darf. Ist der linke Wert positiv und der rechte negativ, so handelt es sich um einen Hochpunkt. Ist der linke Wert negativ und der rechte positiv, so handelt es sich um einen Tiefpunkt. Sind beide Werte positiv oder beide negativ, so liegt ein Sattelpunkt vor.

3b) Es wird die zweite Ableitung gebildet. Dann werden die x-Werte, für die die erste Ableitung Null ist, **in die zweite Ableitung eingesetzt.** Ergibt sich hierbei ein positiver Wert, so liegt ein Tiefpunkt vor. Ergibt sich ein negativer Wert, so handelt es sich um einen Hochpunkt. Ergibt sich auch für die zweite Ableitung Null, so kann nun entweder doch wie unter a) beschrieben die erste Ableitung auf Vorzeichenwechsel untersucht werden, oder es wird nun so lange abgeleitet und eingesetzt, bis sich eine Ableitung ergibt, die an der entsprechenden Stelle nicht Null ist. Ist dies eine ungradzahlige Ableitung, so handelt es sich um einen Sattelpunkt, also

keine Extremstelle. Ist es eine geradzahlige Ableitung, so liegt ein Extremum vor:
Bei einem positiven Wert ist es ein Tiefpunkt und bei einem negativen Wert ein Hochpunkt.

4) Um den Extremwert vollständig anzugeben, muss der gefundene x−Wert noch in die Ausgangsfunktion f(x) eingesetzt und auf diese Weise der zugehörige y−Wert ermittelt werden.

6.6.6 Randextrema und absolute Extrema

Den höchsten Funktionswert, den eine Funktion im Bereich ihrer Definitionsmenge erreicht, nennt man das absolute oder auch globale Maximum der Funktion. Entsprechend wird der niedrigste Funktionswert das absolute oder globale Minimum genannt.

Wenn eine stetige Funktion nur einen Hoch- oder Tiefpunkt hat, so stellt dieser auch das absolute Maximum bzw. Minimum der Funktion dar.[1]

Hat die Funktion hingegen in dem relevanten Bereich mehrere Extremwerte, z. B. einen Hoch- und einen Tiefpunkt, so hätte das absolute Maximum auch bei einem Randwert liegen können. Die Funktionswerte an den Rändern hätten dann noch mit dem Funktionswert des Maximums verglichen werden müssen.

Angenommen, es sei folgende Gewinnfunktion gegeben, die den Gewinn abhängig von der produzierten Menge x angibt:

$$G(x) = 2x^3 - 9x^2 + 12x$$

Die Extremwerte dieser Funktion waren bereits in Abschnitt 6.6.3 als Beispiel berechnet worden (dort wurde die Funktion f(x) genannt). Hierbei ergab sich:

Tiefpunkt: (2, 4)

Hochpunkt: (1, 5)

Nun sei weiterhin angenommen, es sei nur eine Produktionsmenge zwischen 0 und 3 Einheiten möglich. Die Funktion ist somit nur für das In-

---

1: Dies gilt allerdings nur, wenn die Funktion stetig und differenzierbar ist. Am Ende dieses Abschnitts wird hierauf näher eingegangen.

tervall zwischen 0 und 3 definiert. Für die Zeichnung der
Funktion ergibt sich:

In der Zeichnung wird deutlich, dass der Gewinn bei einer Produktionsmenge von 3
Einheiten wesentlich größer
als bei der dem Hochpunkt
entsprechenden Produktionsmenge von einer Einheit ist.

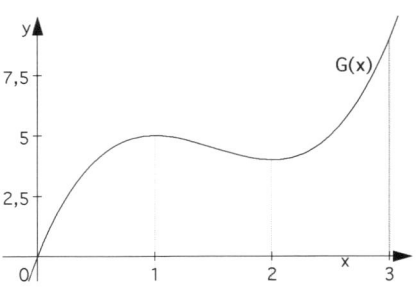

Der absolut höchste Wert der Funktion (das **absolute** bzw. **globale** Maximum) liegt also bei x=3. Man nennt derartige Maxima am Definitionsrand
auch **Randmaxima**.

Die möglichen Extrema der Funktion werden nachfolgend aufgelistet.
Bei einer Gewinnfunktion ist sicherlich kaum einer an den Minima interessiert, nachfolgend werden diese aber dennoch mit aufgeführt:

x=0	G(0) = 0	globales (Rand-) Minimum
x=1	G(1) = 5	lokales Maximum
x=2	G(2) = 4	lokales Minimum
x=3	G(3) = 9	globales (Rand-) Maximum

Wenn das globale Extremum einer Funktion bestimmt werden soll, die
nur auf einem bestimmten Intervall definiert ist, so müssen also außer
den lokalen Extrema, bei denen die Steigung Null ist, auch die Randwerte überprüft werden. Liegt in dem Definitionsbereich der absolut
höchste oder nieriaste Wert am Rand, so handelt es sich um ein globales
Randmaximum (bzw. globales Randminimum).

Das globale Maximum erhält man also, indem man die Funktionswerte
für alle Hochpunkte und die Randwerte ausrechnet. Bei der Stelle mit
dem höchsten Funktionswert liegt dann das globale Maximum. Für das
globale Minimum müssen entsprechend die Funktionswerte aller Tiefpunkte und die Randwerte verglichen werden.

Randwerte sind keine lokalen Extrema, denn lokale Extrema sind so definiert, dass dort für eine beliebig kleine Umgebung der höchste oder
niedrigste Wert vorliegt. Die Randwerte haben aber im Definitionsbe-

reich überhaupt nur auf einer Seite "Nachbarwerte".

Zu den vorherigen Ausführungen ist anzumerken, dass sie nur dann gelten, wenn die Funktion in dem relevanten Bereich **stetig** und **differenzierbar** ist. Wenn sie nicht stetig ist, so kann sie "Sprünge" machen, und wenn sie nicht differenzierbar ist, so kann sie das Vorzeichen ihrer Steigung ändern, ohne hierbei einen weiteren Extremwert zu produzieren. In diesen Fällen wird die Untersuchung auf Extremwerte komplizierter, denn man muss sich zusätzlich Gedanken machen, wie die Funktion sich an den Stellen, wo sie unstetig oder nicht differenzierbar, ist verhält.

Nachfolgend ist eine unstetige Funktion dargestellt:

Diese Funktion hat bei x=2 eine Sprungstelle. Bei x=2 ist sie somit nicht stetig. Es existiert zwar ein linksseitiger Grenzwert (3) und ein rechtsseitiger Grenzwert (2), aber diese Grenzwerte sind nicht identisch.

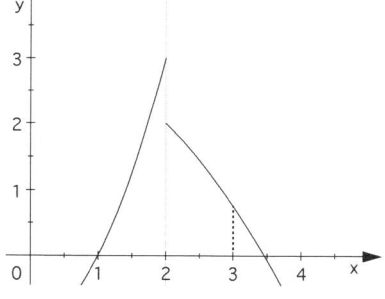

Es seien die Extremwerte für das Intervall [1; 3] zu bestimmen und zu klassifizieren. In der Zeichnung erkennt man, dass das globale Minimum für dieses Intervall bei x=1 liegt und den Funktionswert 0 hat. Aus der Zeichnung kann man nicht erkennen, ob sich an der Stelle 2 selbst der Wert 2 oder der Wert 3 ergibt, beide Fälle sind denkbar, für das globale Maximum ergeben sich die folgenden Konsequenzen:

a) f(2) = 3   Das globale Maximum lautet 3

b) f(2) = 2   In diesem Fall nähert die Funktion sich, wenn man sich von links an x=2 annähert, immer mehr an 3 an. Allerdings wird der Wert 3 nie erreicht. Jeder Wert, den man angeben würde, würde von einem anderen Wert überschritten werden. (Z.B. würde der Wert 2,999 von dem Wert 2,9999 überschritten.) Es gibt in diesem Fall kein globales Maximum.

6.7   Wendepunkte

6.7.1   Grundlagen

Bei Wendepunkten "wendet" die Funktion ihre Krümmung. Nachfolgend ist eine Funktion abgebildet, bei der die Wendepunkte mit gekennzeichnet wurden:

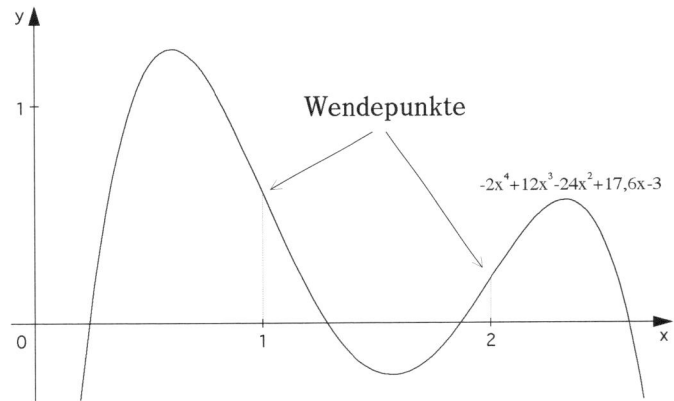

Wenn man sich die Funktion als eine Straße, die auf einer Landkarte eingezeichnet ist, vorstellt und sich nun überlegt, man würde "diese Straße" von links nach rechts kommend befahren, so dürfte klar sein, dass man sich zunächst in einer Rechtskurve befindet. Am Anfang ist die Krümmung recht gering, sie nimmt dann deutlich zu und nimmt dann bis zu dem eingezeichneten ersten Wendepunkt ab. An diesem Punkt geht die "Straße" von einer Rechtskurve in eine Linkskurve über. Bei dem zweiten eingezeichneten Wendepunkt geht die Funktion von einer Linkskurve in eine Rechtskurve über.

Die Stellen, an denen die Funktion ihre Krümmung ändert, zeichnen sich aber auch noch durch eine andere Eigenschaft aus. Wenn man den linken Wendepunkt betrachtet, so kann man erkennen, dass hier die Steigung der Funktion für eine bestimmte Umgebung minimal ist. Bei dem rechten Wendepunkt ist die Steigung für einen bestimmten Bereich maximal.

Bei Wendepunkten handelt es sich somit um Extremwerte der Steigung einer Funktion. An diesen Stellen hat die Funktion also für eine bestimmte Umgebung die maximale oder minimale Steigung. Somit hat also die erste Ableitung, die ja die Steigung der Ausgangsfunktion ist, an dieser Stelle einen Hoch- oder Tiefpunkt.

> **Die Untersuchung einer Funktion auf Wendepunkte ist also identisch mit der Untersuchung der ersten Ableitung auf Extremwerte.** Alles, was zuvor über Extremwerte gesagt wurde, gilt also für die Untersuchung auf Wendepunkte auch, nur dass hierbei die Ausgangsbasis die erste Ableitung (also die Steigung) der Funktion ist.

Notwendige Bedingung für einen Wendepunkt ist demnach, dass die erste Ableitung der ersten Ableitung der Funktion, also die zweite Ableitung, Null ist. Eine hinreichende Bedingung ist erfüllt, wenn zusätzlich an der betreffenden Stelle die dritte Ableitung der Funktion ungleich Null ist. Ist die dritte Ableitung ebenfalls Null, so muss entsprechend den bei der Bestimmung von Extremwerten hergeleiteten Regeln weiter untersucht werden. Alternativ kann auch die zweite Ableitung auf Vorzeichenwechsel überprüft werden. Liegt Vorzeichenwechsel vor, so handelt es sich um einen Wendepunkt.

6.7.2   Beispielaufgabe zu Wendepunkten

Nachfolgend wird ein Beispiel für die Bestimmung von Wendepunkten angeführt.

Betrachtet wird die Funktion $f(x) = x^4 - 24x^2 + 5x$. Diese Funktion ist nebenstehend gezeichnet. Um die Wendepunkte zu bestimmen, müssen zunächst die Ableitungen der Funktion gebildet werden:

$f'(x) = 4x^3 - 48x + 5$
$f''(x) = 12x^2 - 48$
$f'''(x) = 24x$

Nun wird die zweite Ableitung gleich Null gesetzt:
$12x^2 - 48 = 0$
$\Leftrightarrow 12x^2 = 48$
$\Leftrightarrow x^2 = 4$
$\Leftrightarrow x = 2 \lor x = -2.$

An diesen Stellen muss nun die dritte Ableitung überprüft werden:
$f'''(2) = 24*2 \neq 0;$
$f'''(-2) = 24*(-2) \neq 0$

Da die dritte Ableitung an beiden Stellen ungleich Null ist, hat die erste Ableitung bei beiden Werten einen Extremwert, und es handelt sich somit bei beiden Werten um Wendepunkte. In der nebenstehenden Abbildung der Funktion wird deutlich, dass die erste Ableitung der Funktion bei 2 und -2 Extremwerte aufweist.

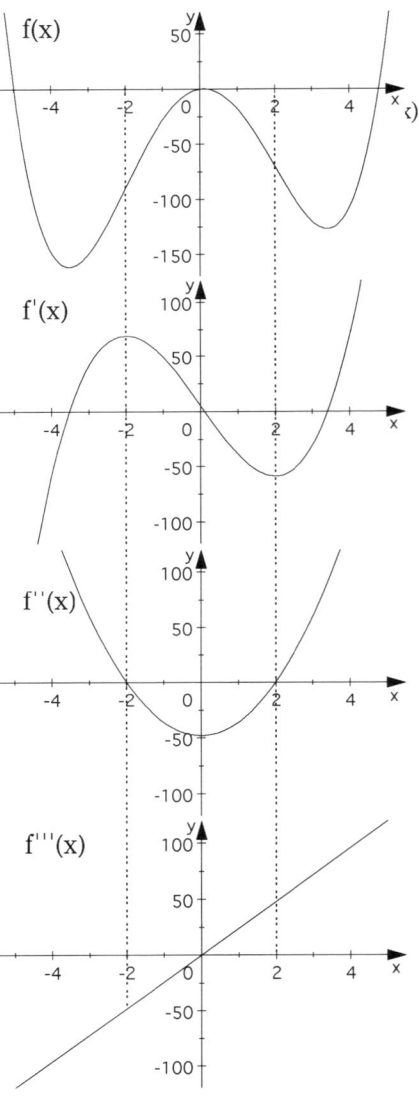

6.7.3   Schema zur Bestimmung von Wendepunkten

An dieser Stelle sei noch einmal darauf verwiesen, dass **Wendepunkte Extremwerte der Steigung der Funktion sind**, es also ausreicht, die erste Ableitung der Funktion zu bilden und diese dann auf Extremwerte zu untersuchen. Somit ist es eigentlich nicht nötig, sich ein eigenes Schema für die Bestimmung von Wendepunkten zu merken. Wer das nachfolgende Schema mit dem Schema zur Bestimmung von Extremwerten vergleicht, der wird feststellen, dass in dem nachfolgenden Schema einfach die jeweiligen Ableitungen durch die nächsthöhere Ableitung ersetzt wurden.

1) Die zweite Ableitung der Funktion muss berechnet und nachfolgend gleich Null gesetzt werden. Die dadurch entstandene Gleichung muss gelöst werden.

2) An den Stellen, wo die zweite Ableitung Null ist, muss untersucht werden, ob es sich tatsächlich um einen Wendepunkt handelt. Hierzu gibt es zwei verschiedene Möglichkeiten. Die erste Methode empfiehlt sich vor allem dann, wenn es sehr schwierig ist, die dritte Ableitung zu bilden:

2a) Untersuchung der zweiten Ableitung auf Vorzeichenwechsel. Hierzu wird ein x-Wert links und einer rechts der Nullstelle der zweiten Ableitung in die zweite Ableitung eingesetzt. Hierbei ist zu beachten, dass zwischen der Nullstelle und dem eingesetzten Wert keine andere Nullstelle der zweiten Ableitung und keine Unstetigkeitsstelle der Funktion liegt. Hat die zweite Ableitung einen Vorzeichenwechsel, so liegt ein Wendepunkt vor. Wenn kein Vorzeichenwechsel der zweiten Ableitung vorliegt, so handelt es sich um keinen Wendepunkt.

2b) Es wird die dritte Ableitung gebildet. Dann werden die x-Werte, für die die zweite Ableitung Null ist, in die dritte Ableitung eingesetzt. Ist die dritte Ableitung ungleich Null, so liegt ein Wendepunkt vor. Ergibt sich auch für die dritte Ableitung Null, kann nun entweder doch wie unter a) beschrieben untersucht werden, ob ein Vorzeichenwechsel der zweiten Ableitung vorliegt, oder es wird nun so lange abgeleitet und eingesetzt, bis sich eine Ableitung ergibt, die an der entsprechenden Stelle nicht Null ist. Ist dies eine geradzahlige Ableitung, so handelt es sich um keinen Wendepunkt. Ist es eine ungeradzahlige Ableitung, so liegt ein Wendepunkt vor.

3) Um den Wendepunkt vollständig anzugeben, muss der gefundene x-Wert noch in die Ausgangsfunktion f(x) eingesetzt und auf diese Weise der zugehörige y-Wert ermittelt werden.

Bei Aufgaben in der Schule wird häufig nur erwartet, dass man feststellt, ob überhaupt Wendepunkte vorliegen. Für diese Fälle reicht das zuvor beschriebene Schema aus. Wenn zusätzlich noch bestimmt werden soll, ob es sich um ein Maximum (identisch mit dem Wechsel von einer Links- zu einer Rechtskrümmung) oder ein Minimum der Steigung der Funktion handelt, so muss zusätzlich überprüft werden, ob die dritte Ableitung bei den Nullstellen der ersten Ableitung negativ oder positiv ist oder von wo nach wo das Vorzeichen der zweiten Ableitung wechselt. **Nachfolgend wird die entsprechende Modifizierung des zweiten Punktes des Schemas angegeben.** (Natürlich ist die nachfolgende Betrachtung nichts anderes als die Untersuchung der ersten Ableitung der Funktion auf Hoch- und Tiefpunkte mittels der hinreichenden Bedingung.)

2) An den Stellen, wo die zweite Ableitung Null ist, muss untersucht werden, ob es sich tatsächlich um einen Wendepunkt handelt. Hierzu gibt es zwei verschiedene Möglichkeiten. Die erste Methode empfiehlt sich vor allem dann, wenn es sehr schwierig ist, die dritte Ableitung zu bilden:

a) Untersuchung der zweiten Ableitung auf Vorzeichenwechsel. Hierzu wird ein x-Wert links und einer rechts der Nullstelle der zweiten Ableitung in die zweite Ableitung eingesetzt. Hierbei ist zu beachten, dass zwischen der Nullstelle und dem eingesetzten Wert keine andere Nullstelle der zweiten Ableitung und keine Unstetigkeitsstelle der Funktion liegt. Ist der linke Wert positiv und der rechte negativ, so handelt es sich um ein Maximum der Steigung der Funktion, links von dem Punkt hat die Funktion eine Links- und rechts eine Rechtskrümmung. Ist der linke Wert negativ und der rechte Wert positiv, so liegt ein Minimum der Steigung der Funktion vor. Die Funktion beschreibt dann links von dem Wendepunkt eine Rechts- und rechts eine Linkskurve. Wenn kein Vorzeichenwechsel der zweiten Ableitung vorliegt, so handelt es sich um keinen Wendepunkt.

b) Es wird die dritte Ableitung gebildet. Dann werden die x-Werte, für die die zweite Ableitung Null ist, in die dritte Ableitung eingesetzt. Ergibt sich hierbei ein positiver Wert, so liegt ein Minimum der Steigung der Funktion vor (die Krümmung ändert sich von einer Rechts- zu einer Linkskurve), ist der Wert negativ, so liegt ein Maximum der Steigung der Funktion vor (Übergang von einer Linkskurve in eine Rechtskurve). Ergibt sich auch für die dritte Ableitung Null, kann nun entweder doch wie unter a) beschrieben untersucht werden, ob ein Vorzeichenwechsel der zweiten Ableitung vorliegt, oder es wird nun so lange abgeleitet und eingesetzt, bis sich eine Ableitung ergibt, die an der entsprechenden Stelle nicht Null ist. Ist dies eine geradzahlige Ableitung, so handelt es sich um keinen Wendepunkt. Ist es eine ungeradzahlige Ableitung, so liegt ein Wendepunkt vor.

Bei einem positiven Wert handelt es sich um ein Minimum und bei einem negativen Wert um ein Maximum der Steigung der Funktion. Das zugehörige Krümmungsverhalten ergibt sich entsprechend den vorherigen Darstellungen.

6.7.4   Weitere Zusammenhänge

Hier sei angemerkt, dass jeder Sattelpunkt ein Wendepunkt ist, denn bei einem Sattelpunkt ändert die Funktion ihre Krümmung. Nachfolgend sind zwei Funktionen mit Sattelpunkten dargestellt:

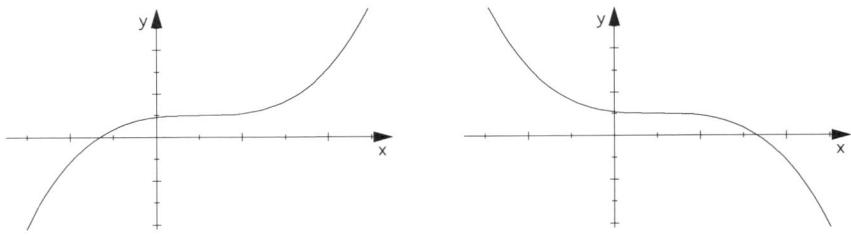

Deutlich lässt sich erkennen, dass die Funktionen ihre Krümmung in dem Sattelpunkt verändert. Die linke Funktion wechselt von einer Rechts- in eine Linkskurve und die andere von einer Links- in eine Rechtskurve.

Dass es sich bei einem Sattelpunkt immer um einen Wendepunkt handelt, lässt sich auch daran erkennen, dass bei einem Sattelpunkt die zweite Ableitung der Funktion Null ist und die erste höhere Ableitung, die nicht Null ist, eine ungeradzahlige Ableitung ist. Diese Zusammenhänge sind gerade die Bedingungen für einen Wendepunkt.

Es gilt also:

> **Jeder Sattelpunkt ist ein Wendepunkt.**

Das Gegenteil ist aber nicht der Fall, denn bei einem Wendepunkt muss die erste Ableitung der Funktion nicht Null sein, während sie bei einem Sattelpunkt Null sein muss. In der nebenstehenden Zeichnung wurde dies nochmal an einem Beispiel verdeutlicht (Wendepunkt bei x=0). Ein Sattelpunkt ist also ein ganz bestimmter Wendepunkt, nämlich ein Wendepunkt, bei dem zusätzlich zu

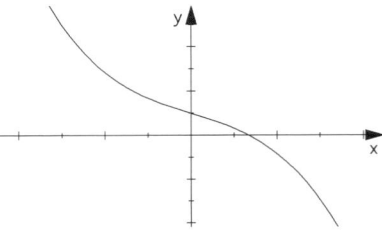

der Wendepunkteigenschaft auch noch die erste Ableitung gleich Null ist.

6.8 Wertemengen von Funktionen

Die Wertemenge ist die Menge aller möglichen Funktionswerte der Funktion. Auch wenn die Definitionsmenge ganz $\mathbb{R}$ ist, so muss die Wer-

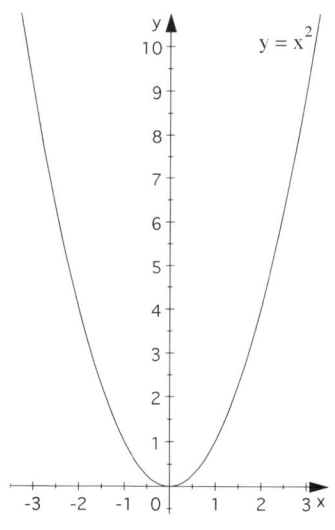

temenge deshalb keinesfalls auch ganz $\mathbb{R}$ sein. Dies zeigt z. B. die Normalparabel $y = x^2$, deren Graph nebenstehend abgebildet ist. Deutlich lässt sich erkennen, dass die Wertemenge dieser Funktion nur $\mathbb{R}_+$ ist. Für ganzrationale Funktionen gibt es eine relativ einfache Möglichkeit, um zu überprüfen, ob ihre Wertemenge ganz $\mathbb{R}$ ist. Wenn die höchste auftretende Potenz eine ungerade Potenz (x^1, x^3 etc.) ist, so geht die Funktion für x gegen $\pm\infty$ in dem einen Fall gegen $+\infty$ und in dem anderen gegen $-\infty$. Die Wertemenge beträgt in diesen Fällen ganz $\mathbb{R}$. Denn ganzrationale Funktionen sind immer stetig (sie machen also keine Sprünge) und ergeben daher, wenn sie auf der einen Seite gegen $+\infty$ und auf der anderen gegen $-\infty$ gehen, als Werte alle reellen Zahlen.

Nebenstehend ist als Beispiel die Funktion

$y = -x^3 + 2x^2 - x$ abgebildet.

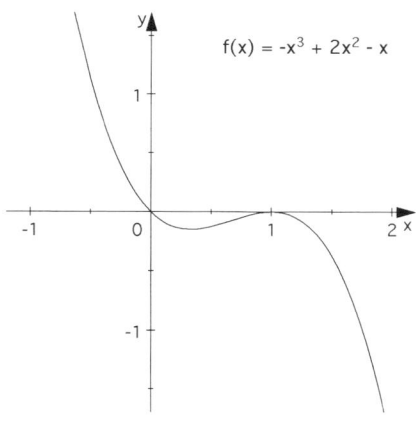

Für ganzrationale Funktionen, deren höchster Exponent gerade ist, müssen für die Bestimmung der Wertemenge die Hoch- bzw. Tiefpunkte herangezogen werden. Ganz allgemein ergibt sich die Wertemenge für eine stetige Funktion, die nicht gegen $\pm\infty$ geht, als das geschlossene Intervall (bei einem geschlossenen Intervall sind die Grenzen mit drin) zwischen dem globalen Maximum und dem globalen Minimum der Funktion. Wie man dies für eine konkrete Funktion berechnen kann, wird nachfolgend anhand eines Beispiels gezeigt.

Bestimmen Sie die Wertemenge der Funktion f: $[-2, 2] \to \mathbb{R}$ *mit*

$$f(x) = \frac{2x - 1}{x^2 + 1}$$

Die Funktion $f(x) = \frac{2x - 1}{x^2 + 1}$ ist stetig, denn Nenner und Zähler

sind stetig, und der Nenner wird nie Null. Somit können die Extremwerte der Funktion folgendermaßen bestimmt werden:

$$f'(x) = \frac{2(x^2 + 1) - (2x - 1) * 2x}{(x^2 + 1)^2} \quad (\text{Quotientenregel})$$

Die erste Ableitung wird jetzt gleich Null gesetzt. Da der Nenner ungleich Null ist, kann dann mit diesem multipliziert werden:

$$\frac{2(x^2 + 1) - (2x - 1) * 2x}{(x^2 + 1)^2} = 0 \mid * (x^2 + 1)^2$$

$$\Leftrightarrow 2(x^2 + 1) - (2x - 1) * 2x = 0$$

$$\Leftrightarrow 2x^2 + 2 - 4x^2 + 2x = 0$$

$$\Leftrightarrow -2x^2 + 2x + 2 = 0$$

Die quadratische Gleichung wird nun gelöst (siehe Anhang):

$$-2x^2 + 2x + 2 = 0 \mid /(-2)$$

$$\Leftrightarrow x^2 - x - 1 = 0$$

$$\Leftrightarrow (x - 0{,}5)^2 - 0{,}25 - 1 = 0$$

$$\Leftrightarrow (x - 0{,}5)^2 = 1{,}25$$

$$\Leftrightarrow x - 0{,}5 = \pm\sqrt{1{,}25}$$

$$\Leftrightarrow x = \sqrt{1{,}25} + 0{,}5 \lor x = -\sqrt{1{,}25} + 0{,}5$$

$$\Leftrightarrow x = 1{,}618 \lor x = -0{,}618$$

Man könnte nun durch Überprüfung auf Vorzeichenwechsel feststellen, ob es sich um Hoch-, Tief- oder Sattelpunkte handelt. Allerdings ist dies hier nicht nötig. Es reicht, die Funktionswerte für die beiden Nullstellen der ersten Ableitung mit den Randextrema zu vergleichen:

$$f(-2) = -1$$

$$f(-0{,}618) = -1{,}618$$

f(1,618) = 0,618

f(2) = 0,6

Das globale Maximum ist bei dem absolut größten Funktionswert von diesen 4 Werten, also bei x=1,618. Entsprechend liegt das globale Minimum bei x=-0,618. Somit ergibt sich folgende Wertemenge:

W = [-1,618; 0,618]

Nachfolgend zur Veranschaulichung eine Zeichnung der Funktion:

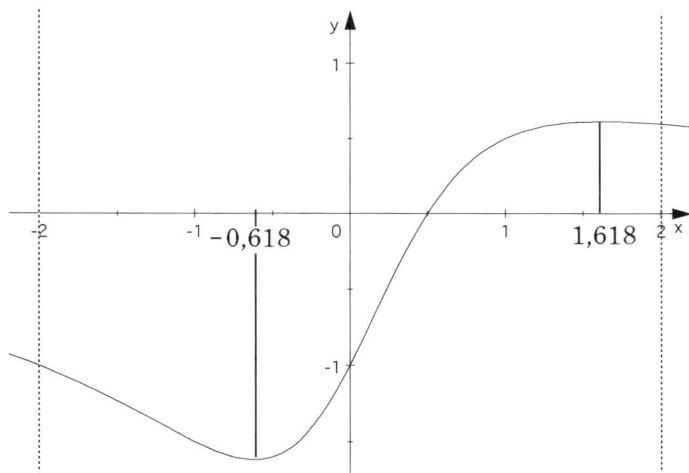

6.9 Kurvendiskussion für eine ganzrationale Funktion

Sehr häufig werden in der Schule Kurvendiskussionen für ganzrationale Funktionen durchgeführt. Nachfolgend soll das Vorgehen an einem Beispiel demonstriert werden. Es sei folgende Funktion gegeben:

$$f(x) = 0{,}5x^3 - 4x^2 + 8x$$

Ganzrationale Funktionen sind für alle x-Werte stetig und differenzierbar, so dass man sich über diese Aspekte keine weiteren Gedanken machen muss. Die einzelnen Punkte der Kurvendiskussion werden nachfolgend nacheinander abgehandelt. Häufig ist in Klausuraufgaben auch angegeben, welche Untersuchungen durchgeführt werden sollen. Die nachfolgenden Ausführungen sind sehr ausführlich gehalten, dies soll dem Verständnis dienen. Klausuraufgaben müssen natürlich nicht mit so ausführlichen Kommentaren versehen werden.

6.9.1 Definitionsbereich

Für x können alle Werte aus $\mathbb{R}$ eingesetzt werden, somit ist ganz $\mathbb{R}$ der Definitionsbereich:

$$\mathbb{D} = \mathbb{R}$$

Anmerkung: Für alle ganzrationalen Funktionen ergibt sich ganz $\mathbb{R}$ als maximaler Definitionsbereich, dies ergibt sich auch schon daraus, dass diese Funktionen auf ganz $\mathbb{R}$ stetig sind. Lediglich, wenn in der Aufgabenstellung ein Teil von $\mathbb{R}$ ausgeschlossen wird, ergibt sich bei ganzrationalen Funktionen nicht ganz $\mathbb{R}$ als Definitionsbereich.

6.9.2 Symmetrie

Da die Funktion sowohl gerade als auch ungerade Exponenten hat, ist sie weder achsensymmetrisch zur y-Achse noch punktsymmetrisch zum Ursprung.

Anmerkung: Die vorherige Betrachtung reicht bei allen ganzrationalen Funktionen aus. Man hätte auch überprüfen können, ob $f(x) = -f(x)$ (Achsensymmetrie zur y-Achse) oder $f(x) = -f(-x)$ (Punktsymmetrie zum Ursprung) gilt. Komplizierter, aber zumeist nicht gefordert, ist die Überprüfung auf Symmetrien zu anderen Achsen oder Punkten.

6.9.3 Schnittpunkte mit den Koordinatenachsen

Der Schnittpunkt mit der y–Achse ergibt sich, indem man für x Null einsetzt:

$$f(0) = 0{,}5*0 - 4*0 + 8*0 = 0$$

Anmerkung: In diesem Fall schneidet die Funktion die y–Achse also im Ursprung, und es liegt somit gleichzeitig ein Schnittpunkt mit der x–Achse vor.

Die Schnittpunkte mit der x–Achse sind die Nullstellen der Funktion. Es ergibt sich:

$$f(x) = 0$$

$$\Leftrightarrow 0{,}5x^3 - 4x^2 + 8x = 0$$

Wenn, wie in dieser Gleichung, in allen Termen auf der einen Seite x vorkommt und auf der anderen Seite Null steht, so muss man immer x ausklammern. Wenn man statt dessen einfach durch x teilt, so verliert man hierbei eine Lösung (x=0).

$$\Leftrightarrow (0{,}5x^2 - 4x + 8)*x = 0$$

Ein Produkt ist immer dann Null, wenn einer der Faktoren gleich Null ist:

$$\Leftrightarrow (0{,}5x^2 - 4x + 8) = 0 \ \lor \ x = 0$$

Das Zeichen $\lor$ bedeutet "oder". Bei dem ersten Ausdruck handelt es sich um eine quadratische Gleichung. Diese wird nachfolgend mit der pq–Formel gelöst, weitere Lösungsverfahren sind im Anhang aufgeführt.

$$0{,}5x^2 - 4x + 8 = 0 \mid *2$$

$$x^2 \underbrace{- 8x}_{p} + \underbrace{16}_{q} = 0$$

Zunächst musste dafür gesorgt werden, dass vor dem x^2 nur noch eine 1 steht, denn nur wenn die quadratische Gleichung auf diese Form gebracht ist, lässt sich die pq–Formel anwenden. Den Term vor dem x (mit dem Vorzeichen) nennt man p und den, der alleine steht (ebenfalls mit dem Vorzeichen), q.

$$x^2 + px + q = 0$$

In diesem Fall ist p also -8 und q ist 16.

Nun kann in die Lösungsformel eingesetzt werden, die folgendermaßen lautet:

Die pq-Formel lautet:

$$x = -\frac{p}{2} \pm \sqrt{\left(\frac{p}{2}\right)^2 - q}$$

In diese Formel werden nun die entsprechenden Werte für p und q eingesetzt:

$$\Rightarrow x = -\left(-\frac{8}{2}\right) \pm \sqrt{(-4)^2 - 16}$$

$$\Leftrightarrow x = 4 \pm 0 \Leftrightarrow x = 4$$

Da die Wurzel in diesem Fall Null ist, ergibt sich nur eine einzige Lösung für x, denn +0 ist dasselbe wie -0. Im allgemeinen ergeben sich bei derartigen Gleichungen zwei Lösungen (bzw. bei negativen Zahlen in der Wurzel keine Lösung).

Für die Nullstellen hatte sich ergeben:

$$(0{,}5x^2 - 4x + 8) = 0 \ \lor \ x = 0$$

Die quadratische Gleichung hatte als einzige Lösung x = 4, somit ergibt sich insgesamt als Lösung:

$$\Leftrightarrow x = 4 \ \lor \ x = 0$$

Die Nullstellen der Funktion liegen also bei 4 und 0.

Anmerkung: Generell gilt, dass eine ganzrationale Funktion höchstens so viele Nullstellen hat, wie ihr Grad beträgt. In diesem Fall war der Grad der Funktion 3, so dass höchstens 3 Nullstellen möglich gewesen wären.

6.9.4 Extremwerte

Zunächst werden die Ableitungen der Funktion gebildet. Da nachfolgend auch noch die Wendepunkte der Funktion bestimmt werden sollen, muss auf jeden Fall noch die zweite Ableitung gebildet werden. Es wird aber auch die dritte Ableitung berechnet, um anhand dieser später die hinreichende Bedingung für Wendepunkte zu überprüfen. Es ergibt sich für die Ableitungen:

$$f(x) = 0{,}5x^3 - 4x^2 + 8x$$
$$f'(x) = 1{,}5x^2 - 8x + 8$$
$$f''(x) = 3x - 8$$
$$f'''(x) = 3$$

Als notwendige Bedingung für Hoch- und Tiefpunkte muss die erste Ableitung der Funktion Null sein, daher werden nachfolgend die Nullstellen der ersten Ableitung berechnet:

$$f'(x) = 0$$
$$\Leftrightarrow 1{,}5x^2 - 8x + 8 = 0$$

Es muss also auch in diesem Fall eine quadratische Gleichung gelöst werden. Dies geschieht hier wieder mittels der pq-Formel:

$$1{,}5x^2 - 8x + 8 = 0 \mid \div 1{,}5 \text{ (identisch mit} \div \tfrac{3}{2} \text{ oder} * \tfrac{2}{3})$$

Es empfiehlt sich, hier mit Brüchen weiterzurechnen. In Klausuren sind die Aufgaben oft so gewählt, dass sich am Ende glatte Zahlen als Ergebnis ergeben. Wenn man nicht mit Brüchen, sondern Dezimalzahlen weiterrechnet, so besteht die Gefahr, dass man zu stark rundet. Wenn man durch einen Bruch teilt, so kann man statt dessen auch mit dem Kehrwert malnehmen. Die Gleichung wird dann also mit $\tfrac{2}{3}$ multipliziert. Weitere Erläuterungen zum Bruchrechnen finden sich im Anhang.

$$\Leftrightarrow 1{,}5x^2 - 8x + 8 = 0 \mid * \tfrac{2}{3}$$
$$\Leftrightarrow x^2 - 8 * \tfrac{2}{3}x + 8 * \tfrac{2}{3} = 0$$
$$\Leftrightarrow x^2 - \tfrac{16}{3}x + \tfrac{16}{3} = 0$$

Somit ist p gleich $-\tfrac{16}{3}$ und q gleich $\tfrac{16}{3}$. Bevor man nun in die Formel einsetzt, bietet es sich an, erst $\tfrac{p}{2}$ zu berechnen, da man diesen Ausdruck zweimal in die Formel einsetzen muss.

Es ergibt sich:

$$\frac{p}{2} = \frac{-\frac{16}{3}}{2} = \frac{-\frac{16}{3}}{\frac{2}{1}} = -\frac{16}{3} * \frac{1}{2} = -\frac{8}{3}$$

In die pq-Formel

$$x = -\frac{p}{2} \pm \sqrt{\left(\frac{p}{2}\right)^2 - q}$$

wird nun für $\frac{p}{2}$ der Wert von $\frac{8}{3}$ eingesetzt, somit ergibt sich:

$$x = -\left(-\frac{8}{3}\right) \pm \sqrt{\left(-\frac{8}{3}\right)^2 - \frac{16}{3}}$$

$$\Leftrightarrow x = \frac{8}{3} \pm \sqrt{\frac{64}{9} - \frac{16}{3}}$$

Der Bruch in der Wurzel muss nun auf den Hauptnenner gebracht werden. Hierzu wird der zweite Ausdruck mit 3 erweitert:

$$\Leftrightarrow x = \frac{8}{3} \pm \sqrt{\frac{64}{9} - \frac{48}{9}}$$

$$\Leftrightarrow x = \frac{8}{3} \pm \sqrt{\frac{16}{9}}$$

Die Wurzel kann bei Brüchen aus dem Zähler und Nenner einzeln gezogen werden, somit ergibt sich:

$$\Leftrightarrow x = \frac{8}{3} \pm \frac{4}{3}$$

$$\Leftrightarrow x = 4 \lor x = \frac{4}{3}$$

Diese Werte müssen jetzt in die zweite Ableitung eingesetzt werden, um festzustellen, ob an diesen Stellen Hoch- bzw. Tiefpunkte vorliegen. Die zweite Ableitung lautete:

$$f''(x) = 3x - 8$$

Somit ergibt sich:

$$f''\left(\frac{4}{3}\right) = 3 * \frac{4}{3} - 8 = 4 - 4 = -4 < 0 \Rightarrow \text{Hochpunkt bei } x = \frac{4}{3}$$

$$f''(4) = 3 * 4 - 8 = 4 > 0 \Rightarrow \text{Tiefpunkt bei } x = 4$$

Für die Funktionswerte ergibt sich:

$$f\left(\frac{4}{3}\right) = 0{,}5 * \left(\frac{4}{3}\right)^3 - 4 * \left(\frac{4}{3}\right)^2 + 8 * \left(\frac{4}{3}\right)$$

$$= 0{,}5 * \frac{64}{27} - \frac{64}{9} + \frac{32}{3}$$

Die einzelnen Terme müssen jetzt auf den Hauptnenner (27) gebracht werden:

$$= \frac{32}{27} - \frac{192}{27} + \frac{288}{27} = \frac{128}{27} = 4\frac{20}{27}$$

Somit lautet der Hochpunkt: ($\frac{4}{3}$, $4\frac{20}{27}$)

Für den Tiefpunkt ergibt sich:

$$f(4) = 0{,}5 * 4^3 - 4 * 4^2 + 8 * 4 = 32 - 64 + 32 = 0$$

Der Tiefpunkt lautet also: (4, 0)

Anmerkung: Man hätte den Funktionswert für den Tiefpunkt nicht mehr berechnen müssen, denn zuvor war bereits festgestellt worden, dass die Funktion bei x=4 eine Nullstelle hat.

6.9.5 Wendepunkte

Notwendige Bedingung für Wendepunkte ist, dass die zweite Ableitung Null ist. Es werden also zunächst die Nullstellen der zweiten Ableitung bestimmt:

$$f''(x) = 0$$
$$\Leftrightarrow 3x - 8 = 0 \mid +8$$
$$\Leftrightarrow 3x = 8 \mid \div 3$$
$$\Leftrightarrow x = \frac{8}{3}$$

Anhand der dritten Ableitung wird nun überprüft, ob tatsächlich ein Wendepunkt vorliegt:

$$f'''(x) = 3$$

Die dritte Ableitung ist also in diesem Fall immer 3, egal wie groß x ist. Also gilt:

$$f'''(\tfrac{8}{3}) = 3 \neq 0 \Rightarrow \text{ Wendepunkt bei } x = \frac{8}{3}$$

Auch für den Wendepunkt muss noch der Funktionswert berechnet werden:

$$f(\tfrac{8}{3}) = 0{,}5 * (\tfrac{8}{3})^3 - 4 * (\tfrac{8}{3})^2 + 8 * (\tfrac{8}{3})$$

$$= 0{,}5 * \frac{512}{27} - \frac{256}{9} + \frac{64}{3}$$

$$= \frac{256}{27} - \frac{768}{27} + \frac{576}{27} = \frac{64}{27} = 2\frac{10}{27}$$

Für den Wendepunkt ergibt sich also: $(\frac{8}{3}, 2\frac{10}{27})$

6.9.6　Zeichnung

Mittels der ermittelten Punkte (Nullstellen, Hoch-, Tief- und Wendepunkte) und einer Wertetabelle kann nun eine Skizze der Funktion angefertigt werden:

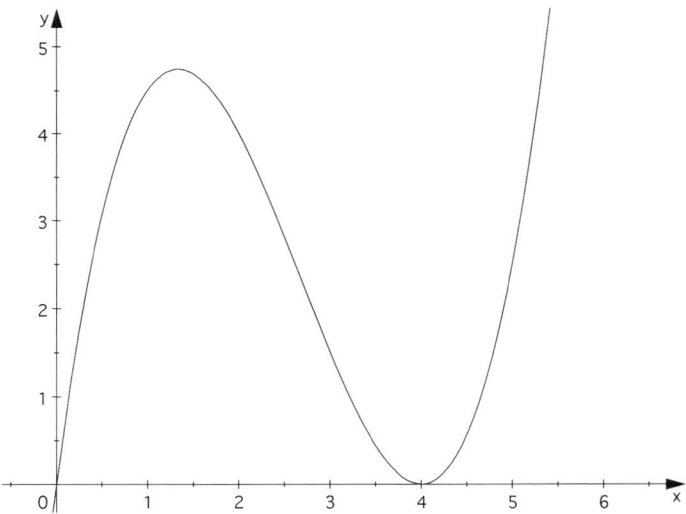

6.9.7　Wertemenge

In der Zeichnung lässt sich schon vermuten, dass die Funktion für große x-Werte weiter ansteigt und für x gegen $-\infty$ immer weiter fällt. Dies ist in der Tat so. Da die Funktion außerhalb des gezeichneten Bereiches keinen weiteren Wendepunkt hat, behält sie ihre Krümmung bei und steigt somit im positivem Bereich immer weiter an, während sie im negativen immer weiter fällt. Es hätte auch damit argumentiert werden können, dass ganzrationale Funktionen, deren höchste Potenz ungerade ist und die auf ganz $\mathbb{R}$ definiert sind (es wurde in der Aufgabenstellung kein Bereich von $\mathbb{R}$ ausgeschlossen), immer als Wertemenge ganz $\mathbb{R}$ haben.

Die Funktion in der Aufgabe hat als Wertemenge ganz $\mathbb{R}$.

6.10 Besonderheiten bei gebrochen-rationalen Funktionen

Bei gebrochenrationalen Funktionen steht im Zähler und im Nenner eine ganzrationale Funktion. Unterschiede zu den zuvor besprochenen ganzrationalen Funktionen ergeben sich dadurch, dass es einerseits bei gebrochenrationalen Funktionen Stellen geben kann, wo diese nicht definiert sind, und andererseits diese Funktionen, wenn x gegen $+\infty$ oder $-\infty$ geht, sich anderen Funktionen oder Grenzen annähern. Zunächst sei noch einmal angeführt, wie die gebrochenrationalen Funktionen aussehen:

$$f(x) = \frac{a_0 x^0 + a_1 x^1 + \dots + a_m x^m}{b_0 x^0 + b_1 x^1 + \dots + b_n x^n} \qquad n, m \in \mathbb{N}$$

Diese Funktionen ergeben sich also als Bruch zweier ganzrationaler Funktionen. Hieraus ergibt sich, dass diese Funktionen nicht überall stetig sind, denn der Quotient (Bruch) stetiger Funktionen ist nur dann stetig, wenn der Nenner nicht Null ist. Dort, wo der Nenner Null ist, sind die Funktionen nicht definiert, denn es ist nicht gestattet, durch Null zu teilen.

6.10.1 Beispielaufgabe

Es sei für folgende Funktion eine Kurvendiskussion durchzuführen:

$$f(x) = \frac{x^2 + 2x + 1}{x^2 - 1}$$

Zunächst seien die Nullstellen des Nenners bestimmt:

$$x^2 - 1 = 0 \mid +1$$

$$\Leftrightarrow x^2 = 1 \mid \sqrt{}$$

$$\Leftrightarrow x = 1 \lor x = -1$$

Bei 1 und -1 wird also der Nenner Null, und somit ist an diesen Stellen die Funktion nicht definiert. Daher lautet die maximale Definitionsmenge der Funktion:

$$\mathbb{D} = \mathbb{R} \backslash \{-1, 1\}$$

Anmerkung: "\" bedeutet "ohne"

An den Stellen, wo die Funktion nicht definiert ist, ist nun zu klären, ob die Funktion einen Grenzwert besitzt oder ob sie gegen $\pm \infty$ geht. Um den Grenzwert zu bestimmen, kann entweder die Regel von l'Hospital angewendet werden, oder Nenner und Zähler können in Faktoren zerlegt werden. Die Zerlegung in Faktoren ist hierbei die elegantere Methode. Nachfolgend wird diese benutzt. Es sei allerdings angemerkt, dass die Zerlegung nicht immer so einfach ist wie in diesem Fall und daher die Berechnung mit der Regel von l'Hospital häufig einfacher ist. Eine ausführliche Darstellung der Regeln zur Grenzwertbetrachtung findet sich in Kapitel 4.

Sowohl der Zähler als auch der Nenner lassen sich mittels der Binomischen Formel (siehe Anhang) zerlegen:

$$f(x) = \frac{x^2 + 2x + 1}{x^2 - 1} = \frac{(x+1)(x+1)}{(x+1)(x-1)}$$

Für den Grenzwert ergibt sich nun Folgendes:

$$\lim_{x \to -1} \frac{(x+1)(x+1)}{(x+1)(x-1)}$$
$$= \lim_{x \to -1} \frac{(x+1)}{(x-1)}$$

Bei der Grenzwertbetrachtung können Terme gekürzt werden, auch wenn der im Nenner stehende Ausdruck an der Stelle $x = -1$ Null wird, denn bei der Grenzwertbetrachtung werden zwar Werte beliebig nahe an -1 eingesetzt, aber eben nicht -1. Keinesfalls hätte man den Term schon in der Funktion (ohne lim davor) kürzen dürfen, denn dann hätte man eine Funktion produziert, die bei $x = -1$, im Gegensatz zu der gegebenen Funktion, definiert ist.

Es ergibt sich weiter:

$$\lim_{x \to -1} \frac{(x+1)}{(x-1)} = \frac{(-1+1)}{(-1-1)} = \frac{0}{-2} = 0$$

Die Funktion hat also an der Stelle -1 einen Grenzwert von 0, sie ist zwar an der Stelle selber nicht definiert, nähert sich aber von beiden Seiten beliebig nahe an 0 an. Eine derartige Stelle nennt man eine **Definitionslücke** (oder auch kürzer Lücke) der Funktion. Man kann die

Funktion an dieser Stelle durch das Hinzufügen eines Punktes (−1, 0) stetig ergänzen.

Für den Grenzwert gegen 1 ergibt sich:

$$\lim_{x \to 1} \frac{(x+1)(x+1)}{(x+1)(x-1)}$$

$$= \lim_{x \to 1} \frac{(x+1)}{(x-1)}$$

Bei diesem Ausdruck ist an der Stelle $x = 1$ der Nenner Null, aber der Zähler ungleich Null (1+1=2). Somit geht die Funktion gegen + oder $-\infty$. Von Interesse ist nun aber noch, ob die Funktion gegen $+\infty$ oder gegen $-\infty$ geht. Hierbei muss unterschieden werden, ob man den Grenzwert von links ($x < 1$) oder von rechts ($x > 1$) betrachtet:

$$\text{Für } x < 1 \quad \lim_{x \to 1} \frac{(x+1)}{(x-1)} = -\infty$$

Der Zähler geht gegen 2, während der Nenner gegen Null geht, da in diesem Fall aber $x < 1$ gilt, ist der Nenner stets kleiner als 0, so dass der Zähler durch (vom Betrag her) immer kleinere negative Zahlen geteilt wird. Der ganze Ausdruck geht also gegen $-\infty$.

Für $x > 1$ ergibt sich aufgrund entsprechender Überlegungen:

$$\text{Für } x > 1 \quad \lim_{x \to 1} \frac{(x+1)}{(x-1)} = \infty$$

Die Funktion geht also auf der einen Seite von 1 gegen $-\infty$ und auf der anderen gegen $+\infty$. Eine derartige Stelle nennt man einen **Pol mit Vorzeichenwechsel** (oder auch Zeichenwechsel). Wenn die Funktion auf beiden Seiten gegen + oder auf beiden gegen $-\infty$ gehen würde, so läge ein Pol ohne Vorzeichenwechsel vor.

In der nebenstehenden Zeichnung der Funktion lässt sich die Polstelle gut erkennen. Man zeichnet an Polstellen senkrechte Geraden durch den x-Wert des Pols, die man **Asymptote** oder auch **Polgerade** nennt. Eine Asymptote ist eine Grade (oder im allgemeinen auch eine andere Funktion), an die sich die Funktion immer mehr annähert (anschmiegt). Dieses Verhalten der Funktion kann man in der Zeichnung deutlich erkennen.

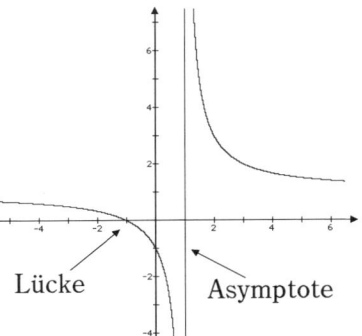

Lücke   Asymptote

Die Lücke der Funktion kann man in einer Zeichnung natürlich schlecht deutlich machen, denn die Lücke bedeutet, dass die Funktion bei -1 nicht, in allen Punkten daneben aber sehr wohl definiert ist und der Verlauf in der Nähe der Lücke sich nicht von einer stetigen Funktion ohne Lücke unterscheidet.

Verhalten für x → ± ∞

In der vorherigen Zeichnung entsteht schon der Eindruck, dass die Funktion sich auch für ± ∞ einer bestimmten Geraden annähert. Dies ist auch in der Tat so. Das Verhalten für x gegen ± ∞ bestimmt man ebenfalls, indem man den Grenzwert der Funktion errechnet. Es ergibt sich:

$$\lim_{x \to -\infty} \frac{(x+1)(x+1)}{(x+1)(x-1)}$$

$$= \lim_{x \to -\infty} \frac{(x+1)}{(x-1)}$$

$$= \lim_{x \to -\infty} \frac{x}{x} \frac{1 + \frac{1}{x}}{1 - \frac{1}{x}} = \lim_{x \to -\infty} \frac{1 + \frac{1}{x}}{1 - \frac{1}{x}}$$

Nach den Grenzwertsätzen gilt nun:

$$\lim_{x \to -\infty} \frac{1 + \frac{1}{x}}{1 - \frac{1}{x}} = \frac{1 + 0}{1 - 0} = 1$$

Der Grenzwert ist also 1. Allerdings ist außer dem Grenzwert auch noch von Interesse, ob die Funktion sich von oben oder von unten an 1 nähert. Da in diesem Fall $-\infty$ für x eingesetzt wird, ist der Zähler immer kleiner als 1 und der Nenner immer größer als 1. Somit ist der gesamte Ausdruck immer kleiner als 1, die Funktion nähert sich also für x gegen $-\infty$ von unten an die Gerade y=1.

Für den Grenzwert gegen $+\infty$ ergibt sich auf dieselbe Weise

$$\lim_{x \to \infty} \frac{(x+1)(x+1)}{(x+1)(x-1)} = \lim_{x \to -\infty} \frac{(x+1)}{(x-1)}$$

$$= \lim_{x \to \infty} \frac{x}{x} \frac{1 + \frac{1}{x}}{1 - \frac{1}{x}} = \lim_{x \to \infty} \frac{1 + \frac{1}{x}}{1 - \frac{1}{x}} = 1$$

Der Term im Zähler ist immer etwas größer als 1 und der im Nenner immer etwas kleiner. Somit ist der ganze Ausdruck immer größer als 1. Die Funktion nähert sich also von oben an die Gerade y=1.

Wenn wie in diesem Fall im Zähler und Nenner die gleiche höchste x-Potenz auftritt, so ergibt sich immer derselbe Grenzwert für x gegen $+$ und $-\infty$. In diesen Fällen kann man also auch gleich den Grenzwert gegen $\pm\infty$ berechnen. Allerdings muss man dann trotzdem jeweils überlegen, ob die Funktion sich dem Grenzwert von oben oder von unten nähert.

Anmerkung: Man hätte bei den Grenzwerten gegen $\pm\infty$ die Zerlegung in Faktoren nicht durchführen müssen. Stattdessen hätte man bei dem Ausdruck

$$\lim_{x \to \pm\infty} \frac{x^2 + 2x + 1}{x^2 - 1}$$

auch die höchste gemeinsame x–Potenz, in diesem Falle x^2, ausklammern können.

Weiterhin hätte auch dieser Grenzwert mit der Regel von l'Hospital berechnet werden können.

Der Grenzwert der Funktion für x gegen $\pm\infty$ ist 1, dies bedeutet, dass die Funktion sich gegen $\pm\infty$ einer waagerechten Geraden mit der Gleichung y=1 nähert. Auch diese Gerade ist eine Asymptote der Funktion.

In der nachfolgenden Zeichnung der Funktion ist auch diese Asymptote eingezeichnet:

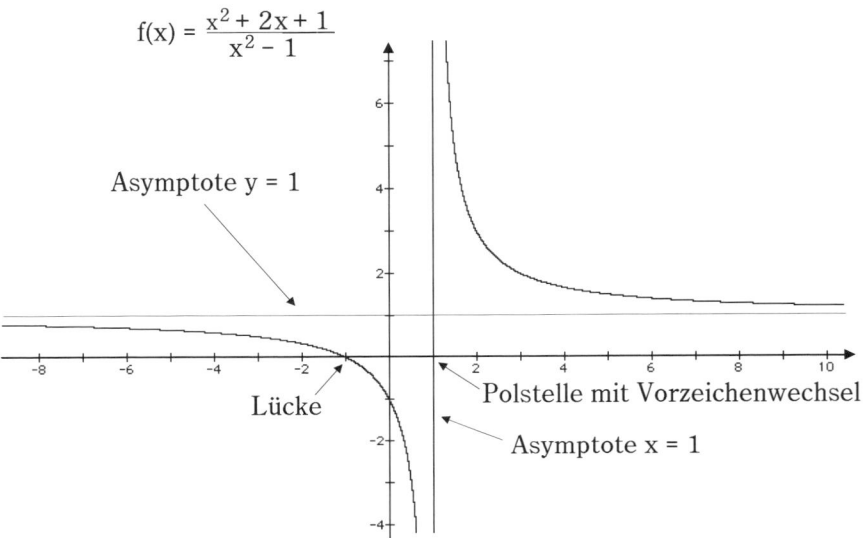

$$f(x) = \frac{x^2 + 2x + 1}{x^2 - 1}$$

Asymptote y = 1

Lücke

Polstelle mit Vorzeichenwechsel

Asymptote x = 1

In der Zeichnung kann man erkennen, dass die Funktion keine Extremwerte und auch keine Wendepunkte besitzt. Allerdings ist hier die Zeichnung schon gegeben, und in der Regel müsste man die Extrem- und Wendepunkte erst bestimmen, um dann die Zeichnung erstellen zu können. Diese Überprüfung wird nachfolgend durchgeführt. Die Funktion lautet:

$$f(x) = \frac{x^2 + 2x + 1}{x^2 - 1} = \frac{(x + 1)(x + 1)}{(x + 1)(x - 1)}$$

Für die weiteren Betrachtungen kann man aber mit der gekürzten Version:

$$f(x) = \frac{(x + 1)}{(x - 1)} \quad \text{für} \quad x \neq -1$$

arbeiten, denn da die Funktion bei −1 nicht definiert ist, kann dort auch keine Nullstelle und auch kein Extrem- oder Wendepunkt sein. Für die **Nullstellen** ergibt sich nun:

$$\frac{(x + 1)}{(x - 1)} = 0$$

Ein Bruch ist Null, wenn der Zähler Null und der Nenner ungleich Null ist. Also:

$$x + 1 = 0 \mid -1$$
$$\Leftrightarrow x = -1$$

Für den Nenner ergibt sich bei x=−1: −1−1 = −2 ≠ 0

Allerdings ist die Ausgangsfunktion an der Stelle x=−1 nicht definiert. Somit kann sie bei −1 auch keine Nullstelle haben. Die Funktion hat also keine Nullstelle.

Extremwerte:

Für die erste Ableitung ergibt sich mittels der Quotientenregel aus der gekürzten Form:

$$f'(x) = \frac{1*(x-1) - (x+1)*1}{(x-1)^2} = \frac{x-1-x-1}{(x-1)^2} = \frac{-2}{(x-1)^2}$$

Der Zähler kann nie Null werden, und somit hat die Funktion keinen Extremwert.

Wendepunkte:

Die zweite Ableitung kann aus dem vorherigen Ausdruck mittels der Quotientenregel ausgerechnet werden. Allerdings lassen sich derartige Quotienten, bei denen im Zähler eine Konstante steht, durch eine Umformung auch einfacher ableiten:

$$f'(x) = \frac{-2}{(x-1)^2} = -2(x-1)^{-2}$$

$$f''(x) = -2*(-2)(x-1)^{-3} * 1$$

Die 1 wurde für die innere Ableitung der Klammer geschrieben; da sich in diesem Fall eine 1 ergibt, hätte man den Term natürlich auch gleich weglassen können.

$$= 4(x-1)^{-3} = \frac{4}{(x-1)^3}$$

Auch bei diesem Ausdruck wird der Zähler nie Null, so dass die Funktion keinen Wendepunkt hat.

Mittels einer Wertetabelle und den Informationen über die Asymptoten, Extremwerte und Wendepunkte kann die Funktion nun gezeichnet werden. Hierzu zeichnet man am besten zuerst die Asymptoten der Funktion in ein Koordinatensystem. Dann werden die Punkte aus der Wertetabelle eingezeichnet. Falls sich Extrem- bzw. Wendepunkte ergeben hätten, so würden diese ebenfalls eingezeichnet werden.

Nachfolgend ist für die untersuchte Funktion zunächst eine Wertetabelle aufgestellt worden, die Punkte der Wertetabelle und die Asymptoten sind in der anschließenden Zeichnung deutlich gemacht worden:

x	y
-4	9/15
-2	1/3
0	-1
1/2	-3
3/2	5
2	3
3	2
5	3/2

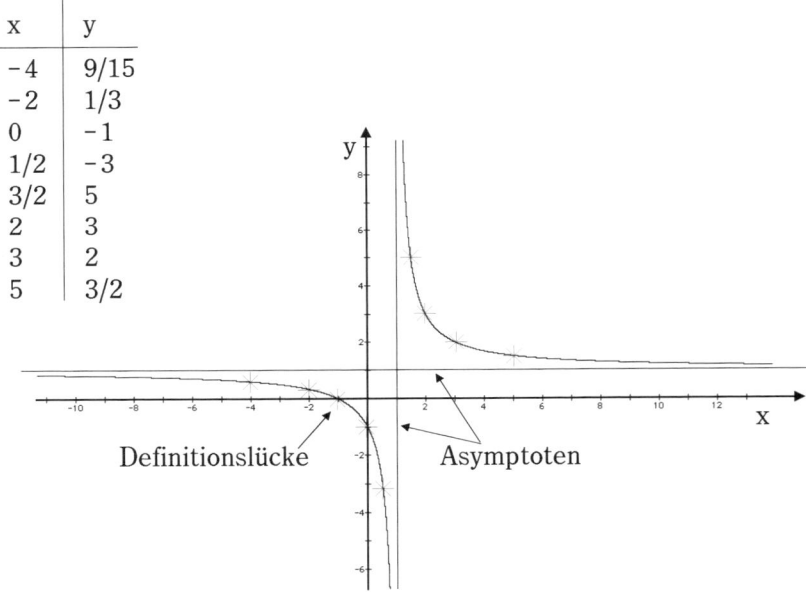

Definitionslücke   Asymptoten

Bei der Zeichnung gilt es zu beachten, dass die Funktion sich immer mehr an die Asymptoten annähert. Hierbei muss man darauf achten, von welcher Seite sich die Funktion an die Asymptote nähert. Dies wurde bei der Grenzwertbetrachtung mit untersucht (für die senkrechte Asymptote: ob die Funktion gegen + oder $-\infty$ geht; für die waagerechte Asymptote: ob die Funktionswerte für + oder $-\infty$ über oder unter der Asymptoten liegen. Allerdings ergibt sich die entsprechende Seite auch aus den eingezeichneten Werten und dem Wissen über die Extremwerte der Funktion. Im positiven Bereich liegen z.B. alle Funktionswerte oberhalb der Asymptote $y = 1$. Im Prinzip wäre es vorstellbar, dass die Funktion bei größeren x-Werten die Asymptote schneidet und sich dann, von unten kommend, an diese anschmiegt. Allerdings würde die Funktion bei dieser "Aktion" einen Tiefpunkt produzieren. Wenn es aber dort einen Tiefpunkt geben würde, so hätte man ihn zuvor bei der Untersuchung auf Extremwerte finden müssen. Somit muss die Funktion sich von oben kommend an die Asymptote nähern. (Dies wurde zuvor auch bei der Betrachtung des Grenzwertes gegen $+\infty$ festgestellt, natürlich reicht eine der beiden Überlegungen aus.)

Natürlich kann eine gebrochenrationale Funktion, anders als in dem dargestellten Fall, auch Hoch-, Tief- oder Wendepunkte haben.

6.10.2 Zusammenfassung der Besonderheiten bei gebrochenrationalen Funktionen

Auf folgende Aspekte ist bei der Kurvendiskussion einer gebrochenrationalen Funktion zusätzlich zu achten:

1   Bei den Nullstellen des Nenners ist die Funktion nicht definiert. Daher müssen diese Stellen aus der Definitionsmenge ausgeschlossen werden.

2   Für die Nullstellen des Nenners ist zu bestimmen, ob es sich lediglich um eine Definitionslücke handelt (es existiert ein Grenzwert) oder ob die Funktion eine Polstelle besitzt (die Funktion geht an dieser Stelle gegen $\pm\infty$. Bei Polstellen ist zusätzlich zu bestimmen, ob die Funktion auf den beiden Seiten jeweils gegen + oder gegen $-\infty$ geht. Hieraus ergibt sich auch, ob es sich um eine Polstelle mit oder ohne Vorzeichenwechsel handelt.

3   Das Verhalten der Funktion gegen $\pm\infty$ muss untersucht werden. Hierfür können, abhängig von der höchsten x–Potenz im Zähler und Nenner, 3 Fälle unterschieden werden.
Allgemein kann eine gebrochenrationale Funktion folgendermaßen geschrieben werden:

$$f(x) = \frac{a_0x^0 + a_1x^1 + \ldots + a_nx^n}{a_0x^0 + a_1x^1 + \ldots + a_mx^m} \qquad\qquad n,\, m \in \mathbb{N}$$

a) Die höchste x–Potenz im Zähler ist kleiner als die höchste x–Potenz im Nenner (n<m). In diesem Fall ergibt sich für den Grenzwert Null. Die Funktion nähert sich somit für x gegen $\pm\infty$ immer mehr an die x–Achse an.

b) Die höchsten x–Potenzen im Zähler und Nenner sind gleich groß (n=m). In diesen Fällen ergibt sich für den Grenzwert:

$$\frac{a_n}{b_m}$$

Die Funktion nähert sich somit der Geraden: $y = \dfrac{a_n}{b_m}$

c) Die höchste x–Potenz im Zähler ist größer als die höchste x–Potenz im Nenner (n>m). In diesem Fall existiert kein Grenzwert. Allerdings hat die Funktion trotzdem eine Asymptote (eine Asymptote muss keine Gerade sein, sondern kann auch eine beliebige Funktion sein, an die sich die Ausgangsfunktion für sehr große bzw. sehr kleine x–Werte nähert). Die Asymptote erhält man aus der Ausgangsfunktion mittels **Polynomdivision.** Dies wird nachfolgend anhand eines Beispiels verdeutlicht.

Es sei folgende Funktion auf Asymptoten für x gegen ± ∞ zu untersuchen:

$$f(x) = \frac{x^3}{x - 2}$$

Nun wird x^3 „so lange" durch $(x - 2)$ geteilt, bis ein Rest übrigbleibt, dessen Grenzwert für x gegen ± ∞ Null ist. Zunächst muss ein Ausdruck gefunden werden, der, mit dem x multipliziert, gerade die höchste x–Potenz des vorderen Ausdrucks (also x^3) ergibt. Dieser Ausdruck ist x^2. Von der ursprünglichen Funktion muss dann das Produkt aus diesem Ausdruck und $(x - 2)$ abgezogen werden, so dass sich $2x^2$ ergibt.

$$
\begin{array}{l}
x^3 \div (x - 2) = x^2 \ldots \\
\underline{-(x^3 - 2x^2)} \\
2x^2
\end{array}
$$

Bezüglich dieses Ausdrucks ($2x^2$) wird dann wieder in derselben Weise fortgefahren:

$$
\begin{array}{l}
x^3 \quad\quad \div (x - 2) = x^2 + 2x + 4 \\
\underline{-(x^3 - 2x^2)} \\
\quad\quad 2x^2 \\
\quad\quad \underline{-(2x^2 - 4x)} \\
\quad\quad\quad 4x \\
\quad\quad\quad \underline{-(4x - 8)} \\
\quad\quad\quad\quad 8
\end{array}
$$

Somit ergibt sich:

$$f(x) = \frac{x^3}{x - 2} = x^2 + 2x + 4 + \frac{8}{x - 2}$$

Der hintere Ausdruck wird nun für x gegen unendlich Null, so dass sich die Funktion an die Funktion $h(x) = x^2 + 2x + 4$ nähert. Diese Funktion ist eine Asymptote der gegebenen Funktion.

4   Ob die Funktion sich von oben oder von unten an die Asymptote nähert, muss weiterhin untersucht werden. Dieses ergibt sich aber auch zwingend aus den Hoch-, Tief- und Wendepunkten.

5   Bei den Ableitungen der gebrochenrationalen Funktion ist natürlich die Quotientenregel zu beachten, und für die Berechnung von Nullstellen (der Funktion oder einer ihrer Ableitungen) sollte man wissen, dass ein Bruch genau dann Null wird, wenn der Zähler Null und der Nenner an der entsprechenden Stelle ungleich Null ist. (An den Stellen, wo der Nenner Null wird, ist der Ausdruck sowieso nicht definiert.)

6.11 Besonderheiten bei streng monotonen Funktionen

Es sei angenommen, es soll die folgende Gewinnfunktion auf Extremwerte untersucht werden:

$$g(x) = \ln(- x^2 + 6x - 4) \qquad 0{,}764 < x < 5{,}236$$

Um die Extremwerte dieser Funktion zu bestimmen, kann man nun natürlich die Funktion ganz normal ableiten. Allerdings kann man sich die Arbeit aufgrund der nachfolgend angeführten Überlegung auch deutlich vereinfachen:

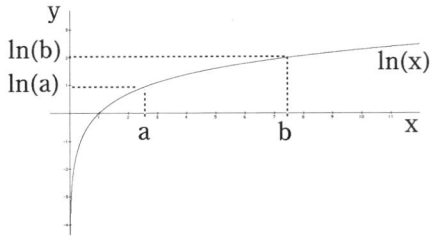

Der Logarithmus ist eine streng monoton steigende Funktion, dies lässt sich auch gut in der nebenstehenden Zeichnung erkennen, die Funktion hat überall eine positive Steigung. Wenn man nun zwei Werte a und b mit a < b in die Logarithmusfunktion einsetzt, gilt für die Werte der Logarithmen $\ln(a) < \ln(b)$. Man spricht in diesem Fall auch von einer **monotonen Transformation**, die Abstände der Werte sind bei den Logarithmen zwar nicht dieselben wie bei den Ausgangswerten, aber die Rangfolge bleibt erhalten. Für die betrachtete Funktion $\ln(- x^2 + 6x - 4)$ lässt sich nun folgern, dass ihr größter Wert dort liegen wird, wo ihr Argument am größten ist. Die Funktion $g(x) = \ln(- x^2 + 6x - 4)$ hat also genau da ihr Maximum, wo die Funktion $g^*(x) = - x^2 + 6x - 4$ ihr Maximum hat. Diese Argumentation gilt natürlich analog auch für die Minima der Funktion.

Zusammenfassend lässt sich also festhalten, dass man zur Bestimmung der Extremwerte einer **streng monoton steigenden** Funktion einfach die Extremwerte ihres Argumentes bestimmen kann. Die Ausgangsfunktion hat an genau den gleichen Stellen Extremwerte wie ihr Argument. Lediglich die Funktionswerte sind verschieden. Nachfolgend sind die Ausgangsfunktion g(x) und die Funktion des Argumentes $g^*(x)$ graphisch dargestellt. Man erkennt, dass beide Funktionen an der gleichen Stelle (bei x=3) ihr Maximum haben.

Um die Extremwerte von g(x) zu bestimmen, wird nachfolgend die Funktion $g^*(x)$ auf Extremstellen untersucht.

$g^*(x) = -x^2 + 6x - 4$

$g^{*\,\prime}(x) = -2x + 6$

$g^{*\,\prime\prime}(x) = -2$

$g^{*\,\prime}(x) = 0$

$\Rightarrow -2x + 6 = 0$

$\Leftrightarrow -2x = -6$

$\Leftrightarrow x = 3$

$g^{*\,\prime\prime}(3) = -2 < 0$

$\Rightarrow$ Hochpunkt bei x = 3

Die Funktion $g^*(x)$ hat also als einzige

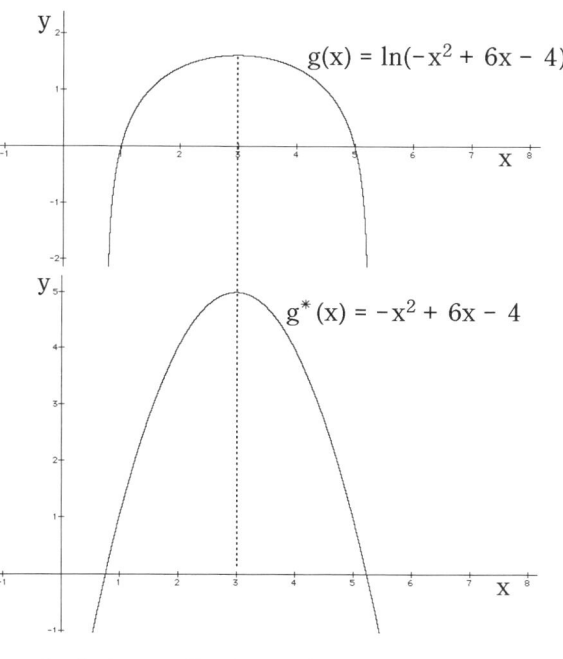

$g(x) = \ln(-x^2 + 6x - 4)$

$g^*(x) = -x^2 + 6x - 4$

Extremstelle einen Hochpunkt bei x=3. Da ln(x) eine streng monotone Funktion ist, hat auch g(x) als einzige Extremstelle einen Hochpunkt bei x=3. Für den Funktionswert von g(x) ergibt sich:

$$g(3) = \ln(-3^2 + 6*3 - 4) = \ln(5) = 1{,}609$$

Die einzige Extremstelle von g(x) ist also das globale Maximum (3; 1,609).

So wie bei dem Beispiel kann man die Untersuchung auf Extremwerte bei jeder streng monoton steigenden Funktion vereinfachen. Z.B. kann man auch bei allen Exponentialfunktionen derart verfahren.

Wenn man eine streng monoton fallende Funktion betrachtet, so wird durch diese Funktion die Rangfolge der Werte gerade umgedreht. Auch bei einer derartigen Funktion reicht es bei einer Untersuchung auf Extremwerte aus, das Argument der Funktion zu betrachten. Allerdings ist hierbei zu beachten, dass dort, wo bei dem Argument ein Maximum vorliegt, die Funktion ein Minimum hat (und andersherum).

6.12   Schema zur Kurvendiskussion

Nachfolgend sind die verschiedenen Schritte bei einer Kurvendiskussion angeführt. Häufig ist bei den Klausuraufgaben angegeben, welche Untersuchungen tatsächlich durchgeführt werden sollen.

1) Der **Definitionsbereich** der Funktion muss bestimmt werden..

2) Wenn die Funktion an bestimmten Stellen nicht definiert ist, so muss überpüft werden, ob an diesen Stellen ein Grenzwert existiert oder ob die Funktion gegen ∞ geht. Entsprechend ergibt sich, ob die Funktion eine **Definitionslücke** oder eine **Polstelle** hat. Typisch für Klausuraufgaben sind hier insbesondere gebrochenrationale Funktionen, auf deren Besonderheiten in Abschnitt 6.10 näher eingegangen wurde.

3) Die Funktion muss auf **Symmetrie–Eigenschaften** untersucht werden.

4) Die **Nullstellen** der Funktion müssen bestimmt werden. Hierzu wird die Funktion mit 0 gleichgesetzt und die entstehende Gleichung ($f(x_n)=0$) nach x_n aufgelöst.

5) Die erste, zweite und dritte Ableitung der Funktion werden berechnet.

6) Die erste Ableitung der Funktion muss gleich Null gesetzt werden (**Nullstellen der ersten Ableitung**). Die dadurch entstandene Gleichung ($f'(x_n)=0$) muss nach x_n aufgelöst werden. (Die angeführte Forderung nennt man auch Bedingung erster Ordnung oder notwendige Bedingung.)

7) An den Stellen, wo die erste Ableitung Null ist, muss untersucht werden, ob es sich um Hoch–, Tief– oder Sattelpunkte handelt. (Diese Forderung nennt man auch Bedingung zweiter Ordnung.) Hierzu gibt es zwei verschiedene Möglichkeiten. Entweder wird die **erste Ableitung auf Vorzeichenwechsel untersucht**, oder es wird die zweite Ableitung gebildet und der gefundene x–Wert **in die zweite Ableitung eingesetzt**. Eine detaillierte Darstellung der beiden Verfahren und der möglichen verschiedenen Fälle findet sich in Abschnitt 6.6.4 (Schema zur Bestimmung von Extremwerten).

Für die meisten Aufgaben reicht die nachfolgende, **verkürzte Darstellung**:

Die x-Werte für die Nullstellen der ersten Ableitung werden in die zweite Ableitung eingesetzt; ergibt sich ein positiver Wert ($f''(x_n)>0$), so liegt ein Tiefpunkt der Funktion vor, ergibt sich ein negativer Wert ($f''(x_n)<0$), so handelt es sich um einen Hochpunkt.

Wenn die zweite Ableitung Null ergibt ($f''(x_n)=0$), so wird die dritte Ableitung der Funktion gebildet und in diese eingesetzt. Ist die dritte Ableitung an dieser Stelle ungleich Null ($f'''(x_n)\neq 0$), so liegt ein Sattelpunkt vor. Sollte die dritte Ableitung auch Null sein, so ergibt sich das weitere Vorgehen entsprechend den Darstellungen in Abschnitt 6.6.4.

8) Für die gefundenen Hoch-, Tief- und Sattelpunkte werden die **Funktionswerte** berechnet.

9) Zur Bestimmung der **Wendepunkte** wird die zweite Ableitung gleich Null gesetzt (**Nullstellen der zweiten Ableitung**). Die entstehende Gleichung ($f''(x_n)=0$) wird nach x_n aufgelöst. Anschließend werden die gefundenen Nullstellen der zweiten Ableitung in die dritte Ableitung eingesetzt. Ist die dritte Ableitung an diesen Stellen ungleich Null ($f'''(x_n)\neq 0$), so handelt es sich um Wendepunkte.

Weitere Details (Links- und Rechtskrümmung, was tun, wenn auch die dritte Ableitung Null ist?) sind in Abschnitt 6.7.3 (Schema zur Bestimmung von Wendepunkten) behandelt.

10) Für die gefundenen Wendepunkte werden die **Funktionswerte** berechnet.

11) Falls die Funktion für x gegen $\pm\infty$ ein asymptotisches Verhalten hat, dies gilt z.B. für gebrochenrationale Funktionen, so müssen die entsprechenden **Asymptoten** bestimmt werden (siehe Abschnitt 6.10).

12) Für den Bereich, in dem die Funktion gezeichnet werden soll, wird eine **Wertetabelle** aufgestellt.

13) Die gefundenen Nullstellen, Hoch-, Tief-, Sattel- und Wendepunkte, und die Punkte aus der Wertetabelle werden in ein Koordinatensystem eingetragen. Wenn die Funktion Asymptoten (an Pol-

stellen oder/und für x gegen $\pm\infty$) hat, so werden diese ebenfalls eingezeichnet.

14) Die Funktion wird, möglichst ohne Knick, gezeichnet. Hierbei muss man insbesondere auf die charakteristischen Punkte achten. Ein Hochpunkt sollte also auch in der Zeichnung einwandfrei als ein Hochpunkt zu identifizieren sein, und in einem Wendepunkt sollte man zumindest erahnen können, dass die Funktion hier ihre Krümmung ändert.

Wenn die Funktion Asymptoten hat, so sollte man in der Zeichnung auch erkennen, dass die Funktion sich an diese immer mehr annähert. Keinesfalls sollte der Eindruck entstehen, dass die Funktion die Asymptote direkt außerhalb des dargestellten Bereiches schneidet.

6.13   Weitere Aufgaben zur Kurvendiskussion

1. Aufgabe

Es sei für folgende Funktion eine Kurvendiskussion durchzuführen:

$$f: x \to x^{-2} * e^x$$

2. Aufgabe

Beliebt in Leistungskursen und bei Abituraufgaben sind Funktionen, die eine Konstante beinhalten. Nachfolgend wird eine Beispielaufgabe hierzu betrachtet:

Zu jedem $t > 0$ ist die Funktion f_t gegeben durch

$$f_t(x) = \ln(x^2 + t); \ x \in \mathbb{R}$$

Ihr Schaubild sei K_t.

Untersuchen Sie K_t auf Symmetrie, gemeinsame Punkte mit der x-Achse, Hoch-, Tief- und Wendepunkte. Zeichnen Sie K_4 für $-3 \leq x \leq 3$.

Für welche Werte von t liegen die Wendepunkte von K_t unterhalb der x-Achse?

Lösungen:

1. Aufgabe

Der Term mit x^{-2} kann auch in den Nenner geschrieben werden:

$$f(x) = x^{-2} * e^x = \frac{e^x}{x^2}$$

Definitionsmenge:

Wenn der Nenner Null wird, so ist die Funktion nicht definiert. Somit ist die Funktion bei x=0 nicht definiert. Alle anderen Werte können eingesetzt werden, denn e^x ist auf ganz $\mathbb{R}$ definiert. Somit gilt:

$$\mathbb{D} = \mathbb{R} \setminus \{0\}$$

Asymptoten:

Die Funktion ist an der Stelle x=0 nicht definiert, so dass der Grenzwert für x gegen 0 betrachtet werden muss:

$$\lim_{x \to 0} \frac{e^x}{x^2}$$

Setzt man für x Null ein, so wird der Zähler 1 und der Nenner Null. Somit existiert kein Grenzwert, und die Funktion geht für x gegen Null gegen unendlich. Nun ist noch zu klären, ob die Funktion gegen + oder $-\infty$ geht. Egal ob man von links oder von rechts an Null herangeht, der Nenner ist wegen des Quadrats immer positiv. Da auch der Zähler positiv ist, geht die Funktion auf beiden Seiten der Null gegen $+\infty$. Es liegt also ein Pol ohne Vorzeichenwechsel vor, und die Funktion hat eine Asymptote bei x=0.

Weiterhin ist das Verhalten der Funktion für x gegen $\pm \infty$ zu untersuchen:

$$\lim_{x \to \infty} \frac{e^x}{x^2}$$

Da Nenner und Zähler für x gegen unendlich auch gegen unendlich gehen, kann die Regel von l'Hospital angewendet werden. Es ergibt sich:

$$\lim_{x \to \infty} \frac{e^x}{x^2} = \lim_{x \to \infty} \frac{e^x}{2x}$$

Zähler und Nenner gehen für x gegen unendlich immer noch beide gegen unendlich, so dass weiter abgeleitet werden kann:

$$\lim_{x \to \infty} \frac{e^x}{2x} = \lim_{x \to \infty} \frac{e^x}{2}$$

Nun geht nur der Zähler gegen unendlich, somit existiert kein Grenzwert und die Funktion geht gegen unendlich.

Für den Grenzwert gegen $-\infty$ folgt:

$$\lim_{x \to -\infty} \frac{e^x}{x^2} = 0$$

Für x gegen $-\infty$ geht e^x gegen 0. Der Nenner geht gegen unendlich, so dass der ganze Ausdruck gegen 0 geht. Da Zähler und Nenner immer positiv sind, nähert sich die Funktion von oben gegen die x-Achse.

Extremwerte:

Zunächst werden die Ableitungen der Funktion gebildet:

$$f'(x) = -2x^{-3}e^x + x^{-2}e^x \qquad \text{(Produktregel)}$$

$$= (-2x^{-3} + x^{-2})e^x$$

$$f''(x) = (6x^{-4} - 2x^{-3})e^x + (-2x^{-3} + x^{-2})e^x$$

$$= (6x^{-4} - 4x^{-3} + x^{-2})e^x$$

Nun wird die erste Ableitung gleich Null gesetzt:

$$(-2x^{-3} + x^{-2})e^x = 0$$

$$\Leftrightarrow (-2x^{-3} + x^{-2}) = 0 \lor e^x = 0 \quad (e^x \text{ wird aber nie Null})$$

$$\Leftrightarrow (-2x^{-3} + x^{-2}) = 0 \mid * x^3$$

$$\Leftrightarrow -2 + x = 0 \Leftrightarrow x = 2$$

An dieser Stelle muss nun die zweite Ableitung überprüft werden:

$$f''(2) = (0.375 - 0.5 + 0.25) * e^2 = 0.125 * e^2 > 0$$

$$\Rightarrow \text{Tiefpunkt bei x=2}$$

Für den y-Wert ergibt sich: $f(2) = 0.25 * e^2 = 1.847$

Die Funktion hat also als einzigen Extremwert den Tiefpunkt (2; 1,847).

Wendepunkte:

Die zweite Ableitung muss bei einem Wendepunkt Null sein:

$$(6x^{-4} - 4x^{-3} + x^{-2})e^x = 0 \mid * x^4$$

$$\Leftrightarrow (6 - 4x + x^2)e^x = 0$$

$$\Leftrightarrow (6 - 4x + x^2) = 0 \lor e^x = 0$$

$$\Leftrightarrow 6 - 4x + x^2 = 0$$

$$\Leftrightarrow x^2 - 4x + 6 = 0$$

Mittels der pq-Formel ergibt sich nun (p=-4, q=6):

$$\Leftrightarrow x = 2 \pm \sqrt{4-6} = 2 \pm \sqrt{-2}$$

Da die Wurzel aus einer negativen Zahl in $\mathbb{R}$ nicht existiert, gibt es in $\mathbb{R}$ für diese Gleichung keine Lösung. Somit hat die Funktion keinen Wendepunkt.

Zeichnung:

Mittels der Asymptoten, des Tiefpunktes und einer Wertetabelle kann die Funktion nun gezeichnet werden. Es ergibt sich folgende Darstellung:

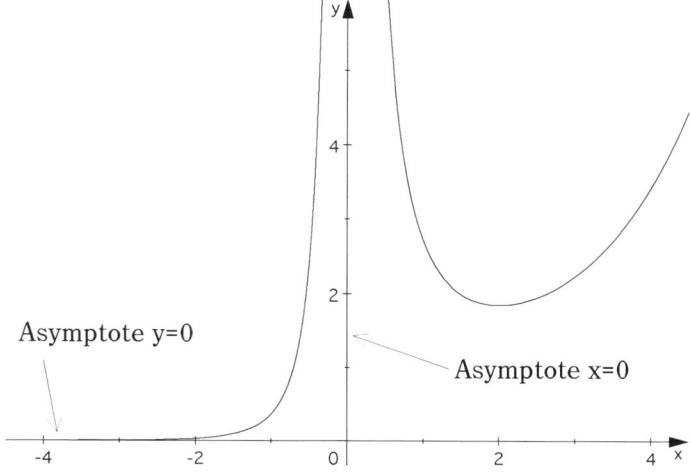

Das Minimum bei x=2 ist deutlich zu erkennen.

2. Aufgabe

Symmetrie:

Da x in der Funktion nur quadratisch vorkommt, ergibt sich für x immer derselbe Funktionswert wie für $-x$, es gilt also $f(x) = f(-x)$. Die Funktion ist symmetrisch zur y-Achse.

Nullstellen von f(x)

Die Nullstellen sind die gemeinsamen Punkte mit der x-Achse. Für diese gilt:

$$\ln(x^2 + t) = 0$$

Den ln "beseitigt" man durch Anwendung der Umkehrfunktion des ln, der e-Funktion, auf die Gleichung. Somit ergibt sich:

$$e^{\ln(x^2 + t)} = e^0$$

$$\Leftrightarrow x^2 + t = e^0$$

$$\Leftrightarrow x^2 + t = 1 \mid -t$$

$$\Leftrightarrow x^2 = 1 - t \mid \sqrt{}$$

$$\Leftrightarrow x = \sqrt{1 - t} \ \vee \ x = -\sqrt{1 - t}$$

Die Wurzel existiert in $\mathbb{R}$ nur, wenn sie von einer positiven Zahl gezogen wird, somit existieren die Nullstellen nur für $0 < t \leq 1$ (wenn t größer als 1 wäre, so ist der Term in der Wurzel negativ, und nach Aufgabenstellung muss t größer als Null sein. Die Funktion hat also für $0 < t \leq 1$ die Nullstellen $N_1 (\sqrt{1 - t} \mid 0)$ und $N_2 (-\sqrt{1 - t} \mid 0)$.

Extremwerte:

Zunächst wird die erste und zweite Ableitung gebildet. Es ergibt sich:

$$f_t{}'(x) = \frac{2x}{x^2 + t}$$

$$f_t{}''(x) = \frac{2(t - x^2)}{(x^2 + t)^2}$$

Notwendige Bedingung für einen Extremwert ist, dass die erste Ableitung Null ist:

$$f_t{}'(x) = 0$$

$\Rightarrow \dfrac{2x}{x^2 + t} = 0$

$\Leftrightarrow 2x = 0 \Leftrightarrow x = 0$ (der Nenner wird nie Null, denn es gilt t > 0)

Für die zweite Ableitung an der Stelle x=0 ergibt sich:

$f_t''(0) = \dfrac{2(t - 0^2)}{(0^2 + t)^2} = \dfrac{2}{t} > 0$, denn es gilt t > 0

Da die zweite Ableitung positiv ist, handelt es sich um einen Tiefpunkt. Für den Funktionswert ergibt sich:

$f_t(0) = \ln(0^2 + t) = \ln(t)$

Somit hat die Funktion als einzigen Extremwert an der Stelle x=0 einen Tiefpunkt T(0|ln(t)).

Wendepunkte:

Notwendige Bedingung für einen Wendepunkt ist, dass die zweite Ableitung Null ist.

$f_t''(x) = 0$

$\Rightarrow \dfrac{2(t - x^2)}{(x^2 + t)^2} = 0$

$\Leftrightarrow 2(t - x^2) = 0 \mid \div 2$

$\Leftrightarrow t - x^2 = 0 \mid + x^2$

$\Leftrightarrow t = x^2$

$\Leftrightarrow x = \sqrt{t} \ \vee \ x = -\sqrt{t}$

An diesen beiden Stellen sind somit mögliche Wendepunkte. Als hinreichende Bedingung kann nun für beide Stellen die dritte Ableitung überprüft werden. (Man könnte sich das Bilden der dritten Ableitung ersparen, wenn man die zweite Ableitung auf Vorzeichenwechsel untersuchen würde).

Für die dritte Ableitung ergibt sich:

$f_t'''(x) = \dfrac{-4x(3x^2 - t)}{(x^2 + t)^3}$

Für die zuvor gefundenen Werte ergibt sich:

$f_t'''(\sqrt{t}) = \dfrac{-4\sqrt{t}\,(3t - t)}{(t + t)^3} \neq 0$ denn t > 0

$$f_t{}'''(-\sqrt{t}) = \frac{4\sqrt{t}\,(3t-t)}{(t+t)^3} \neq 0 \quad \text{denn } t > 0$$

Da die dritte Ableitung jeweils ungleich Null ist, handelt es sich bei beiden Stellen um Wendepunkte. Für die Funktionswerte ergibt sich:

$$f_t(\sqrt{t}) = \ln(\sqrt{t}^2 + t) = \ln(2t)$$

$$f_t(-\sqrt{t}) = \ln(2t)$$

Da die Funktion achsensymmetrisch zur y-Achse ist, musste sich für beide Wendepunkte derselbe Funktionswert ergeben. Die Wendepunkte lauten $W_1(\sqrt{t}\,|\ln(2t))$; $W_2(-\sqrt{t}\,|\ln(2t))$

Damit die Wendepunkte der Funktion unterhalb der x-Achse liegen, muss gelten:

$$\ln(2t) < 0$$

Auf beide Seiten wird die e-Funktion angewendet:

$$\Leftrightarrow 2t < e^0$$

$$\Leftrightarrow 2t < 1 \mid \div 2$$

$$\Leftrightarrow t < 0{,}5$$

Da t außerdem größer als Null sein soll, liegen die Wendepunkte unterhalb der x-Achse, wenn $0 < t < 0{,}5$ ist.

Es ergibt sich folgende Zeichnung für die K_4:

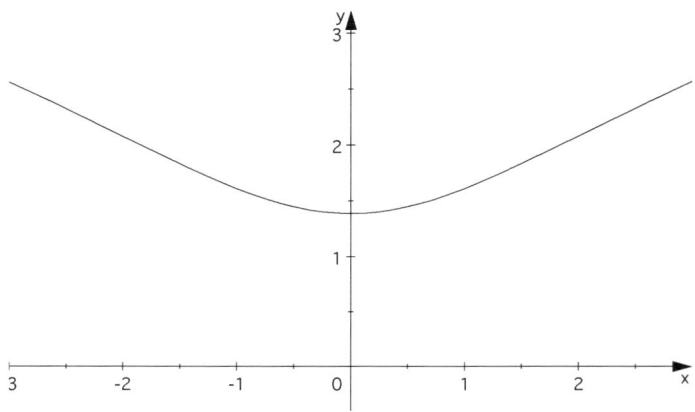

7 Weitere Aufgabentypen zur Differentialrechnung

7.1 Bestimmung von Funktionsgleichungen

7.1.1 Einführung

Wenn man zwei Punkte auf einer Geraden kennt, so kann man aus dieser Information die Geradengleichung ermitteln. Eine Gerade ist also durch zwei Punkte festgelegt. Durch die Angabe von einem Punkt und der Steigung der Geraden kann diese auch festgelegt werden.

Generell können beliebige ganzrationale Funktionen durch die Angabe von Punkten, Steigungen in Punkten etc. bestimmt werden. Man benötigt jeweils eine Information mehr, als der Grad der Funktion beträgt. Nachfolgend werden die Zusammenhänge zunächst an einem Beispiel erläutert.

Es sei folgende Aufgabe gegeben:

Eine Parabel 3. Ordnung hat in P(1|4) eine waagerechte Tangente und in Q(0|2) ihren Wendepunkt.

Allgemein lautet der Funktionsterm einer ganzrationalen Funktion dritten Grades:

$$f(x) = ax^3 + bx^2 + cx + d$$

Insgesamt sind in der Aufgabe 4 Informationen enthalten. Zum einen ist angegeben, dass die Funktion durch die Punkte (1|4) und (0|2) geht. Dies bedeutet, dass die Funktion jeweils den entsprechenden Funktionswert liefern muss:

$$f(1) = 4 \quad \Rightarrow \quad a*1^3 + b*1^2 + c*1 + d = 4 \quad \Leftrightarrow \quad a + b + c + d = 4$$

$$f(0) = 2 \quad \Rightarrow \quad a*0^3 + b*0^2 + c*0 + d = 2 \quad \Leftrightarrow \quad \mathbf{d = 2}$$

Die beiden weiteren Informationen beziehen sich auf eine waagerechte Tangente bei x=1 und einen Wendepunkt bei x=1. Eine waagerechte Tangente bedeutet, dass die erste Ableitung der Funktion an der entsprechenden Stelle Null sein muss, und für einen Wendepunkt muss die zweite Ableitung Null sein. Um diese Zusammenhänge als Bedingungen formulieren zu können, müssen zunächst die Ableitungen für die allgemeine Funktion 3. Grades gebildet werden. Es ergibt sich:

$$f'(x) = 3ax^2 + 2bx + c$$

$$f''(x) = 6ax + 2b$$

Somit ergeben sich folgende Gleichungen:

$$f'(1) = 3a*1^2 + 2b*1 + c = 0 \Leftrightarrow 3a + 2b + c = 0$$

$$f''(0) = 6a*0 + 2b = 0 \Leftrightarrow 2b = 0 \Leftrightarrow \mathbf{b = 0}$$

Insgesamt haben sich 4 Gleichungen ergeben, die nachfolgend noch einmal aufgelistet werden:

$$a + b + c + d = 4$$
$$d = 2$$
$$3a + 2b + c = 0$$
$$b = 0$$

Die 4 Gleichungen bilden ein lineares Gleichungssystem, das nun gelöst werden muss. Die Werte für b und d können zunächst in die anderen beiden Gleichungen eingesetzt werden, so dass sich ergibt:

$$a + c + 2 = 4 \Leftrightarrow a + c = 2$$
$$3a + c = 0$$

Durch Subtraktion der beiden Gleichungen voneinander erhält man nun eine Gleichung, die nur noch a enthält:[1]

$$
\begin{array}{l}
a + c = 2 \\
-(3a + c = 0) \\
\hline
-2a = 2 \mid \div(-2) \\
\end{array}
$$

$$\Leftrightarrow \mathbf{a = -1}$$

Aus einer der beiden vorherigen Gleichungen lässt sich nun c durch Einsetzen für a berechnen. Die erste Gleichung liefert:

$$-1 + c = 2 \mid +1$$
$$\Leftrightarrow \mathbf{c = 3}$$

Die gesuchte Funktion lautet somit:

$$f(x) = -x^3 + 3x + 2$$

1:    Man kann derartige lineare Gleichungssysteme mit dem Additions- (wie in der Aufgabe geschehen), Einsetzungs-, Gleichsetzungsverfahren oder auch dem Gaußalgorithmus lösen. Näheres zu den verschiedenen Verfahren findet sich im Anhang.

7.1.2 Schema zur Bestimmung von Funktionsgleichungen

Nachfolgend werden die einzelnen Schritte zur Erstellung einer Funktionsgleichung schemahaft aufgelistet.

1 Zunächst muss die **allgemeine Formulierung** für die Gleichung aufgestellt werden. Für eine Parabel dritter Ordnung würde man also schreiben: $f(x) = ax^3 + bx^2 + cx + d$. Wenn die Funktion symmetrisch ist, so sollte dies bereits bei der Aufstellung des Funktionsterms berücksichtigt werden. Wenn eine Parabel **achsensymmetrisch** zur y–Achse ist, so enthält die Funktionsgleichung nur gerade Exponenten, ist sie hingegen **punktsymmetrisch** zum Ursprung, so liegen nur ungerade Exponenten vor. Für eine zur y–Achse symmetrische Parabel 4. Gerades ergibt sich beispielsweise folgender Ansatz: $f(x) = ax^4 + bx^2 + c$.

2 Die angegebenen Informationen für die Funktion müssen **in Bedingungen umgesetzt** werden. Damit es eine eindeutige Lösung geben kann, muss man mindestens so viele Bedingungen haben, wie Unbekannte (a, b, c ...) in dem zuvor ermittelten allgemeinen Ansatz vorkommen. Wenn man zunächst nur weniger Bedingungen findet, so sollte man noch mal alle Informationen überprüfen, denn (Klausur–) Aufgaben sind häufig eindeutig lösbar.

[Die Formulierung: "Die Funktion hat in 0 (Ursprung) eine Wendetangente mit der Steigung zwei" liefert z.B. folgende Informationen:
$f(0) = 0$, $f'(0) = 2$ und $f''(0) = 0$ (Wendepunkt)]

3 Die für die Bedingungen notwendigen Ableitungen müssen gebildet werden. Bei der zuvor angegebenen Information würde man z.B. die erste und zweite Ableitung benötigen.

4 Entsprechend den gefundenen Bedingungen wird in die Funktionsvorschrift und die Ableitungen eingesetzt. Auf diese Weise ergibt sich ein lineares Gleichungssystem mit den Variablen a, b, ... Dieses Gleichungssystem muss gelöst werden.

7.1.3 Übungsaufgaben

1) Eine Parabel 3. Ordnung mit der Gleichung $f(x) = ax^3 + bx^2 + cx + d$ berührt in O die x-Achse. Die Tangente in P($-3\,|\,0$) ist parallel zu der Geraden $y = 6x$. Ermitteln Sie die Gleichung der Parabel.

2) Eine Parabel 4. Ordnung hat im Wendepunkt O und für x=6 eine waagerechte Tangente. Sie schneidet die x-Achse ein zweites Mal mit der Steigung -8. Stellen Sie die Gleichung der Parabel auf.

Lösungsvorschläge:

1) Die Bedingungen lauten:

$f(0) = 0$
$f'(0) = 0$ (denn andernfalls würde die Funktion die x-Achse
                  bei x=0 nicht berühren, sondern schneiden)
$f(-3) = 0$
$f'(-3) = 6$ (zwei Geraden sind parallel, wenn sie dieselbe Steigung haben)

Die erste Ableitung lautet:

$f'(x) = 3ax^2 + 2bx + c$

Somit ergibt sich:

$f(0) = a*0^3 + b*0^2 + c*0 + d = 0 \Leftrightarrow d = 0$

$f'(0) = 3a*0^2 + 2b*0 + c = 0 \Leftrightarrow c = 0$

$f(-3) = a*(-3)^3 + b*(-3)^2 + c*(-3) + d = 0$
$\Leftrightarrow -27a + 9b - 3c + d = 0$

$f'(-3) = 3a*(-3)^2 + 2b*(-3) + c = 6$
$\Leftrightarrow 27a - 6b + c = 6$

Die Werte aus den ersten beiden Gleichungen werden nun in die unteren beiden eingesetzt:

$\Leftrightarrow -27a + 9b = 0$
$\Leftrightarrow 27a - 6b = 6$

Addition der Gleichungen ergibt:

$3b = 6 \,|\, \div 3 \Leftrightarrow b = 2$

Durch das Einsetzen des für b gefundenen Wertes in die erste Gleichung ergibt sich:

$$\Rightarrow -27a + 9*2 = 0 \mid -18$$
$$\Leftrightarrow -27a = -18 \mid \div(-27)$$
$$\Leftrightarrow a = \frac{2}{3}$$

Die Funktionsgleichung lautet somit:

$$f(x) = \frac{2}{3}x^3 + 2x^2$$

2) Die allgemeine Funktion lautet:

$$f(x) = ax^4 + bx^3 + cx^2 + dx + e$$

Es ergeben sich folgende Bedingungen:

$$f(0) = 0$$
$$f'(0) = 0$$
$$f''(0) = 0$$
$$f'(6) = 0$$

Die weitere Information, dass die Funktion in einer weiteren Nullstelle die Steigung -8 hat, lässt sich noch nicht direkt verwerten. Zunächst wird die Funktionenschar bestimmt, die die aufgeführten Bedingungen erfüllt. Für die Ableitungen ergibt sich:

$$f'(x) = 4ax^3 + 3bx^2 + 2cx + d$$

$$f''(x) = 12ax^2 + 6bx + 2c$$

Somit muss gelten:

$$f(0) = a*0^4 + b*0^3 + c*0^2 + d*0 + e = 0 \Leftrightarrow e = 0$$
$$f'(0) = 4a*0^3 + 3b*0^2 + 2c*0 + d = 0 \Leftrightarrow d = 0$$
$$f''(0) = 12a*0^2 + 6b*0 + 2c = 0 \Leftrightarrow c = 0$$
$$f'(6) = 4a*6^3 + 3b*6^2 + 2c*6 + d = 0$$

Mit den Ergebnissen der ersten Gleichungen ergibt sich aus der letzten Gleichung:

$$864a + 108b = 0 \mid -864a$$
$$\Leftrightarrow 108b = -864a \mid \div 108$$
$$\Leftrightarrow b = -8a$$

Für die Funktionsgleichung ergibt sich also:

$$f(x) = ax^4 - 8ax^3$$

Für die Nullstellen dieser Funktion gilt:

$$ax^4 - 8ax^3 = 0 \quad \text{(a} \neq 0\text{, sonst wäre es keine Funktion 4.Grades)}$$
$$\Leftrightarrow ax^3(x - 8) = 0$$
$$\Leftrightarrow ax^3 = 0 \vee (x - 8) = 0$$
$$\Leftrightarrow x = 0 \vee x = 8$$

Die weitere Nullstelle liegt also bei x=8. Für die Steigung der Funktion an dieser Stelle ergibt sich:

$$f'(x) = 4ax^3 - 24ax^2$$

Bei x=8 soll die Steigung -8 sein, also $f'(8) = -8$:

$$f'(8) = 4a*8^3 - 24a*8^2 = -8$$
$$\Leftrightarrow 2048a - 1536a = -8$$
$$\Leftrightarrow 512a = -8 \quad |\div 512$$
$$\Leftrightarrow a = -\frac{1}{64}$$

Für b ergibt sich nun aus dem zuvor gefundenen Zusammenhang:

$$b = -8a \; \Rightarrow \; b = -8*(-\frac{1}{64}) = \frac{1}{8}$$

Also lautet die Funktionsgleichung:

$$f(x) = -\frac{1}{64}x^4 + \frac{1}{8}x^3$$

7.2 Extremwerte mit Nebenbedingungen

7.2.1 Einführung

Häufig taucht das Problem auf, dass man sich für die Extremwerte einer Funktion interessiert, aber hierbei bestimmte Nebenbedingungen erfüllt sein müssen. Z.B. wird keine Firma einfach nur das Ziel verfolgen, die Produktionskosten zu minimieren, denn die Produktionskosten sind natürlich minimal, wenn man gar nichts produziert. Die interessante Frage ist, wie man die Produktionskosten unter der Bedingung, dass eine bestimmte Menge produziert wird, minimiert. Derartige Bedingungen nennt man auch **Nebenbedingungen,** und die eigentliche Funktion, für deren Maxima oder Minima man sich interessiert, wird als **Zielfunktion** bezeichnet.

Das Vorgehen bei derartigen Aufgaben wird zunächst anhand eines Beispieles erläutert:

1) *Es soll ein rechteckiger Hühnerhof angelegt werden. Hierzu stehen 40m Zaun zur Verfügung. Bestimmen Sie die maximale Größe des Hühnerhofes.*

Häufig handelt es sich bei den Extremierungaufgaben um derartige geometrische Aufgaben. Zu der Bestimmung der Zielfunktion und der Nebenbedingungen benötigt man hierbei gewisse geometrische Zusammenhänge. Hierbei ist häufig eine Skizze und eine Formelsammlung hilfreich. Bei dieser Aufgabe benötigt man lediglich die Formel für die Fläche und den Umfang eines Rechteckes. Es seien die beiden Seiten des Rechteckes x und y, so ergibt sich für die Fläche: $F = x * y$ und für den Umfang: $U = 2x + 2y$.

Die Zielfunktion ist die Funktion, deren Extrema gesucht sind, also in diesem Fall die Fläche des Rechteckes:

Zielfunktion: $F(x, y) = x * y$

Die Nebenbedingung ergibt sich daraus, dass 40m Zaun zur Verfügung stehen. Sicherlich wird es nicht sinnvoll sein, einen Teil des Zaunes gar nicht zu verwenden, so dass der Umfang des Rechteckes gerade 40m betragen muss.

Es gilt also:

Nebenbedingung (NB): 2x + 2y = 40

Die Nebenbedingung wird nun nach einer Variablen (in diesem Fall sei es y) aufgelöst:

$$2x + 2y = 40 \mid -2x$$

$$\Leftrightarrow 2y = 40 - 2x \mid \div 2$$

$$\Leftrightarrow y = 20 - x$$

Dieser Ausdruck wird nun für y in die Zielfunktion eingesetzt, auf diese Weise entsteht eine Funktion, die nur noch von einer Variablen abhängig ist. Es ergibt sich:

$$F(x) = x * (20 - x)$$

$$\Leftrightarrow F(x) = 20x - x^2$$

In der Regel sind bei diesen Aufgaben nicht alle möglichen Werte aus $\mathbb{R}$ zugelassen. Die Länge einer Seite kann nicht kleiner als 0m sein. Aber die Seiten können auch nicht beliebig lang sein, denn es stehen ja nur 40m Zaun zur Verfügung. Am größten wird x, wenn man für y den kleinstmöglichen Wert von 0m einsetzt. In diesem Fall ergibt sich aus der Nebenbedingung:

$$2x + 2 * 0 = 40 \mid \div 2 \Leftrightarrow x = 20$$

Somit ergibt sich für x folgender zulässiger Bereich:

$$0 \leq x \leq 20$$

Es reicht aus, den zulässigen Bereich für die in der Funktion verbliebene Variable zu bestimmen. (Der zulässige Bereich für die andere Variable ergibt sich aus diesem.)

Die Zielfunktion kann nun, wie in Kapitel 6 beschrieben, auf Extremwerte untersucht werden. Für die Ableitungen ergibt sich:

$$F'(x) = 20 - 2x$$

$$F''(x) = -2$$

Als notwendige Bedingung muss die erste Ableitung Null sein:

$$F'(x) = 0$$

$\Rightarrow$ 20 − 2x = 0 | +2x

$\Leftrightarrow$ 20 = 2x | ÷2

$\Leftrightarrow$ x = 10

Die zweite Ableitung bei x=10 lautet:

$F''(10) = -2 < 0 \Rightarrow$ Hochpunkt bei x = 10

Da die Funktion nur diesen einen Hochpunkt hat, ist dieser auch das absolute Maximum der Funktion, und die Funktionswerte am Rand müssen nicht weiter untersucht werden. Im nächsten Abschnitt wird detaillierter auf mögliche Randextrema und das entsprechende Vorgehen bei diesbezüglichen Untersuchungen eingegangen.

Für die Fläche des Hühnerhofes ergibt sich nun:

$F(10) = 20 * 10 - 10^2 = 100$

Für die zweite Seitenlänge y ergibt sich entsprechend der aufgelösten Nebenbedingung:

$y = 20 - x \Rightarrow y = 20 - 10 = 10$

Die beiden Seiten des Hühnerhofes sind also 10m lang, so dass der maximale Hühnerhof, wie zuvor schon berechnet, ein Quadrat mit der Fläche 100m^2 ist.

Anmerkung: Mit den 40m Zaun hätte man z. B. auch einen Hühnerhof mit den Seitenlängen 5m und 15m bauen können. In diesem Fall hätte man eine Fläche von 5m * 15m = 75m^2 erhalten. Wie man sieht, ist der Wert deutlich niedriger als der maximale Wert von 100m^2.

7.2.2 Schema für Extremwertaufgaben mit Nebenbedingungen

1 Aufstellung der **Zielfunktion** und der **Nebenbedingung**. Bei geometrischen Aufgaben empfiehlt sich eine Skizze und häufig auch eine griffbereite Formelsammlung.

2 Die Nebenbedingung muss **nach einer Variablen aufgelöst** werden. Sinnvollerweise löst man nach der Variablen auf, bezüglich derer die Auflösung einfacher ist. Diese **Variable** wird dann in der Zielfunktion **ersetzt**. Hierdurch erhält man eine Funktion, die nur noch von einer Variablen abhängt.

3 Wenn die Variablen nicht aus ganz $\mathbb{R}$ stammen können, so ist für die in der Funktion verbliebene Variable der **zulässige Bereich** anzugeben. Sehr häufig dürfen die Variablen nicht negativ werden. Die Untergrenze ist dann Null und die Obergrenze für die verbliebene Variable erhält man dann, indem man für die andere Variable 0 in die Nebenbedingung einsetzt und diese auflöst.

4 Die zuvor ermittelte Funktion wird auf **relative Extrema** untersucht. Das Verfahren ist genauso, wie es im Abschnitt zur Extremwertbestimmung (6.6) beschrieben wurde.

5 Wenn die Definitionsmenge, wie häufig bei solchen Aufgaben, nur ein bestimmtes Intervall ist, so kommen als absolute Extremwerte außer den zuvor berechneten relativen Extremwerten auch noch **Randextrema** in Frage. Man muss dann die Funktionswerte an den Rändern berechnen und diese mit den Hoch- bzw. Tiefpunkten vergleichen und den absolut höchsten bzw. niedrigsten heraussuchen. (siehe auch Kapitel 6.6.6)
Wenn sich nur ein einziger Hochpunkt (Tiefpunkt) in dem Intervall befindet und das Maximum (Minimum) der Funktion gesucht wird, so ist der Hochpunkt das Maximum und man braucht keine Randwerte zu überprüfen.

6 Der maximale (minimale) Wert der Funktion und die zugehörigen Werte für die Variablen müssen angegeben werden.

Voraussetzung für das zuvor beschriebene Vorgehen ist, dass die Funktion in dem definierten Bereich stetig und differenzierbar ist. Wenn dies nicht der Fall ist, so muss das Verhalten der Funktion an den entsprechenden Stellen zusätzlich überprüft werden. Z.B. könnte das absolute Maximum an einer Unstetigkeitsstelle liegen. Die bei Extremierungsaufgaben auftretenden Funktionen werden aber in der Regel stetig und differenzierbar sein, häufig sind es ganzrationale Funktionen, die auf ganz $\mathbb{R}$ stetig und differenzierbar sind.

7.2.3 Übungsaufgaben

1) Ein Unternehmen benötigt zwei Vorprodukte (x und y) für seine Produktion. Das Vorprodukt x kostet 1 Geldeinheit und das Vorprodukt y 2 Geldeinheiten. Somit ergibt sich folgende Kostenfunktion:

$$f(x, y) = x + 2y$$

Gesucht sind die minimalen Kosten, mit denen eine Produktionsmenge von 100 gefertigt werden kann. Für die Produktion gilt folgender technischer Zusammenhang (eine derartige Funktion nennt man auch Produktionsfunktion):

$$Q(x, y) = x^2 + y$$

2) Es soll diejenige Blechdose berechnet werden, die bei einem vorgegebenen Inhalt am wenigsten Material zur Herstellung benötigt.

3) Dem Abschnitt der Parabel mit der Gleichung $y = 6 - x^2$, welcher oberhalb der x-Achse liegt, ist ein Rechteck größter Fläche einzubeschreiben.

Lösungen:

1) Die Zielfunktion bei dieser Aufgabe ist die gegebene Kostenfunktion, die minimiert werden soll.

Zielfunktion: $f(x, y) = x + 2y$

Dabei soll die Produktionsmenge 100 betragen, es muss also gelten:

NB: $x^2 + y = 100$

Mittels der Nebenbedingung kann nun eine Variable in der Zielfunktion ersetzt werden, auf diese Weise erhält man eine Funktion, die nur noch von einer Variablen abhängt. Für diese Funktion kann man dann "ganz normal" die Extremwerte bestimmen. Nachfolgend wird die Nebenbedingung zunächst nach y aufgelöst:

$$x^2 + y = 100 \mid -x^2$$

$$\Leftrightarrow \; y = 100 - x^2$$

Das Ergebnis für y wird nun in die Zielfunktion eingesetzt:

$$f(x) = x + 2(100 - x^2)$$

Da y durch einen Ausdruck mittels x ersetzt wurde, hängt die Funktion nur noch von x ab, und man schreibt statt f(x, y) einfach f(x).

$$\Leftrightarrow f(x) = x + 200 - 2x^2$$

Diese Funktion kann nun, wie in Kapitel 6 beschrieben, auf Extremwerte untersucht werden. Zuvor sollte man sich aber noch über den Definitionsbereich Gedanken machen. x und y dürfen beide nicht negativ sein (es gibt keine negative Menge an Vorprodukten). Da außerdem die Nebenbedingung erfüllt sein muss, ergibt sich eine weitere Bedingung für die Variablen. Da in der Funktion y ersetzt wurde und somit nur noch x auftaucht, ist für die weitere Untersuchung die obere Grenze für x von Bedeutung. Die Nebenbedingung lautet:

$$x^2 + y = 100$$

Den größten Wert nimmt x an, wenn y den kleinstmöglichen Wert, also Null, hat. Es ergibt sich:

$$x^2 + 0 = 100 \mid \sqrt{}$$

$$x = 10 \;\; \vee \;\; x = -10$$

Da eine Schranke für x nach oben gesucht wurde, ist nur der Wert von $+10$ von Relevanz. Für x gilt somit:

$$0 \leq x \leq 10$$

Nun wird die Funktion auf Hoch- und Tiefpunkte untersucht. Notwendige Bedingung für ein relatives Extremum einer Funktion ist, dass die erste Ableitung Null ist:

$$f'(x) = 1 - 4x$$

$$f'(x) = 0 \; \Rightarrow \; 1 - 4x = 0 \mid -1$$

⇔ −4x = −1 | ÷(−4)

⇔ x = $\frac{1}{4}$

Dieser Wert liegt innerhalb des zulässigen Bereiches für x. Für die zweite Ableitung ergibt sich:

f''(x) = −4

Bei der Nullstelle der ersten Ableitung ergibt sich somit für die zweite Ableitung:

f''($\frac{1}{4}$) = −4 < 0 ⇒ Hochpunkt bei x = $\frac{1}{4}$

Die Funktion hat unter der gegebenen Nebenbedingung also einen Hochpunkt bei x = $\frac{1}{4}$. Gesucht war aber nach einem (Kosten−) Minimum. Man muss nun die Randwerte überprüfen. Da die Funktion in dem relevanten Bereich (zwischen 0 und 10) überall stetig und differenzierbar ist (ganzrationale Funktionen sind überall stetig und differenzierbar) und sie in diesem Bereich als einzigen Extremwert einen Hochpunkt hat (in diesem Fall hat die Funktion sogar insgesamt nur den einen Hochpunkt als Extremwert), ist das absolute Minimum der Funktion einer der Randwerte, nämlich der mit dem niedrigeren Wert:

f(0) = 0 + 200 − 2∗0² = 200

f(10) = 10 + 200 − 2∗10² = 10

Das absolute Minimum der Funktion ist also ein Randminimum bei x=10, für y ergibt sich in diesem Fall y=0.

Es ist also optimal, die 100 Endprodukte mit 10 Einheiten des Vorproduktes x und 0 Einheiten des Vorproduktes y zu erstellen.

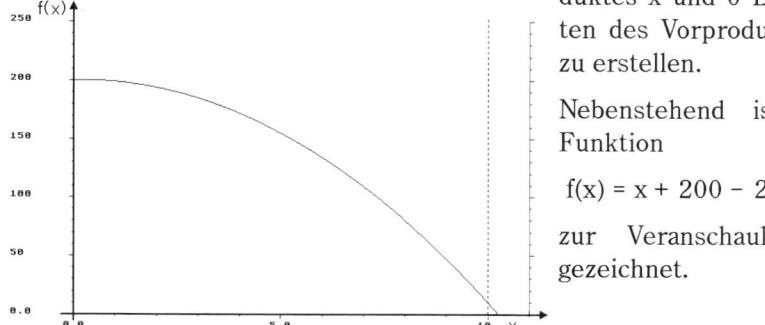

Nebenstehend ist die Funktion

f(x) = x + 200 − 2x²

zur Veranschaulichung gezeichnet.

Anhand der Zeichnung lässt sich deutlich erkennen, dass der niedrigste

Wert der Funktion in dem Intervall von 0 bis 10 am Rand bei x=10 liegt.

2) Der Materialverbrauch bei der Dosenproduktion ist proportional zu der Oberfläche der Dose. Es soll also die Oberfläche der Dose minimiert werden. Eine Dose ist geometrisch gesehen ein Zylinder. Die Oberfläche ergibt sich als Summe aus der Mantel-, Deckel- und Bodenfläche.

Die Deckelfläche entspricht der Grundfläche und beträgt Πr^2 (Kreisfläche). Für die Mantelfläche ergibt sich $2\Pi rh$, wobei $2\Pi r$ der Umfang des Deckel- (oder auch Boden-)Kreises und h die Höhe des Zylinders ist. Somit ergibt sich insgesamt für die Oberfläche des Zylinders:

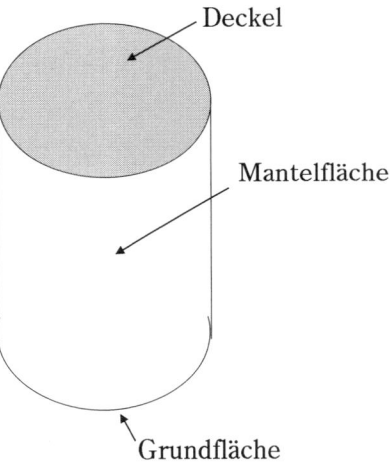

Deckel

Mantelfläche

$$O(r, h) = 2\Pi r^2 + 2\Pi rh$$

Dies ist die Zielfunktion.

Als Nebenbedingung soll das Volumen des Zylinders eine bestimmte vorgegebene Größe haben. Das Vo-

Grundfläche

lumen eines Zylinders ergibt sich als Produkt aus der Grundfläche und der Höhe, also gilt als Nebenbedingung:

$$\text{NB:} \quad V = \Pi r^2 h$$

Wenn man die Nebenbedingung nach h auflöst, erhält man:

$$V = \Pi r^2 h \Leftrightarrow h = \frac{V}{\Pi r^2}$$

Dieser Ausdruck wird nun für h in die Zielfunktion eingesetzt:

$$O(r) = 2\Pi r^2 + 2\Pi r \frac{V}{\Pi r^2}$$

Bei dem hinteren Ausdruck können r und Π gekürzt werden:

$$\Leftrightarrow O(r) = 2\Pi r^2 + 2\frac{V}{r}$$

Für diese Funktion wird nun das Minimum bestimmt:

$$O'(r) = 4\Pi r - 2Vr^{-2}$$

$$O''(r) = 4\Pi + 4Vr^{-3}$$

Nun wird die erste Ableitung gleich Null gesetzt:

$$4\Pi r - 2Vr^{-2} = 0 \mid * r^2 \quad (\text{für } r \neq 0)$$

$$\Leftrightarrow 4\Pi r^3 - 2V = 0 \mid +2V$$

$$\Leftrightarrow 4\Pi r^3 = 2V \mid /4\Pi$$

$$\Leftrightarrow r^3 = \frac{V}{2\Pi} \mid \sqrt[3]{}$$

$$\Leftrightarrow r = \sqrt[3]{\frac{V}{2\Pi}}$$

Die zweite Ableitung muss nun für die gefundenen Nullstelle der ersten Ableitung überprüft werden:

$$O''(\sqrt[3]{\frac{V}{2\Pi}}) = 4\Pi + 4V(\sqrt[3]{\frac{V}{2\Pi}})^{-3}$$

$$= 4\Pi + 4V(\frac{V}{2\Pi})^{-1} = 4\Pi + 4V(\frac{2\Pi}{V}) = 4\Pi + 8\Pi = 12\Pi > 0$$

Somit liegt für $r = \sqrt[3]{\frac{V}{2\Pi}}$ tatsächlich ein Minimum der Oberfläche und damit auch des Materialverbrauches vor.

Für die Höhe des optimalen Zylinders ergibt sich aus der nach h aufgelösten Nebenbedingung durch Einsetzen:

$$h = \frac{V}{\Pi r^2} = \frac{V}{\Pi \left(\sqrt[3]{\frac{V}{2\Pi}}\right)^2} = \frac{V}{\Pi \left(\frac{V}{2\Pi}\right)^{\frac{2}{3}}} = \frac{2^{\frac{2}{3}} V^{\frac{1}{3}}}{\Pi^{\frac{1}{3}}}$$

$$= \sqrt[3]{\frac{4V}{\Pi}}$$

3) Für die Lösung dieser Aufgabe fertigt man sich am besten zunächst eine Skizze der Funktion. Nebenstehend ist eine Zeichnung der Funktion dargestellt. Die dunklere Fläche beschreibt eine Möglichkeit, das Rechteck einzubeschreiben. Die Fläche eines Rechtecks ergibt

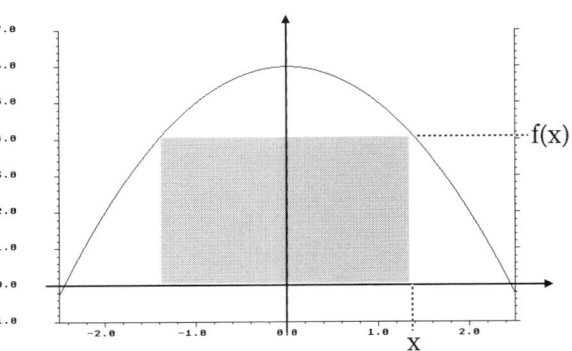

sich als Produkt aus der Breite und Höhe des Rechtecks (A=a∗b). Dieses ist die Zielfunktion. Als Nebenbedingung soll das Rechteck der gegebenen Funktion einbeschrieben sein. Da es das maximale Rechteck sein soll, wird es, wie in der Zeichnung, mit den oberen Ecken gerade die Funktion berühren. Wenn das Rechteck rechts, wie in der Zeichnung angedeutet, bis zu dem Wert x geht, dann hat das Rechteck die Breite 2x und die Höhe f(x). Somit ergibt sich für die Zielfunktion unter der gegebenen Nebenbedingung:

$$A(x) = 2x * f(x) = 2x * (6 - x^2) = 12x - 2x^3$$

x muss hierbei zwischen Null und der rechten Nullstelle der Funktion liegen. Für diese Nullstelle ergibt sich:

$$12x - 2x^3 = 0$$

$$\Leftrightarrow 2x * (6 - x^2) = 0$$

$$\Leftrightarrow x = 0 \lor 6 - x^2 = 0$$

$$\Leftrightarrow x = 0 \lor x = \pm \sqrt{6}$$

Die rechte Nullstelle lautet somit $\sqrt{6}$. Also gilt $0 \leq x \leq \sqrt{6}$

Für die Ableitungen der Funktion folgt:

$$A'(x) = 12 - 6x^2$$

$$A''(x) = -12x$$

Nullsetzen der ersten Ableitung ergibt:

$$12 - 6x^2 = 0 \mid -12$$

$$\Leftrightarrow -6x^2 = -12 \mid /(-6)$$

$$\Leftrightarrow x^2 = 2 \mid \sqrt{}$$

$$\Leftrightarrow x = \pm\sqrt{2}$$

Nur die positive Wurzel liegt zwischen 0 und $\sqrt{6}$. Für die zweite Ableitung ergibt sich an dieser Stelle:

$$A''(\sqrt{2}) = -12\sqrt{2} < 0$$

Da die zweite Ableitung negativ ist, handelt es sich um einen Hochpunkt. Somit ergibt sich für die Breite des einbeschriebenen Rechtecks der Wert $2*\sqrt{2}$. Die Höhe des Rechtecks ergibt sich durch das Einsetzen des x-Wertes ($\sqrt{2}$) in die Funktion:

$$f(\sqrt{2}) = 6 - \sqrt{2}^{\,2} = 4$$

Die Fläche des maximalen Rechtecks lautet:

$$A = 2*\sqrt{2}*4 = 8*\sqrt{2}$$

7.3   Schnittpunkte von Funktionen

Die Schnittpunkte einer Funktion mit der x-Achse erhält man, wenn man die Funktion mit Null gleichsetzt, denn auf der x-Achse ist der y-Wert überall Null. Im Prinzip werden hierbei die Schnittpunkte der betrachteten Funktion mit der Geraden $y = 0$ bestimmt. Die Berechnung wird durchgeführt, indem man die Funktion $f(x)$ mit der Funktion $g(x) = 0$ gleichsetzt. Genauso können auch Schnittpunkte von zwei Funktionen berechnet werden. Dort, wo die Funktionen sich schneiden, haben sie denselben x- und y-Wert. Zur Bestimmung von Schnittpunkten kann man die Funktionen daher gleichsetzen. Nachfolgend wird dies anhand eines Beispiels durchgeführt:

Welche Schnittpunkte haben die beiden folgenden Funktionen?

$$f(x) = x^2 \qquad g(x) = 2 - x$$

Gleichsetzen der Funktionen liefert:

$$x^2 = 2 - x \mid -2 + x$$

$$\Leftrightarrow x^2 + x - 2 = 0$$

Die pq–Formel liefert nun:

$$x = -\frac{1}{2} \pm \sqrt{\frac{1}{4} + 2}$$

$$\Leftrightarrow \quad x = -\frac{1}{2} \pm \sqrt{\frac{9}{4}} = -\frac{1}{2} \pm \frac{3}{2}$$

$$\Leftrightarrow \quad x = 1 \;\vee\; x = -2$$

Die beiden Funktionen schneiden sich also bei x=1 und x = –2. Den y–Wert der Schnittpunkte kann man aus einer der Funktionsgleichungen ermitteln, indem man die gefundenen x–Werte einsetzt:

$$f(1) = 1^2 = 1$$

$$f(-2) = (-2)^2 = 4$$

Die Schnittpunkte lauten somit (1; 1) und (–2; 4).

In der nachfolgenden Zeichnung ist der Zusammenhang verdeutlicht:

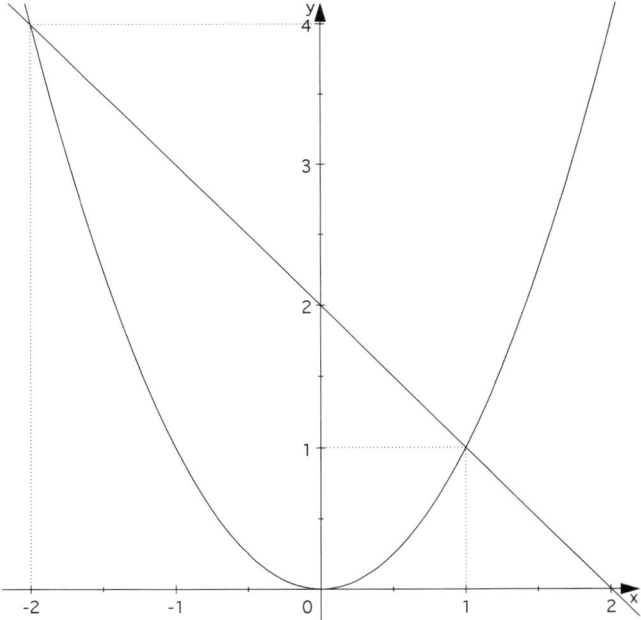

8   Integralrechnung

8.1   Grundlagen

Das Integral einer Funktion berechnet die Fläche zwischen der Funktion und der x-Achse. (Streng genommen gilt dies allerdings nur, wenn die Funktion zwischen den Integrationsgrenzen die x-Achse nicht schneidet. Ansonsten muss das Integral für die Flächenberechnung an den Nullstellen der Funktion aufgeteilt werden. Weitere Aspekte zur konkreten Flächenberechnung mittels Integralen finden sich in Abschnitt 8.4)

Wie schon bei der Differentialrechnung, muss auch hier ein Grenzübergang durchgeführt werden. Die Fläche zwischen Funktion und x-Achse wird durch mehrere Rechtecke, deren Fläche sich leicht berechnen lässt, angenähert. Durch immer mehr und immer kleinere Rechtecke kann die Fläche immer besser angenähert werden. Nachfolgend wird dieses Verfahren in den Grundlagen beschrieben.

In der Abbildung ist die Fläche, die die Funktion zwischen 0 und 1 mit der x-Achse einschließt, durch mehrere Rechtecke angenähert worden.

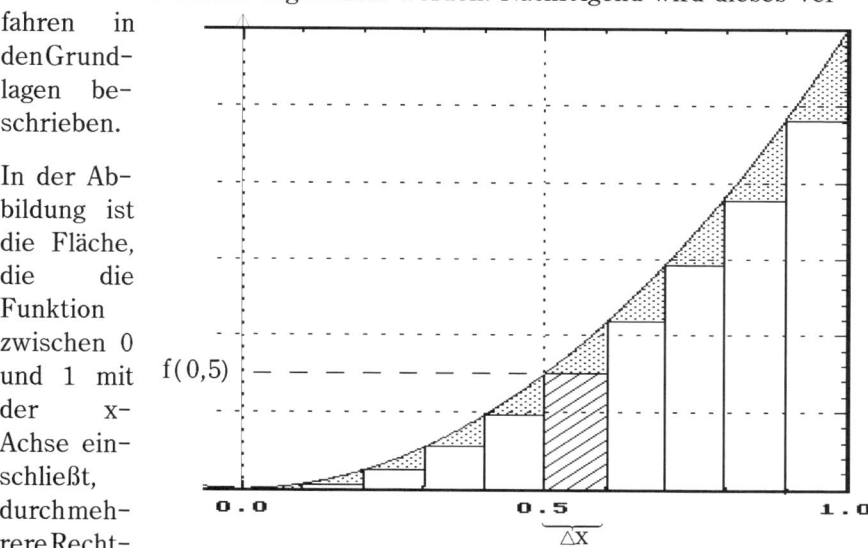

Alle Rechtecke haben die gleiche Breite ($\triangle$x), und ihre Höhe entspricht gerade dem Funktionswert auf ihrer linken Seite. Bei dem schraffierten Rechteck ist der x-Wert auf der linken Seite gerade 0,5, somit ist die Höhe dieses Rechtecks f(0,5). Für die Fläche (A) des Rechtecks ergibt sich somit:

$$A = f(0,5) * \triangle x$$

Für die gesamte Fläche aller Rechtecke folgt:

$$\sum_{i=0}^{9} A_i = \sum_{i=0}^{9} [f(i* \triangle x) * \triangle x]$$

Das Summenzeichen bedeutet, dass für i nacheinander alle natürlichen Zahlen von 0 bis 9 eingesetzt und die sich ergebenden Werte dann addiert werden müssen. Die Summe lautet also ausgeschrieben:

$$\sum_{i=0}^{9} [f(i* \triangle x) * \triangle x] = f(0)* \triangle x + f(1* \triangle x)* \triangle x + ... + f(9* \triangle x)* \triangle x$$

Bei dem ersten Rechteck ist der x−Wert auf der linken Seite Null, so dass sich als Höhe des Rechtecks f(0) ergibt und bei dem letzten f(9 $\triangle$ x). $\triangle$ x ist hierbei gerade 0,1, denn die Strecke von 0 bis 1 wurde in 10 gleichgroße Stücke unterteilt.

Es ist klar, dass in dem betrachteten Fall die Summe aller Rechtecke kleiner als die wirkliche Fläche zwischen Funktion und x−Achse ist, und zwar gerade um die Fläche der gepunkteten Dreiecke. Daher nennt man diese Summe auch **Untersumme**. Wenn man bei den einzelnen Rechtecken jeweils den Funktionswert am rechten Rand angegeben hätte, so würde jedes Rechteck größer als die jeweilige Fläche unter der Funktion sein. Die sich auf diese Weise ergebende Summe nennt man **Obersumme**. Es sei darauf hingewiesen, dass die angeführte Einteilung in Unter− und Obersumme voraussetzt, dass die Funktion in dem betrachteten Bereich, wie in dem angeführten Beispiel, monoton steigend ist.

Wenn man bei den Summen $\triangle$ x immer kleiner wählt, also immer mehr und immer schmalere Rechtecke unter die Funktion zeichnet, so wird die Fläche der Rechtecke immer mehr an die Fläche zwischen Funktion und x−Achse herankommen. Dies ist in der nebenstehenden Abbildung für einen Ausschnitt verdeutlicht.

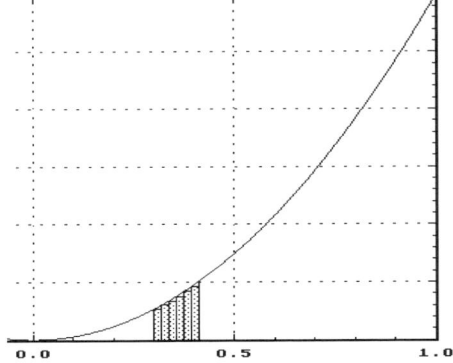

Es lässt sich zeigen, dass sich als Grenzwert für unendlich schmale Rechtecke für die Obersumme und die Untersumme der gleiche Wert ergibt. Da die eine Summe immer etwas kleiner und die andere immer etwas größer als die richtige Fläche ist, muss der Grenzwert der tatsächlichen Fläche zwischen Funktion und x-Achse entsprechen.

Bei unendlich schmalen Rechtecken werden die △x natürlich unendlich klein. Für derartige unendlich kleine Abschnitte wurde bereits bei der Differentialrechnung der Ausdruck dx eingeführt. Nun ergeben sich aber unendlich viele Rechtecke, die addiert werden müssen. Diese Addition kann nicht mehr durch ein Summenzeichen ausgedrückt werden (genau genommen liegt dies daran, dass $\mathbb{R}$ überabzählbar ist. Bei einer abzählbaren unendlichen Menge könnte man eine Summe von 0 bis ∞ laufen lassen). Es muss ein neues Zeichen definiert werden. Dieses ist das Integral, welches folgendermaßen aussieht: $\int$

Mittels des Integrals ergibt sich nun für den genauen Wert der betrachteten Fläche:

$$\int_0^1 f(x) * dx$$

f(x)* dx ist quasi die Fläche der jeweiligen unendlich schmalen Rechtecke. $\int_0^1$ bedeutet von der Idee her, "dass jeder Wert zwischen Null und 1 in den nachfolgenden Ausdruck für x eingesetzt und diese Ausdrücke dann alle addiert werden müssen."

Durch das Integral ist es also möglich, einen Ausdruck für die genaue Fläche zwischen der Funktion und der x-Achse anzugeben. Der eigentliche Wert dieses Ausdrucks liegt darin, dass es für viele Funktionen ein Verfahren gibt, um ihn zu berechnen.

8.2   Berechnung von Integralen

Zuvor wurde zwar angeführt, wie man mit Hilfe des Integrals die Fläche unter einer Funktion beschreiben kann, aber es wurde noch nicht auf die Möglichkeiten zur Berechnung des Integrals eingegangen. Hierzu muss an sich für die jeweils gegebene Funktion der Grenzwert für die Untersumme (oder auch Obersumme) für eine unendlich kleine Aufteilung berechnet werden. Für einige Funktionen, z. B. Geraden und Parabeln zweiter Ordnung, wird dies häufig im Matheunterricht durchgeführt. Allerdings ist die Berechnung auch für diese recht einfachen Funktionen schon etwas aufwendig. Daher wird nachfolgend auf die Berechnung, die in der Regel auch nicht klausurrelevant ist, verzichtet.

Es ergibt sich für Integrale, dass sie mittels der Stammfunktion berechnet werden. Die **Stammfunktion** ist die Funktion, die abgeleitet die ursprüngliche Funktion ergibt. Somit stellt die Integration quasi die Umkehrung der Ableitung dar. Daher wird das Integrieren bisweilen auch als "**Aufleiten**" bezeichnet.

> Man bezeichnet die Stammfunktion mit großen Buchstaben. Zu f(x) nennt man also die Stammfunktion F(x), und es gilt **F'(x)=f(x)**. Dieser Zusammenhang wird auch als **Hauptsatz der Differential- und Integralrechnung** bezeichnet.

Zunächst muss zwischen einem bestimmten Integral und einem unbestimmten Integral unterschieden werden. Ein **unbestimmtes Integral** ist ein Integral ohne Integrationsgrenzen. Hierbei muss die Stammfunktion berechnet werden. In dem Beispiel des letzten Kapitels waren Integralgrenzen gegeben, daher handelte es sich um ein **bestimmtes Integral**. Auch bei der Berechnung eines bestimmten Integrals muss zunächst die Stammfunktion bestimmt werden. Anschließend müssen dann aber noch die Integrationsgrenzen eingesetzt werden. Nachfolgend wird dies an Beispielen verdeutlicht.

$$\int x^2 dx$$

Da hier keine Integrationsgrenzen gegeben sind, handelt es sich um ein unbestimmtes Integral. Also muss die Stammfunktion von f(x) = x^2 bestimmt werden. Welche Funktion ergibt abgeleitet x^2?

Da bei derartigen Funktionen beim Ableiten der Exponent um 1 erniedrigt wird, wäre die erste Idee, es mit x^3 als Stammfunktion zu probieren. Als Ableitung von x^3 ergibt sich aber $3x^2$. Die 3 muss noch eliminiert werden. Dieses geschieht durch Multiplikation mit $\frac{1}{3}$.

Mit $F(x) = \frac{1}{3}x^3$ ist somit eine Stammfunktion von $f(x) = x^2$ gefunden. Allerdings ist dies noch nicht die einzige Stammfunktion. Denn auch $F(x) = \frac{1}{3}x^3 + 4$ ist eine Stammfunktion von $f(x) = x^2$, die 4 fällt ja beim Ableiten weg. Dieses gilt für jede Konstante, so dass alle Stammfunktionen von x^2 durch $F(x) = \frac{1}{3}x^3 + c$ mit $c \in \mathbb{R}$ gegeben sind. Es gilt also:

$$\int x^2 dx = \frac{1}{3}*x^3 + c$$

Genauso wie zuvor können nun auch andere Integrale gelöst werden. Stets muss die Funktion gesucht werden, deren Ableitung der Term im Integral ist. Bevor im Abschnitt 8.5 näher auf die Integrationsmethoden für verschiedene Funktionen eingegangen wird, soll im nachfolgenden Abschnitt zunächst gezeigt werden, wie man Integrale mit Grenzen berechnet.

8.3 Bestimmtes Integral

Es sei nun angenommen, dass Grenzen gegeben sind. Somit ergibt sich wieder der ursprüngliche Fall der Flächenberechnung. Anhand des nachfolgenden Beispiels wird das Vorgehen für die Berechnung von derartigen **bestimmten** Integralen erläutert.

$$\int_1^2 x^2 dx$$

Auch hier muss zunächst die Stammfunktion berechnet werden. Diese wird in eckigen Klammern geschrieben, wobei die Integrationsgrenzen hinter die Klammer geschrieben werden. Statt die Stammfunktion in eckige Klammern zu schreiben, ist es alternativ auch gebräuchlich, hinter die Stammfunktion einen senkrechten Strich zu zeichnen und die Grenzen an diesen Strich zu schreiben.

Es ergibt sich:

$$\int_1^2 x^2 dx = \left[\frac{1}{3}x^3 \right]_1^2 \quad \text{bzw.} \quad = \frac{1}{3}x^3 \Big|_1^2$$

Hier taucht keine Konstante auf, denn durch die Vorgabe der Grenzen ist ein eindeutiger Wert für das Integral definiert.

Wenn die Grenzen einzeln in die Stammfunktion eingesetzt werden, so ergibt sich die Fläche zwischen Null und dem eingesetzten Wert. Wenn 1 in die Stammfunktion eingesetzt wird, so ergibt sich also die in der nachfolgenden Zeichnung dunkel dargestellte Fläche. Wenn 2 in die Stammfunktion einge-setzt wird, ergibt sich die ganze Fläche von 0 bis 2, also die dunkle und die helle Flä-che. Es soll aber nur das Integral von 1 bis 2 be-rechnet werden, dieses ist nur die helle Fläche.

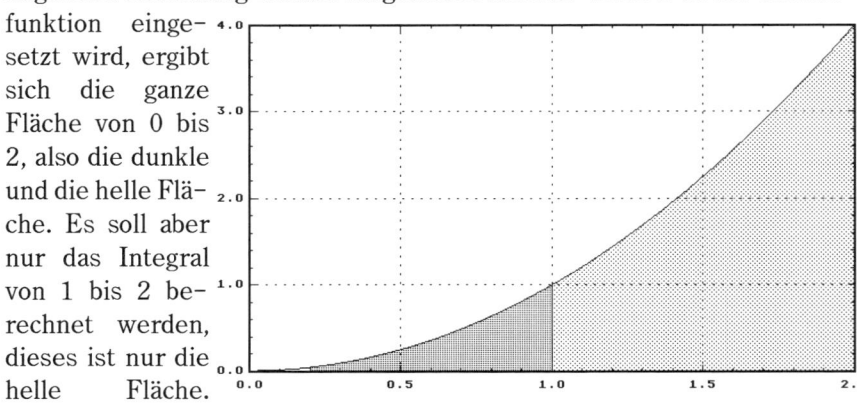

Diese ergibt sich als Differenz aus der ganzen Fläche und der dunklen

Fläche. Somit ergibt sich das Integral von 1 bis 2 also, indem 2 und 1 in die Stammfunktion eingesetzt werden und der zweite Term von dem ersten abgezogen wird.

Für x muss also die obere und die untere Grenze eingesetzt werden. Der Ausdruck mit der unteren Grenze wird von dem mit der oberen Grenze abgezogen:

$$\left[\frac{1}{3}x^3\right]_1^2 = \frac{1}{3}2^3 - \frac{1}{3}1^3 = \frac{8}{3} - \frac{1}{3} = \frac{7}{3}$$

Aus dem zuvor Dargelegten lässt sich eine weitere Regel für Integrale folgern. Angenommen, die beiden folgenden Integrale sollen addiert werden:

$$\int_0^1 x^2 dx + \int_1^2 x^2 dx$$

Das erste Integral ist die dunkle Fläche in der vorherigen Zeichnung und das zweite die hellere Fläche. Werden diese beiden Flächen addiert, so ergibt sich natürlich die gesamte gekennzeichnete Fläche. Es gilt also:

$$\int_0^1 x^2 dx + \int_1^2 x^2 dx = \int_0^2 x^2 dx$$

Allgemein formuliert gilt:

$$\int_a^b f(x)dx + \int_b^c f(x)dx = \int_a^c f(x)dx$$

Im allgemeinen muss die untere Integrationsgrenze nicht links von der oberen liegen. Wenn die Integrationsgrenzen vertauscht werden, so ändert sich hierdurch das Vorzeichen des Integrals. Es gilt also folgende Regel:

$$\int_a^b f(x)dx = -\int_b^a f(x)dx$$

Wie man hier schon deutlich sehen kann, ist es durchaus möglich, dass sich für ein Integral ein negativer Wert ergibt. Die sich hieraus ergebenden Konsequenzen für die Flächenberechnung mittels Integralen werden nachfolgend behandelt.

8.4   Flächenberechnung

Zuvor war bereits das Integral $\int_{1}^{2} x^2 dx$ berechnet worden.

Dieses Integral entspricht gerade der hell schraffier-ten Fläche in der neben-stehend nochmals abgebil-deten Graphik. Für die Fläche ergab sich ein Wert von $\frac{7}{3}$.

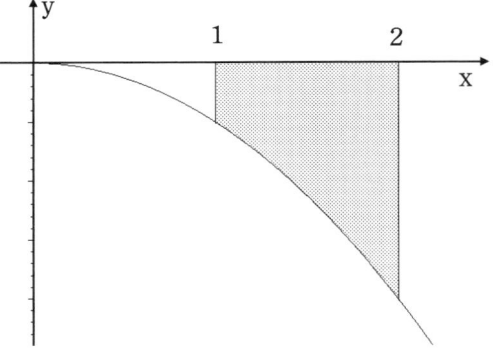

Für das Integral der nega-tiven Funktion ergibt sich:

$$\int_{1}^{2} -x^2 dx = \left[-\frac{1}{3} * x^3 \right]_{1}^{2} = -(\frac{1}{3} * 2^3 - \frac{1}{3} * 1^3) = -\frac{8}{3} + \frac{1}{3} = -\frac{7}{3}$$

Nachfolgend ist die entsprechende Funktion und die zwischen ihr und der x-Achse eingeschlos-sene Fläche dargestellt. Natürlich ist der Wert die-ser Fläche nicht negativ. Das Integral ist aber den-noch negativ, somit kann man das Integral nicht di-rekt mit der Fläche zwi-schen der Funktion und der x-Achse identifizie-ren.

In dem betrachteten Beispiel würde es ausreichen, einfach den positiven Wert des Integrals zu nehmen, um die Fläche zu erhalten. Allerdings reicht dies allein nicht in jedem Fall aus, wie folgendes Beispiel zeigt:

$$\int_{0}^{2} (x-1)^3 dx = \left[\frac{1}{4} * (x-1)^4 \right]_{0}^{2} = \frac{1}{4} - \frac{1}{4} = 0$$

Die Fläche, die diese Funktion mit der x-Achse einschließt, ist sicherlich nicht Null. Warum ergibt sich für das Integral dann ein Wert von Null? Am besten betrachtet man die nachfolgende Zeichnung der Funktion um diesen Zusammenhang zu verstehen. Die Flächen über und unter der x-

Achse sind gleichgroß. Für die linke Fläche liefert das Integral einen negativen und für die rechte Hälfte einen positiven Wert, so dass sich insgesamt ein Wert von Null ergibt.

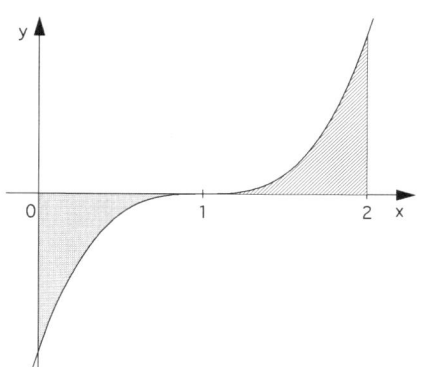

Um tatsächlich die mit der x-Achse eingeschlossene Fläche zu berechnen, muss folgendes Integral berechnet werden:

$$\int\limits_0^2 |(x-1)^3| \, dx$$

Bei diesem Integral wird jeweils der Betrag der in dem Integral stehenden Funktion bestimmt. Nebenstehend ist die Funktion gezeichnet. Der Betrag „klappt" quasi den Bereich, in dem die Funktion unterhalb der x-Achse verläuft, nach oben.

Um dieses Integral zu berechnen muss man zunächst die **Nullstellen** der Funktion in dem betrachteten Integrationsbereich bestimmen. Die Integration wird dann immer nur in Abschnitten bis zur nächsten Nullstelle durchgeführt. In diesen Abschnitten ist die Funktion immer positiv oder immer negativ, der Betrag kann für diese Abschnitte daher aus dem Integral herausgezogen werden. Es wird dann jeweils der positive Wert der Flächen addiert.

Für die Nullstellen ergibt sich:

$$(x-1)^3 = 0 \Leftrightarrow x-1 = 0 \Leftrightarrow x = 1$$

Für die Flächenberechnung muss das Integral also an der Stelle x=1 unterteilt werden. Es ergibt sich:

$$\int\limits_0^2 |(x-1)^3| \, dx = \int\limits_0^1 |(x-1)^3| \, dx + \int\limits_1^2 |(x-1)^3| \, dx$$

$$= \left| \int\limits_0^1 (x-1)^3 \, dx \right| + \left| \int\limits_1^2 (x-1)^3 \, dx \right|$$

$$= \left| \left[\tfrac{1}{4}(x - 1)^4 \right]_0^1 \right| + \left| \left[\tfrac{1}{4}(x - 1)^4 \right]_1^2 \right| = \left| -\tfrac{1}{4} \right| + \left| \tfrac{1}{4} \right| = \tfrac{1}{2}$$

8.5 Bestimmung von einfachen Integralen

8.5.1 Einfache Stammfunktionen

Es waren schon Überlegungen zur Integration von Potenzen von x dargelegt worden. Dies wird nachfolgend noch einmal an einem Beispiel durchgeführt. Es sei $f(x) = x^3$, bei derartigen Funktionen wird beim Differenzieren der Exponent um 1 erniedrigt, daher muss der Exponent der Stammfunktion um 1 größer sein als der Exponent der Ursprungsfunktion. Für $F(x)=x^4$ ergibt sich als Ableitung $f(x)=4*x^3$. Gesucht war aber eine Stammfunktion zu $f(x)=x^3$, daher muss die 4 noch eliminiert werden, dies geschieht, indem der Ausdruck mit $\tfrac{1}{4}$ multipliziert wird, insgesamt ergibt sich also:

$$F(x) = \tfrac{1}{4} x^4 + c$$

Entsprechend ergibt sich, allgemein formuliert, als Stammfunktion zu

$$f(x) = x^b \quad F(x) = \tfrac{1}{b+1} x^{b+1} + c$$

Lediglich für $b = -1$ gilt diese Regel nicht. Aber auch für diesen Fall ist die Stammfunktion bereits bekannt. Für $b = -1$ lautet die Funktion:

$$f(x) = x^{-1} = \tfrac{1}{x}$$

$\tfrac{1}{x}$ ist aber die Ableitung von $\ln(x)$. Somit ergibt sich als Stammfunktion von $f(x) = \tfrac{1}{x}$:

$$F(x) = \ln(x) + c$$

Häufig wird diese Stammfunktion in der zuvor dargestellten Form angegeben. Allerdings ist dies streng genommen nur dann richtig, wenn man nur positive x-Werte betrachtet, denn für negative Werte ist der $\ln(x)$ nicht definiert. Da $\tfrac{1}{x}$ aber eine punktsymmetrische Funktion ist, ergibt

sich für einen positiven x-
Wert dieselbe Steigung wie
für denselben Wert mit ne-
gativem Vorzeichen. Dies
ist in der nebenstehenden
Graphik für die Funktion
$f(x) = \frac{1}{x}$ verdeutlicht worden.
Da beim Integrieren gerade
die Funktion gesucht wird,
deren Ableitung (bzw. deren
Steigung) der gegebenen
Funktion entspricht, muss

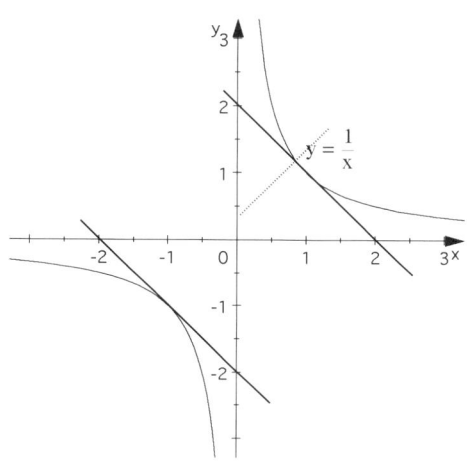

sich also als Stammfunktion zu $\frac{1}{x}$ eine Funktion ergeben, die achsensymmetrisch zur y-Achse ist. Dieses erreicht man, indem man statt ln(x)
den ln von dem Betrag von x bildet. Es ergibt sich also als Stammfunktion:

$$F(x) = \ln|x| + c$$

Die senkrechten Striche um das x sind **Betragsstriche**. Betragsstriche
machen den Wert, der zwischen ihnen steht, immer positiv. Wenn x hier
positiv ist, passiert also gar nichts, ist x dagegen negativ, so ändert sich
das Vorzeichen aufgrund der Betragsstriche.

Häufiger wird aber trotzdem als Stammfunktion von $\frac{1}{x}$ einfach ln(x) geschrieben, in diesen Fällen wird also nur die Stammfunktion für $x \in \mathbb{R}_+$
angegeben.

Mittels der zuvor angeführten Formel können auch Wurzeln und negative x-Potenzen integriert werden. Hier gelten dieselben Zusammenhänge, wie sie schon beim Ableiten beschrieben wurden. So kann also
eine Wurzel folgendermaßen integriert werden:

$$f(x) = \sqrt{x} = x^{\frac{1}{2}}$$

Die Wurzel wurde in eine Potenz umgeschrieben. Nun kann die zuvor gefundene Regel ($f(x) = x^b \Rightarrow F(x) = \frac{1}{b+1} * x^{b+1} + c$) verwendet werden:

$$F(x) = \frac{1}{\frac{1}{2}+1}\, x^{\frac{1}{2}+1} + c = \frac{1}{\frac{3}{2}}\, x^{\frac{3}{2}} + c = \frac{2}{3}x^{\frac{3}{2}} + c$$

Wenn man durch einen Bruch teilt, so muss man mit dem Kehrwert multiplizieren, so dass sich der zuletzt angeführte Ausdruck ergibt. Natürlich kann man statt der angeführten Umformungen auch gleich den Kehrwert vor den x-Term schreiben. Man kann die gefundene Lösung auch wieder als Wurzel schreiben:

$$\frac{2}{3}x^{\frac{3}{2}} + c = \frac{2}{3}\sqrt{x^3} + c$$

Für das Integral über $\frac{1}{x^4}$ ergibt sich:

$$\int \frac{1}{x^4}\, dx = \int x^{-4} dx$$

Auch hier wurde der Bruch wie schon beim Ableiten derartiger Funktionen als Potenz geschrieben. Nun ergibt sich weiter:

$$\int x^{-4} dx = \frac{1}{-4+1}\, x^{-4+1} + c = -\frac{1}{3}\, x^{-3} + c = -\frac{1}{3x^3} + c$$

Die Stammfunktion von e^x ist natürlich $e^x + c$. Denn die Ableitung von $e^x + c$ ist e^x.

Die Trigonometrischen Funktionen $\sin(x)$ und $\cos(x)$ sind auch recht einfach zu integrieren. Es gilt für die Ableitungen:

$$f(x) = \sin(x) \qquad f'(x) = \cos(x)$$
$$f(x) = \cos(x) \qquad f'(x) = -\sin(x)$$

Mit diesem Wissen lassen sich die Stammfunktionen von sin und cos ermitteln:

$$f(x) = \sin(x) \qquad F(x) = -\cos(x) + c$$
$$f(x) = \cos(x) \qquad F(x) = \sin(x) + c$$

8.5.2 Integrale von Funktionen, die addiert oder mit Konstanten multipliziert werden

Für diese beiden Fälle ergibt sich für das Integrieren eine sehr einfache Regel, die sofort aus den Ableitungsregeln folgt. Wenn die **Summe oder die Differenz** zweier Funktionen abgeleitet wird, so können die Funktionen einzeln abgeleitet werden:

$$(F(x) + G(x))' = F'(x) + G'(x) = f(x) + g(x)$$

Diese Gleichung kann nun einfach auf beiden Seiten integriert werden.

$$\int (F(x) + G(x))' dx = \int (f(x) + g(x)) dx$$

Integration und Differenziation heben sich gegenseitig auf, so dass die linke Seite der Gleichung umgeformt werden kann:

$$F(x) + G(x) = \int (f(x) + g(x)) dx$$

oder anders geschrieben:

$$\int (f(x) + g(x)) dx = \int (f(x)) dx + \int (g(x)) dx$$

Viele **Brüche** können mit Hilfe dieser Regel integriert werden, indem man sie in einzelne Summanden aufspaltet. An folgendem Beispiel wird dies verdeutlicht:

$$\int \frac{x^3 + 2x - 3}{x^2} dx = \int (\frac{x^3}{x^2} + \frac{2x}{x^2} - \frac{3}{x^2}) dx = \int (x + \frac{2}{x} - \frac{3}{x^2}) dx$$

$$= \int x \, dx + \int \frac{2}{x} dx - \int 3x^{-2} dx = \frac{1}{2}x^2 + 2\ln(x) + 3x^{-1} + c$$

Wenn eine Funktion mit einem **Faktor multipliziert** wird, bleibt dieser Faktor beim Ableiten einfach stehen. Dementsprechend bleiben Faktoren auch beim Integrieren erhalten. Es sei z.B. $f(x) = 9x^3$ zu integrieren. Die Stammfunktion zu x^3 ist $\frac{1}{4}x^4$. Die 9 muss nun als Faktor noch zu der Stammfunktion dazugefügt werden, so dass sich als Stammfunktion

$$F(x) = \frac{9}{4}x^4 + c \text{ ergibt.}$$

Allgemein gilt für Faktoren:

$$\int a \, f(x) \, dx = a \int f(x) \, dx = a * F(x) + c$$

(Man hätte auch $a * F(x) + ac$ schreiben können. Da c eine beliebige Konstante ist, sind die Ausdrücke äquivalent.)

8.5.3 Einfache verkettete Funktionen

Unter dieser Überschrift sollen Funktionen verstanden werden, **deren innere Ableitung eine Konstante** ist. In diesen Fällen muss bei der Integration die "Stammfunktion" der äußeren Funktion gebildet und zusätzlich durch die innere Ableitung geteilt werden. Dieses Verfahren kann auch als ein Spezialfall der **Substitutionsregel**, die im nächsten Abschnitt behandelt wird, betrachtet werden. Man kann also bei den hier betrachteten Fällen auch die Substitutionsregel anwenden.

An einem Beispiel wird das Verfahren verdeutlicht:

$$\int (e^{3x})dx$$

Die äußere Funktion ist die e–Funktion. Die innere Funktion ist 3x. Die Ableitung der inneren Funktion ist somit eine Konstante, nämlich 3. Für das Integral ergibt sich nun:

$$\int (e^{3x})dx = \frac{1}{3} e^{3x} + c$$

Die äußere Ableitung von e^{3x} ergibt die gewünschte Funktion. Aber beim Ableiten muss noch mit der inneren Ableitung multipliziert werden. Diese ergibt 3 und wird gerade durch die $\frac{1}{3}$ wieder aufgehoben.

Nachfolgend noch ein Beispiel:

$$\int (\sin(5x))dx = -\frac{1}{5}\cos(5x) + c$$

Die äußere Ableitung von $-\cos(5x)$ ergibt $\sin(5x)$. Die innere Ableitung von 5 wird durch $\frac{1}{5}$ wieder beseitigt.

Es lässt sich nun auch folgender Ausdruck integrieren:

$$\int (ax+b)^n \, dx \quad \text{mit } n \in \mathbb{R} \setminus \{-1\}$$

$$= \frac{1}{a} * \frac{1}{n+1} \, (ax+b)^{n+1} + c$$

Mit dieser Methode können auch beliebige Exponentialfunktionen integriert werden:

$$\int (a^x)dx \quad \text{mit } a \in \mathbb{R}^+ \setminus \{0\}$$

Wie schon beim Ableiten von derartigen Funktionen, muss die Funktion zunächst auf die e–Funktion zurückgeführt werden. Es gilt:

$$a^x = e^{(\ln(a^x))} = e^{\ln(a)*x}$$

$\ln(a)$ ist nicht von x abhängig und daher eine Konstante. Somit ist die äußere Funktion nun die e–Funktion und die innere Funktion $\ln(a)*x$. Als innere Ableitung ergibt sich somit $\ln(a)$. Für das Integral folgt:

$$\int (a^x)dx = \int (e^{\ln(a)*x})dx = \frac{1}{\ln(a)} * e^{\ln(a)*x} = \frac{1}{\ln(a)} * a^x$$

Man hätte hier auch zunächst für $\ln(a)$ eine beliebige Zahl (z.B. 3) einsetzen und diese dann nach erfolgter Integration wieder durch $\ln(a)$ ersetzen können. Für eine Zahl ist einem häufig intuitiv klarer, wie diese beim Differenzieren und Integrieren zu behandeln ist. Der Ausdruck $\ln(a)$, der eine Konstante ist und somit genauso wie eine Zahl integriert werden muss, bereitet hingegen häufig Schwierigkeiten.

8.6   Komplexere Integrationsmethoden

Hierbei werden Verfahren betrachtet, die teilweise die Umkehrung von Ableitungsregeln darstellen. Die Substitutionsregel stellt die Umkehrung der Kettenregel dar. Die partielle Integration beruht auf der Produktregel.

8.6.1 Substitutionsregel

8.6.1.1 Grundlagen

Mittels der Substitutionsregel können viele Integrale gelöst werden. Substitution bedeutet, daß die Variable durch eine andere Variable ersetzt wird. Das Ziel ist es hierbei, mittels dieser anderen Variablen ein Integral zu erhalten, das sich mit bekannten Integrationsmethoden lösen lässt. Am besten lässt sich das Prinzip an einem Beispiel veranschaulichen:

Es sei folgendes Integral gegeben:

$$\int (3x + 4)^2 dx$$

Wenn man den Ausdruck in der Klammer durch eine neue Variable ersetzt, so erhält man ein Integral, das sich lösen lässt. Man setzt:

$$y = 3x + 4$$

Die Variable x wird also entsprechend dieser Vorschrift durch die Variable y ersetzt.

Man kann im Integral somit den Ausdruck $(3x + 4)^2$ durch y^2 ersetzen. Allerdings würde dann in dem Integral immer noch das dx stehen. Da aber das Integral über y bestimmt werden soll, muss das „dx" durch ein „dy" ersetzt werden. Um eine entsprechende Ersetzungsvorschrift zu erhalten, kann man die Funktion, entsprechend der man ersetzt, nach der ursprünglichen Variablen ableiten:

$$f(x) = y = 3x + 4$$

$$\Rightarrow f'(x) = \frac{dy}{dx} = 3$$

(f'(x) ist gerade über $\frac{dy}{dx}$ definiert worden, siehe Einführung zum Differentialquotienten)

Die Gleichung kann jetzt nach dy aufgelöst werden:

$$\frac{dy}{dx} = 3 \mid * dx$$

$$\Leftrightarrow dy = 3dx \mid \div 3$$

$$\Leftrightarrow \frac{1}{3} dy = dx$$

Entsprechend dieser Vorschrift kann in dem Integral das dx durch dy ersetzt werden, somit ergibt sich unter Berücksichtigung des zuvor gefundenen Zusammenhangs $((3x + 4)^2 = y^2)$:

$$(3x + 4)^2 dx = y^2 \frac{1}{3} dy$$

Jetzt hat man einen Ausdruck erhalten, bei dem nur y als Variable auftaucht. Das Integral dieses Ausdrucks kann nun berechnet werden:

$$\int y^2 \frac{1}{3} dy = \frac{1}{3} * \int y^2 dy = \frac{1}{3} * \frac{1}{3} y^3 + c = \frac{1}{9} y^3 + c$$

Nachdem das Integral gelöst wurde, muss die Substitution wieder rückgängig gemacht werden. Hierzu setzt man für y einfach wieder den Term, der zuvor ersetzt wurde, ein:

$$= \frac{1}{9} (3x + 4)^3 + c$$

Nachfolgend wird auf typische Anwendungen der Substitutionsregel eingegangen.

8.6.1.2 Substitution als Umkehrung der Kettenregel

Bei dem zuvor betrachteten Beispiel war es relativ offensichtlich, dass sich durch die Substitution ein Integral ergibt, das sich lösen lässt. Bei den nachfolgenden Beispielen ist dies nicht ganz so leicht zu sehen.

$$\int (x * \cos(x^2))dx$$

Am geschicktesten ersetzt man hier x^2 durch y:

$$y = x^2$$

Wenn die Variable x durch die Variable y substituiert wird, muss auch das dx durch ein dy ersetzt werden. Entsprechend dem vorherigen Beispiel ergibt sich:

$$f(x) = y = x^2$$

$$\Rightarrow f'(x) = \frac{dy}{dx} = 2x$$

Nach dx aufgelöst ergibt sich:

$$\frac{dy}{dx} = 2x$$

$$\Leftrightarrow dx = \frac{1}{2x} dy$$

Es gilt somit folgender Zusammenhang:

$$x * \cos(x^2)dx = x * \cos(y) * \frac{1}{2x} dy$$

Hierbei wurde x^2 durch y und dx durch $\frac{1}{2x}$ dy ersetzt.

Bei dem gefundenen Ausdruck kann nun x gekürzt werden, hierbei ergibt sich:

$$x * \cos(y) * \frac{1}{2x} dy = \frac{1}{2} \cos(y) dy$$

Die verbliebenen x haben sich herausgekürzt. (Dies liegt daran, dass y so gewählt wurde, dass die Ableitung von y nach x bis auf einen Faktor gerade der vorderen Funktion entsprach.) Der Ausdruck rechts enthält kein x mehr, sondern nur noch y, somit kann nun das Integral berechnet werden:

$$\int \frac{1}{2} \cos(y) * dy = \frac{1}{2} \sin(y) + c$$

Schließlich muß die Substitution wieder rückgängig gemacht werden:

$$\frac{1}{2} \sin(y) + c = \frac{1}{2} \sin(x^2) + c$$

Anmerkung: Bei dem Ersetzen hätte man auch gleich ins Integral einsetzen können, hierbei hätte sich der folgende Ausdruck ergeben:

$$\int x * \cos(y) * \frac{1}{2x}\, dy$$

Bei diesem Ausdruck ist allerdings zu beachten, dass x in dem Integral keine Konstante, sondern eine Funktion von y ist. Wenn sich x nicht aus dem Integral herauskürzt, muss x mittels der Auflösung der Ersetzungsvorschrift (in diesem Fall y = x^2) nach x ersetzt werden.

Bei der angeführten Darstellung mittels des Integrals besteht die Gefahr, dass x nicht wie eine Funktion von y, sondern versehentlich wie eine Konstante behandelt wird. Daher wird die angeführte Darstellungsvariante in diesem Buch nicht benutzt, wobei es bei dem Beispiel natürlich kein Problem gäbe, denn hier kürzt sich x aus dem Ausdruck heraus.

Das vorherige Beispiel war ein Spezialfall von einer Gruppe von Integralen, die sich mit Substitution lösen lassen. Nachfolgend wird die Ableitung der Lösung des Integrals betrachtet:

$$F(x) = \frac{1}{2} \sin(x^2) + c$$

$$\Rightarrow F'(x) = \frac{1}{2} \cos(x^2) * 2x$$

Der vordere Term ist die äußere Ableitung und der hintere Term (2x) die innere Ableitung. Bei der Lösung der Aufgabe wurde die innere Funktion von $\cos(x^2)$ ersetzt. Als Ableitung dieser inneren Funktion "y=x^2" ergibt sich "y'=2x". Bis auf den Faktor (die 2) entspricht die Ableitung der inneren Funktion gerade der Funktion, mit der $\cos(x^2)$ in dem Integral multipliziert wurde. In derartigen Fällen kann man immer, wie in dem Beispiel, die innere Funktion substituieren. Weiterhin braucht man in diesen Fällen die Substitutionsvorschrift nicht nach x aufzulösen, weil sich nach dem Einsetzen von y und dy die restlichen x−Terme herauskürzen. Nachfolgend sind noch drei weitere Beispiele für derartige Integrale angegeben:

$$\int e^{(x^3)} * x^2 dx$$

Substitution: y = x^3;

Lösung: $\frac{1}{3} e^{(x^3)} + c$

$$\int \frac{2x+2}{x^2+2x}\,dx \;=\; \int \frac{1}{x^2+2x}(2x+2)\,dx$$

Substitution: $y = x^2 + 2x$;

Lösung: $\ln|x^2 + 2x| + c$

$$\int x * \sqrt{x^2+1}\,dx$$

Substitution: $y = x^2 + 1$;

Lösung: $\frac{1}{3}(x^2+1)^{\frac{3}{2}} + c$

Damit die Aufgaben sich auch zu Übungszwecken eignen, wurde jeweils die Lösung angegeben. Wenn man die zugrundeliegende Idee bei diesen Aufgaben (in dem Integral steht ein Produkt von Funktionen, und die eine dieser Funktionen ist bis auf einen Faktor die innere Ableitung der anderen Funktion) versteht, kann man die Lösung zu den Aufgaben auch finden, ohne dass eine Rechnung mittels Substitution durchgeführt wird.

8.6.1.3 Substitution zur Umformung des Integrals

Nachfolgend wird ein weiteres Beispiel für die Lösung eines Integrals mittels Substitution angeführt. Hierbei wird die Substitutionsregel benutzt, um das Integral so umzuformen, dass sich ein mit den bisherigen Methoden lösbares Integral ergibt.

Berechnen Sie mit der Substitutionsregel:

$$\int \frac{x^2 + x - 2}{\sqrt{x-1}}\,dx$$

Mittels Substitution kann dieses Integral auf eine integrierbare Form gebracht werden. Häufig kann man aber erst durch Ausprobieren feststellen, ob und mittels welcher Substitution ein Integral lösbar ist. Hier wird folgendermaßen ersetzt:

$$y = x - 1 \quad \Rightarrow \quad \frac{dy}{dx} = 1 \Leftrightarrow dx = dy$$

Wenn man nun für $(x-1)$ und dx einsetzt, ergibt sich:

$$\frac{x^2 + x - 2}{\sqrt{x-1}}\,dx = \frac{x^2 + x - 2}{\sqrt{y}}\,dy$$

Da immer noch x in dem Term auftaucht, muss die Ersetzungsbedingung nach x aufgelöst werden[1], um nachfolgend alle x durch y ersetzen zu können:

$$y = x - 1 \Leftrightarrow x = y + 1$$

Nun kann in dem Term weiter ersetzt werden:

$$\frac{x^2 + x - 2}{\sqrt{y}}\, dy = \frac{(y+1)^2 + (y+1) - 2}{\sqrt{y}}\, dy$$

Jetzt ist ein Ausdruck entstanden, in dem nur noch y auftaucht. Das Integral kann nun berechnet werden:

$$\int \frac{y^2 + 2y + 1 + y - 1}{\sqrt{y}}\, dy = \int \frac{y^2 + 3y}{\sqrt{y}}\, dy$$

Der Zähler wurde zunächst vereinfacht. Das Integral kann, wie in Abschnitt 8.5.2 für die Integration von Brüchen angeführt, in einzelne Brüche zerlegt werden.

$$= \int \left(\frac{y^2}{\sqrt{y}} + \frac{3y}{\sqrt{y}}\right) dy$$

Die einzelnen Brüche können gekürzt werden, es ergibt sich:

$$= \int \left(\frac{y^2}{y^{\frac{1}{2}}} + \frac{3y}{y^{\frac{1}{2}}}\right) dy = \int (y^{\frac{3}{2}} + 3y^{\frac{1}{2}})\, dy$$

Jetzt kann integriert werden:

$$= \frac{2}{5} y^{\frac{5}{2}} + 3 * \frac{2}{3} y^{\frac{3}{2}} + c$$

Schließlich muß die Substitution wieder rückgängig gemacht werden:

$$= \frac{2}{5} (x - 1)^{\frac{5}{2}} + 2(x - 1)^{\frac{3}{2}} + c$$

In den betrachteten Fällen wurde immer über x integriert, und als neue Variable wurde y eingeführt. Natürlich kommt diesen Bezeichnungen keine inhaltliche Bedeutung zu. Gebräuchlich ist z.B. auch, für die Substitution z, t oder auch g(x) zu schreiben.

1: Hierbei bildet man die Umkehrfunktion zu der Funktion y(x).

8.6.1.4 Substitution bei bestimmten Integralen

Wenn ein bestimmtes Integral zu berechnen ist, kann genauso, wie es zuvor beschrieben wurde, verfahren werden. D.h. es wird zunächst das unbestimmte Integral mittels Substitution berechnet. Erst nachdem die Substitution wieder rückgängig gemacht wurde, werden die alten Grenzen in die Stammfunktion, die sich als Lösung ergeben hat, eingesetzt.

Dies sieht für ein bestimmtes Integral folgendermaßen aus:

$$\int_0^{\sqrt{\Pi}}(x * \cos(x^2))dx$$

Die Berechnung wird nun zunächst ohne Grenzen durchgeführt. D.h. man betrachtet das folgende unbestimmte Integral:

$$\int(x * \cos(x^2))dx$$

Dieses Integral wurde in Abschnitt 8.6.1.2 bereits behandelt, mittels der Substitution "y=x^2" ergab sich folgende Lösung:

$$\int(x * \cos(x^2))dx = \frac{1}{2} * \sin(x^2) + c$$

Somit hat man die Stammfunktion für das Integral gefunden, diese Stammfunktion kann nun in das bestimmte Integral für die Lösung des Integrals eingesetzt werden. Das "c" kann man hierbei weglassen[1], denn für das bestimmte Integral ergibt sich ein eindeutiger Wert. Es ergibt sich:

$$\int_0^{\sqrt{\Pi}}(x * \cos(x^2)) \, dx = \left[\frac{1}{2} * \sin(x^2)\right]_0^{\sqrt{\Pi}} = \frac{1}{2} * \sin((\sqrt{\Pi})^2) - \frac{1}{2} * \sin(0^2)$$

$$= \frac{1}{2} * \sin(\Pi) - \frac{1}{2} * 0 = 0$$

Wichtig ist, dass man bei der Berechnung der Stammfunktion die Grenzen des Integrals nicht mitschreibt. Die alten Grenzen sind erst dann wieder die richtigen Grenzen, wenn man die Substitution rückgängig gemacht hat. So wie zuvor geschehen, muss man also zunächst für das unbestimmte Integral (Integral ohne Grenzen) die Stammfunktion berechnen. Hierbei darf man auch nicht vergessen, am Ende die Substitution

---

1: Man könnte das "c" aber auch beibehalten; da es sowohl beim Einsetzen der oberen als auch der unteren Grenze auftaucht, ergibt sich dann ein Term mit "+c" und einer mit "-c", die sich gegenseitig aufheben.

wieder rückgängig zu machen. In die Stammfunktion können dann die Grenzen, wie zuvor beschrieben, eingesetzt werden.

Alternativ zu dem geschilderten Vorgehen kann man auch bei der Integration die Grenzen transformieren. Das Verfahren wird nachfolgend an dem vorherigen Beispiel demonstriert:

$$\int_0^{\sqrt{\Pi}} (x * \cos(x^2)) \, dx$$

Mittels der Substitution $y = x^2$ hatte sich der folgende Zusammenhang ergeben.

$$x * \cos(x^2) \, dx = \frac{1}{2} \cos(y) \, dy$$

Wenn man die Grenzen entsprechend der Substitutionsvorschrift $y = x^2$ transformiert, kann man das bestimmte Integral als Integral über y berechnen:

$$\int_0^{\sqrt{\Pi}} (x * \cos(x^2)) \, dx = \int_{0^2}^{(\sqrt{\Pi})^2} \frac{1}{2} \cos(y) \, dy = \frac{1}{2} * \int_0^{\Pi} \cos(y) \, dy$$

$$= \frac{1}{2} * \left[\sin(y) \right]_0^{\Pi} = \frac{1}{2} * \sin(\Pi) - \frac{1}{2} * \sin(0) = \frac{1}{2} * \sin(\Pi) - \frac{1}{2} * 0 = 0$$

Einfacher dürfte es allerdings sein, das zuvor angeführte Verfahren anzuwenden, also zunächst die Substitution rückgängig zu machen und dann die alten Grenzen einzusetzen. Wenn allerdings im Unterricht die Lösung mittels der Transformation der Grenzen durchgeführt wird, sollte man dieses Verfahren benutzen.

8.6.1.5 Schema zur Integration mittels Substitution

1) Zunächst muss festgelegt werden, welcher Term substituiert wird. Von einer geeigneten Wahl hängt oft ab, ob man überhaupt eine Lösung erhält. Nachfolgend sind zwei häufige Grundmuster angeführt:

a) Der Term im Integral ergibt sich als das Produkt der inneren und äußeren Ableitung eines anderen Terms. Dieses muss bis auf einen konstanten Faktor gelten. Ein Beispiel wäre $\int(x * e^{(x^2)})dx$, die Terme ergeben sich bis auf einen Faktor als innere und äußere Ableitung der Funktion $e^{(x^2)}$. Man substituiert in diesen Fällen die innere Funktion, bei dem Beispiel setzt man also: $y = x^2$.

b) Manche Integrale kann man mittels der Substitution umformen und erhält nach der Umformung ein Integral, das sich lösen lässt. In diesen Fällen ist es oft sinnvoll, einen einfachen Ausdruck zu substituieren.

2) Die Ersetzungsvorschrift wird nach x abgeleitet ($\frac{dy}{dx} =$) und die sich ergebende Gleichung wird nach dx aufgelöst.

Bei dem Ausdruck hinter dem Integral wird entsprechend der Ersetzungsvorschrift und der gefundenen Gleichung für dx ersetzt. Wenn sich x kürzen lässt, wird entsprechend gekürzt.

3) Wenn bei dem Ausdruck kein x mehr auftaucht, kann das Integral über diesen Ausdruck berechnet werden. Wenn x noch in dem Ausdruck steht, müssen auch die restlichen x durch y ersetzt werden. Hierzu wird die zuvor gewählte Ersetzungsvorschrift nach x aufgelöst. Anschließend taucht in dem Ausdruck nur noch y auf und es kann das Integral über diesen Ausdruck bestimmt werden.

4) Ensprechend der Ersetzungsvorschrift wird jetzt die Substitution wieder rückgängig gemacht. y wird in dem Ausdruck also wieder durch x ersetzt.

5) Wenn ein bestimmtes Integral berechnet werden soll, wenn also Grenzen bei dem Integral angegeben sind, werden die Grenzen in die Stammfunktion eingesetzt. Zunächst wird also mittels der zuvor beschriebenen Verfahren die Stammfunktion bestimmt.

8.6.2 Partielle Integration

Diese Regel wird bisweilen auch als Produktintegration bezeichnet. Dies deutet schon darauf hin, dass sie aus der Produktregel hervorgeht. Die Produktregel lautet:

$$(f * g)' = f' * g + f * g'$$

Diese Gleichung kann nun integriert werden:

$$\int (f * g)' = \int f' * g + \int f * g'$$

Auf der linken Seite heben sich Integration und Differentiation auf. (Streng genommen entsteht allerdings eine Integrationskonstante, da zunächst differenziert und dann integriert wird. Allerdings steckt in den verbleibenden Integralen sowieso noch eine Integrationskonstante, so dass diese jetzt weggelassen werden kann.)

$$f * g = \int f' * g + \int f * g'$$

Diese Gleichung wird nun noch umgestellt:

$$\Leftrightarrow \int f' * g = f * g - \int f * g'$$

Dies ist die Regel zur partiellen Integration.

Nachfolgend wird an einem Beispiel gezeigt, wie diese Regel nutzbringend für die Integration von bestimmten Produkten benutzt wird:

Folgendes Integral sei zu lösen:

$$\int x * e^x dx$$

Hier werden zwei Funktionen miteinander multipliziert. Die eine von beiden (e^x) reproduziert sich beim Ableiten und damit auch beim Integrieren. Die andere vereinfacht sich dagegen beim Ableiten. Die, die sich beim Ableiten vereinfacht, bezeichnet man nun mit g(x), denn nach Anwendung der Regel zur partiellen Integration bleibt ein Integral übrig, in dem die Ableitung von g(x) steht. In diesem Fall wird also Folgendes gewählt:

$$g(x) = x \quad \text{und} \quad f'(x) = e^x$$

Für g'(x) und f(x) ergibt sich somit Folgendes:

$$g'(x) = 1 \quad \text{und} \quad f(x) = e^x$$

Nun muss nur noch entsprechend der Regel zur partiellen Integration eingesetzt werden:

$$\int x * e^x dx = e^x * x - \int e^x * 1 dx$$

Das Integral auf der rechten Seite lässt sich nun lösen:

$$= e^x * x - e^x + c = e^x * (x-1) + c$$

Der Trick bei der partiellen Integration ist es, ein Integral, das zunächst nicht gelöst werden kann, auf die Lösung eines anderen Integrals zurückzuführen, das man lösen kann. Das Verfahren zur partiellen Integration kann auch mehrfach hintereinander ausgeführt werden, wie folgendes Beispiel zeigt:

$$\int \sin(x) * x^2 dx$$

$$f'(x) = \sin(x) \quad g(x) = x^2$$
$$f(x) = -\cos(x) \quad g'(x) = 2x$$

$$\Rightarrow \int \sin(x) * x^2 dx = -\cos(x) * x^2 - \int (-\cos(x) * 2x) dx$$

$$= -\cos(x) * x^2 + 2\int (\cos(x) * x) dx$$

$$f'(x) = \cos(x) \quad g(x) = x$$
$$f(x) = \sin(x) \quad g'(x) = 1$$

$$\Rightarrow \int \sin(x) * x^2 dx = -\cos(x) * x^2 + 2(\sin(x) * x - \int \sin(x) * 1 dx)$$

$$= -\cos(x) * x^2 + 2\sin(x) * x + 2\cos(x) + c$$

Mit der zuvor beschriebenen Methode können Integrale gelöst werden, die ein Produkt aus einer ganzrationalen Funktion und einer Funktion, die sich beim Integrieren nicht sehr verkompliziert (z.B. e^x, $\sin(x)$, $\cos(x)$), sind.

Man kann die partielle Integration auch noch anders verwenden, um spezielle Integrale zu lösen. Wenn z.B. eine x-Potenz mit $\ln(x)$ multipliziert wird, so muss man die partielle Integration so anwenden, dass $\ln(x)$ abgeleitet wird. Auf diese Weise können also Integrale vom Typ

$$\int (x^a * \ln(bx)) dx \quad \text{mit } a, b \in \mathbb{R}$$

gelöst werden. Hierbei wird $f'(x) = x^a$ und $g(x) = \ln(bx)$ gewählt.

Weiterhin gibt es spezielle Fälle, bei denen man mittels der partiellen Integration ein Integral produzieren kann, das dem ursprünglichen Integral entspricht, man kann dann in der bestehenden Gleichung beide Integrale zusammenfassen und hat auf diese Weise die Lösung erhalten. Ein besonders einfaches Beispiel dieser Art ist folgendes Integral:

$$\int (\frac{1}{x} * \ln(x)) dx$$

Hierbei wählt man $f'(x) = \frac{1}{x}$ und $g(x) = \ln(x)$.

Soll ein bestimmtes Integral mittels partieller Integration gelöst werden, so kann man genauso wie bei der Substitution zunächst das unbestimmte Integral lösen und dann die Grenzen in die gefundene Stammfunktion einsetzen.

Es sei angemerkt, dass sich keinesfalls alle Integrale von Produkten mittels partieller Integration lösen lassen.

8.6.3 Partialbruchzerlegung

8.6.3.1 Grundlagen

Bei der Partialbruchzerlegung handelt es sich um eine Methode zur Umformung von gebrochenrationalen Funktionen. Diese Zerlegung kann benutzt werden, um Integrale solcher Funktionen zu berechnen.

Es sei zunächst der folgende Audruck betrachtet:

$$\frac{3}{x-1} + \frac{1}{x+2}$$

Will man die beiden Ausdrücke addieren, müssen sie zunächst auf den Hauptnenner gebracht werden. Hierzu muss der erste Term mit $(x + 2)$ und der zweite Term mit $(x - 1)$ multipliziert werden. Es ergibt sich:

$$= \frac{3 * (x+2)}{(x-1) * (x+2)} + \frac{(x-1) * 1}{(x-1) * (x+2)}$$

$$= \frac{3x+6}{(x-1) * (x+2)} + \frac{x-1}{(x-1) * (x+2)}$$

Die beiden Terme sind jetzt auf dem Hauptnenner, somit können nun die Zähler addiert werden:

$$= \frac{3x+6+x-1}{(x-1)*(x+2)}$$

$$= \frac{4x+5}{(x-1)*(x+2)}$$

Die Klammern im Nenner können auch noch ausmultipliziert werden, hierbei ergibt sich:

$$= \frac{4x+5}{x^2+x-2}$$

Insgesamt wurde folgender Zusammenhang gezeigt:

$$\frac{3}{x-1} + \frac{1}{x+2} = \frac{4x+5}{x^2+x-2}$$

Es sei nun angenommen, es soll das Integral über $\frac{4x+5}{x^2+x-2}$ berechnet werden.

Mittels des zuvor ermittelten Zusammenhangs ist folgende Umformung möglich:

$$\int \frac{4x+5}{x^2+x-2}\,dx = \int (\frac{3}{x-1} + \frac{1}{x+2})\,dx$$

Während man das links stehende Integral mit den bisherigen Methoden nicht integrieren kann, lässt sich das Integral rechts berechnen:

$$\int (\frac{3}{x-1} + \frac{1}{x+2})\,dx$$

$$= \int \frac{3}{x-1}\,dx + \int \frac{1}{x+2}\,dx$$

$$= 3*\ln|x-1| + \ln|x+2| + c$$

Wenn man eine Methode findet, wie man die vorherigen Berechnungen quasi „rückwärts" durchführen kann, wie man also aus gebrochenrationalen Funktionen wie z. B.

$f(x) = \frac{4x+5}{x^2+x-2}$ die Zerlegung in Partialbrüche $\left(f(x) = \frac{3}{x-1} + \frac{1}{x+2} \right)$

erhält, lassen sich diese Funktionen integrieren. Nachfolgend soll anhand des Beispiels die Zerlegung dargestellt werden. Ausgangspunkt ist also die Funktion:

$$f(x) = \frac{4x+5}{x^2+x-2}$$

Zunächst muss der Nenner in Faktoren zerlegt werden. Die einzelnen Faktoren erhält man über die Berechnung der Nullstellen des Nenners. Für diese gilt:

$$x^2 + x - 2 = 0$$

Mittels der pq-Formel ergibt sich:

$$\Leftrightarrow x = -\frac{1}{2} \pm \sqrt{\frac{1}{4} + 2} \;=\; -\frac{1}{2} \pm \sqrt{\frac{1}{4} + \frac{8}{4}} \;=\; -\frac{1}{2} \pm \sqrt{\frac{9}{4}} \;=\; -\frac{1}{2} \pm \frac{3}{2}$$

$$\Leftrightarrow x = 1 \;\lor\; x = -2$$

Die Nullstellen der Funktion lauten also $x_{N1} = 1$ und $x_{N2} = -2$. Mittels der Nullstellen ergibt sich die Zerlegung folgendermaßen:

$$x^2 + x - 2 = (x - x_{N1}) * (x - x_{N2})$$

Konkret ergibt sich also:

$$x^2 + x - 2 = (x - 1) * (x - (-2)) \;=\; (x - 1) * (x + 2)$$

Somit ist folgende Umformung möglich:

$$\frac{4x + 5}{x^2 + x - 2} = \frac{4x + 5}{(x - 1) * (x + 2)}$$

Für die Zerlegung in Partialbrüche muss man nun folgenden Ansatz wählen:

$$\frac{4x + 5}{(x - 1) * (x + 2)} = \frac{A_1}{x - 1} + \frac{A_2}{x + 2}$$

Die einzelnen Faktoren des Nenners bilden die Nenner der einzelnen Brüche. Die Zähler der Brüche sind unbekannt und wurden mit A_1 und A_2 bezeichnet. Die Gleichung wird jetzt mit dem Nenner des Ausgangsbruchs ($(x - 1) * (x + 2)$) multipliziert:

$$\frac{4x + 5}{(x - 1) * (x + 2)} = \frac{A_1}{x - 1} + \frac{A_2}{x + 2} \;\Big|\; * (x - 1) * (x + 2)$$

$$\Leftrightarrow 4x + 5 = \frac{A_1}{x - 1} * (x - 1) * (x + 2) + \frac{A_2}{x + 2} * (x - 1) * (x + 2)$$

Jetzt wird auch auf der rechten Seite gekürzt:

$$\Leftrightarrow 4x + 5 = A_1 * (x + 2) + A_2 * (x - 1)$$

$$\Leftrightarrow 4x + 5 = A_1 x + 2A_1 + A_2 x - A_2$$

Damit die Gleichung erfüllt ist, müssen sowohl die Koeffizienten vor dem x als auch die Koeffizienten vor den einzelnen konstanten Termen identisch sein. Es muss also gelten:

$$4 = A_1 + A_2$$

$$\wedge \; 5 = 2A_1 - A_2$$

Man nennt dieses Vorgehen auch „Koeffizientenvergleich". Die beiden Gleichungen müssen erfüllt sein. Es muss also das entstandene Gleichungssystem gelöst werden. Durch die Addition der beiden Gleichungen ergibt sich:

$$9 = 3A_1 \;\mid\; \div 3$$

$$\Leftrightarrow A_1 = 3$$

Dieses Ergebnis kann nun in eine der Ausgangsgleichungen eingesetzt werden. In die erste Gleichung eingesetzt ergibt sich:

$$4 = 3 + A_2 \;\mid\; -3$$

$$A_2 = 1$$

Somit sind die beiden Unbekannten bestimmt worden. Es ergibt sich also folgende Aufspaltung in Partialbrüche:

$$\frac{4x+5}{x^2+x-2} = \frac{3}{x-1} + \frac{1}{x+2}$$

Natürlich hat sich hier die zuvor bereits bekannte Aufspaltung ergeben.

8.6.3.2 Weitere Zusammenhänge

Zuvor war die Partialbruchzerlegung anhand eines sehr einfachen Beispiels dargestellt worden. Etwas komplizierter wird das Ganze, wenn bei dem Ausdruck im Nenner einzelne Nullstellen mehrfach vorkommen oder der Nenner teilweise keine reellen Nullstellen besitzt. Diese beiden Fälle werden nachfolgend behandelt.

Zunächst wird ein Ausdruck mit **einer doppelten Nullstelle** im Nenner angeführt:

$$\frac{4x^2-9x+11}{(x-1)^2 * (x+2)}$$

Der Term (x - 1) kommt im Nenner in quadratischer Form vor. Die Nullstelle bei x = 1 ist daher in diesem Fall eine doppelte Nullstelle des Nenners. Die Aufspaltung muss nun folgendermaßen durchgeführt werden:

$$\frac{4x^2 - 9x + 11}{(x-1)^2 * (x+2)} = \frac{A_1}{x-1} + \frac{A_2}{(x-1)^2} + \frac{A_3}{x+2}$$

In diesem Fall muss also ein Term mit $(x-1)$ und zusätzlich einer mit $(x-1)^2$ aufgestellt werden. Jetzt wird die Gleichung mit dem Nenner des Ausgangsbruches multipliziert:

$$\frac{4x^2 - 9x + 11}{(x-1)^2 * (x+2)} = \frac{A_1}{x-1} + \frac{A_2}{(x-1)^2} + \frac{A_3}{x+2} \quad | \; * (x-1)^2 * (x+2)$$

$$\Leftrightarrow 4x^2 - 9x + 11 = A_1(x-1)*(x+2) + A_2(x+2) + A_3(x-1)^2$$

Die Terme wurden jeweils gekürzt. Nun werden die Klammern auf der rechten Seite ausmultipliziert[1]:

$$\Leftrightarrow 4x^2 - 9x + 11 = A_1(x^2 - x + 2x - 2) + A_2(x+2)$$
$$+ A_3(x^2 - 2x + 1)$$

$$\Leftrightarrow 4x^2 - 9x + 11 = A_1 x^2 + A_1 x - 2A_1 + A_2 x + 2A_2$$
$$+ A_3 x^2 - 2A_3 x + A_3$$

Nun kann wieder ein Koeffizientenvergleich durchgeführt werden. Für x^2, x und die einzelnen Konstanten muss die Gleichung aufgehen. Also müssen die folgenden Gleichungen erfüllt sein:

$$4 = A_1 + A_3$$
$$\wedge -9 = A_1 + A_2 - 2A_3 \quad | *2$$
$$\wedge 11 = -2A_1 + 2A_2 + A_3$$

Jetzt hat sich ein lineares Gleichungssystem mit 3 Unbekannten ergeben. In der ersten Gleichung taucht kein A_2 auf. Aus der zweiten und dritten Gleichung wird nun eine Gleichung, in der ebenfalls kein A_2 auftaucht, ermittelt.[2] Hierzu wird die zweite Gleichung zunächst mit 2 multipliziert. Es ergibt sich die folgende Gleichung:

1:    Das Multiplizieren von Klammern ist im Anhang in Abschnitt 9.3.2 erläutert.

2:    Bei den hier angeführten Berechnungen wird das Additionsverfahren zur Lösung des Gleichungssystems verwendet. Weitergehende Ausführungen zur Lösung von linearen Gleichungssystemen finden sich im Anhang in Abschnitt 9.1.7.1 und insbesondere in Band 2.

$$-18 = 2A_1 + 2A_2 - 4A_3$$

Von dieser Gleichung wird jetzt die dritte Gleichung abgezogen, auf diese Weise fällt A_2 heraus:

$$-18 = 2A_1 + 2A_2 - 4A_3$$
$$- (\; 11 = -2A_1 + 2A_2 + A_3\;)$$
$$\overline{-29 = 4A_1 - 5A_3}$$

Nimmt man die erste der ursprünglichen Gleichungen mit 5 mal, ergibt sich:

$$20 = 5A_1 + 5A_3$$

Jetzt wird diese Gleichung mit der zuvor ermittelten Gleichung addiert, auf diese Weise wird A_3 aus den Gleichungen entfernt.

$$20 = 5A_1 + 5A_3$$
$$+(-29 = 4A_1 - 5A_3\;)$$
$$\overline{-9 = 9A_1}$$

Aus dieser Gleichung ergibt sich nun:

$$-9 = 9A_1 \mid \div 9$$
$$\Leftrightarrow -1 = A_1$$

In die erste der Ausgangsgleichungen eingesetzt ergibt sich:

$$4 = A_1 + A_3$$
$$\Rightarrow 4 = -1 + A_3 \mid +1$$
$$\Leftrightarrow 5 = A_3$$

Aus der zweiten der Ausgangsgleichungen ergibt sich nun für A_2:

$$-9 = A_1 + A_2 - 2A_3$$
$$\Rightarrow -9 = -1 + A_2 - 2*5$$
$$\Leftrightarrow -9 = -11 + A_2 \mid +11$$
$$\Leftrightarrow 2 = A_2$$

Somit wurde eine Aufspaltung des gegebenen Bruches in Partialbrüche gefunden:

$$\frac{4x^2 - 9x + 11}{(x-1)^2 * (x+2)} = \frac{-1}{x-1} + \frac{2}{(x-1)^2} + \frac{5}{x+2}$$

Für das Integral ergibt sich somit[1]:

$$\int \frac{4x^2 - 9x + 11}{(x-1)^2 * (x+2)} \, dx = \int \frac{-1}{x-1} \, dx + \int \frac{2}{(x-1)^2} \, dx + \int \frac{5}{x+2} \, dx$$

$$= -\ln|x-1| + \int 2(x-1)^{-2} \, dx + 5*\ln|x+2|$$

$$= -\ln|x-1| - 2(x-1)^{-1} + 5*\ln|x+2| + c$$

Der folgende Ausdruck hat im Nenner teilweise **keine reellen Nullstellen**:

$$\frac{5x^2 - 7x + 4}{(x^2+1) * (x-2)}$$

Nachfolgend werden die Nullstellen des Nenners überprüft:

$$(x^2 + 1) * (x - 2) = 0$$

$$\Leftrightarrow (x^2 + 1) = 0 \quad \vee \quad (x - 2) = 0$$

$$\Leftrightarrow x^2 = -1 \quad \vee \quad x = 2$$

Für die Gleichung $x^2 = -1$ gibt es keine reelle Lösung, denn es müsste die Wurzel aus einer negativen Zahl gezogen werden und dies ist in $\mathbb{R}$ nicht definiert. Da es keine reellen Nullstellen für den Ausdruck $(x^2 + 1)$ gibt, kann dieser Term auch nicht in einzelne Faktoren zerlegt werden, es existiert also keine Aufspaltung der Gestalt

$$x^2 + 1 = (x + a) * (x + b)$$

mit a, b $\in \mathbb{R}$.

Bei der Partialbruchzerlegung muss in diesem Fall folgender Ansatz gewählt werden:

$$\frac{5x^2 - 7x + 4}{(x^2+1) * (x-2)} = \frac{A}{x-2} + \frac{Bx+C}{x^2+1}$$

Bei dem Term mit $(x^2 + 1)$ im Nenner muss also im Zähler außer einer Konstanten (hier C) auch ein Term mit x (hier Bx) stehen.

1: Man könnte die Integrale auch mit Substitution lösen, allerdings sind sie so einfach, dass es auch ohne Substitution geht.

Die Berechnung liefert nun:

$$\frac{5x^2 - 7x + 4}{(x^2+1)*(x-2)} = \frac{A}{x-2} + \frac{Bx+C}{x^2+1} \mid *(x^2+1)*(x-2)$$

$$\Leftrightarrow 5x^2 - 7x + 4 = A(x^2 + 1) + (Bx + C)*(x - 2)$$

$$\Leftrightarrow 5x^2 - 7x + 4 = Ax^2 + A + Bx^2 - 2Bx + Cx - 2C$$

Der Koeffizientenvergleich liefert folgende Gleichungen:

$$5 = A + B$$

$$\wedge -7 = -2B + C$$

$$\wedge \ \ 4 = A - 2C$$

Zieht man die dritte von der ersten Gleichung ab, ergibt sich:

$$5 = A + B$$
$$- \ (4 = A - 2C\ )$$
$$\overline{1 = B + 2C}$$

Diese Gleichung wird jetzt mit 2 multipliziert:

$$\Rightarrow 2 = 2B + 4C$$

Zu dieser Gleichung wird nun die zweite Ausgangsgleichung addiert:

$$2 = \ \ 2B + 4C$$
$$+ (-7 = -2B + \ \ C\ )$$
$$\overline{-5 = 5C}$$

Somit ergibt sich für C folgende Lösung:

$$\Leftrightarrow C = -1$$

Aus der dritten Ausgangsgleichung ergibt sich jetzt für A:

$$4 = A - 2(-1)$$

$$\Leftrightarrow 4 = A + 2 \mid -2$$

$$\Leftrightarrow 2 = A$$

Mittels der ersten Ausgangsgleichung wird schließlich B bestimmt:

$$5 = 2 + B \mid -2$$

$$\Leftrightarrow 3 = B$$

Die Aufspaltung in Partialbrüche lautet somit:

$$\frac{5x^2 - 7x + 4}{(x^2 + 1) * (x - 2)} = \frac{2}{x - 2} + \frac{3x - 1}{x^2 + 1}$$

Für das Integral des Ausgangsausdrucks gilt also:

$$\int \frac{5x^2 - 7x + 4}{(x^2 + 1) * (x - 2)} dx = \int \frac{2}{x - 2} dx + \int \frac{3x - 1}{x^2 + 1} dx$$

Nun müssen die Integrale gelöst werden. Das zweite Integral wird hierzu aufgespalten[1]:

$$\int \frac{3x - 1}{x^2 + 1} dx = \int \left(\frac{3x}{x^2 + 1} - \frac{1}{x^2 + 1} \right) dx$$

$$= \int \frac{3x}{x^2 + 1} dx - \int \frac{1}{x^2 + 1} dx$$

Das erste dieser Integrale kann mit Substitution gelöst werden:

$$\int \frac{3x}{x^2 + 1} dx$$

$$y = x^2 + 1$$

$$\frac{dy}{dx} = 2x$$

$$\Leftrightarrow dx = \frac{1}{2x} dy$$

Somit ergibt sich:

$$\frac{3x}{x^2 + 1} dx = \frac{3x}{y} * \frac{1}{2x} dy$$

Nun kann gekürzt werden:3

$$= \frac{3}{2} \frac{1}{y} dy$$

Jetzt taucht nur noch y auf und es kann integriert werden:

$$\int \frac{3}{2} \frac{1}{y} dy = \frac{3}{2} \ln|y| + c$$

Jetzt wird die Substitution wieder rückgängig gemacht:

$$= \frac{3}{2} \ln|x^2 + 1| + c$$

1: Eine derartige Aufspaltung kann bei Brüchen generell angewendet werden. Siehe hierzu auch das Beispiel in Abschnitt 8.5.2.

Für das zweite Integral gilt Folgendes:

$$\int \frac{1}{x^2 + 1}\, dx = \arctan(x) + c$$

Insgesamt ergibt sich also für das Ausgangsintegral folgende Lösung:

$$\int \frac{5x^2 - 7x + 4}{(x^2 + 1) * (x - 2)}\, dx$$

$$= \int \frac{2}{x - 2}\, dx \; + \; \int \frac{3x - 1}{x^2 + 1}\, dx$$

$$= \int \frac{2}{x - 2}\, dx + \int \frac{3x}{x^2 + 1}\, dx - \int \frac{1}{x^2 + 1}\, dx$$

$$= 2 * \ln|x - 2| + \frac{3}{2} \ln|x^2 + 1| - \arctan(x) + c$$

Hier reichte es natürlich, eine Integrationskonstante c einzuführen.

8.6.3.3 Schema zur Partialbruchzerlegung

Ausgangspunkt für eine Integration mittels der Partialbruchzerlegung ist ein Integral über eine gebrochenrationale Funktion, also eine Funktion des folgenden Typs:

$$f(x) = \frac{a_0 x^0 + a_1 x^1 + \dots + a_m x^m}{b_0 x^0 + b_1 x^1 + \dots + b_n x^n} \quad \text{mit } m, n \in \mathbb{N}$$

Für die Anwendung des folgenden Schemas ist weiterhin erforderlich, dass der Faktor vor der höchsten Potenz im Nenner eine 1 ist ($b_n = 1$) und dass die höchste Potenz im Nenner größer als im Zähler ist ($n > m$). Wenn diese Bedingungen nicht erfüllt sind, muss der Bruch zunächst umgeformt werden. Die entsprechenden Verfahren sind am Ende des Schemas angeführt.

Besonders praktisch für die Berechnung ist es, wenn der Nenner bereits in einzelne Faktoren zerlegt ist. Wenn n reelle Nullstellen (x_{N1} bis x_{Nn}) existieren, würde diese Zerlegung z. B. folgendermaßen aussehen:

$$f(x) = \frac{a_0 x^0 + a_1 x^1 + \dots + a_m x^m}{(x - x_{N1}) * \dots * (x - x_{Nn})} \quad \text{mit } m, n \in \mathbb{N}$$

Nachfolgend ist ein Schema für die Integration mittels der Partialbruchzerlegung angeführt.

Fall A: Es existieren n verschiedene reelle Nullstellen des Nenners.

1) Falls der Nenner noch nicht in einzelne Faktoren zerlegt ist, muss
diese Zerlegung zunächst durchgeführt werden. Hierzu müssen die
Nullstellen des Nenners bestimmt werden. Handelt es sich bei dem
Nenner um einen quadratischen Ausdruck, so kann hierzu die pq-
Formel benutzt werden. Andernfalls müssen zunächst einzelne
Nullstellen erraten werden und dann muss der restliche Term mittels Polynomdivision ermittelt werden. Mittels der gefunden Nullstellen (x_{N1} bis x_{Nn}) kann der Nenner dann in folgender Form geschrieben werden:

$$(x - x_{N1}) * \ldots * (x - x_{Nn})$$

2) Für die Partialbruchzerlegung wird der folgende Ansatz gewählt:

$$\frac{a_0 x^0 + a_1 x^1 + \ldots + a_m x^m}{(x - x_{N1}) * \ldots * (x - x_{Nn})} = \frac{A_1}{x - x_{N1}} + \ldots + \frac{A_n}{x - x_{Nn}}$$

3) Die Gleichung wird mit dem Nenner der linken Seite [$(x - x_{N1}) *$
$\ldots * (x - x_{Nn})$] multipliziert. Die sich ergebenden Terme werden **gekürzt** und die übrigbleibenden **Klammern werden ausmultipliziert.**

4) Es wird ein **Koeffizientenvergleich** durchgeführt. Die ermittelte
Gleichung muss für alle Potenzen von x einzeln gelten. Somit ergeben sich insgesant (n+1) Gleichungen.
(Wenn z. B. die höchste x–Potenz x^2 ist, so müssen die Koeffizienten
vor dem x^2, vor dem x und die Koeffizienten ohne x jeweils überein-
stimmen.)

5) Die Lösung des sich ergebenden linearen Gleichungssystems
muss ermittelt werden. (Ausführungen zur Lösung von linearen
Gleichungssystemen finden sich im Anhang in Abschnitt 9.1.7.1 und
insbesondere in Band 2.)

6) Die Partialbruchzerlegung kann mittels der zuvor bestimmten
Werte für A_1 bis A_n angegeben werden. Das Integral über die gegebene Funktion kann nun mittels der Partialbrüche berechnet werden.

Fall B: Es existieren n reelle Nullstellen des Nenners, aber bestimmte Nullstellen kommen mehrfach vor.

Nachfolgend werden lediglich die Änderungen gegenüber dem zuvor bereits beschriebenen Fall A dargestellt. Es wird hierbei davon ausgegangen, dass die Nullstelle N1 eine doppelte Nullstelle ist und ansonsten nur einfache Nullstellen vorliegen. Wenn eine Nullstelle häufiger als zweimal vorkommt oder mehrere Nullstellen doppelt oder häufiger vorkommen, ist der nachfolgende Ansatz entsprechend zu erweitern.

1) Mittels der gefunden Nullstellen (x_{N1} bis x_{Nn-1}) oder der gegebenen Zerlegung kann der Nenner in folgender Form geschrieben werden:

$$(x - x_{N1})^2 * (x - x_{N2}) * \ldots * (x - x_{Nn-1})$$

2) Für die Partialbruchzerlegung wird der folgende Ansatz gewählt:

$$\frac{a_0 x^0 + a_1 x^1 + \ldots + a_m x^m}{(x - x_{N1}) * \ldots * (x - x_{Nn-1})}$$

$$= \frac{A_1}{x - x_{N1}} + \frac{A_2}{(x - x_{N1})^2} + \frac{A_3}{x - x_{N2}} + \ldots + \frac{A_n}{x - x_{Nn-1}}$$

3 - 5) Wie zuvor angegeben.

6) Wie zuvor, das hier zusätzlich auftretende Integral über $\dfrac{A_2}{(x - x_{N1})^2}$ kann mittels Substitution ($y = x - x_{N1}$) gelöst werden.

Fall C: Es existieren nur (n–2) reelle Nullstellen des Nenners.

Nachfolgend werden lediglich die Änderungen gegenüber dem zuvor bereits beschriebenen Fall A dargestellt. Es wird hierbei davon ausgegangen, dass für den Term[1] $(x^2 + a^2)$ keine reelle Nullstelle existiert.

1) Mittels der gefunden Nullstellen (x_{N1} bis x_{N-2}) und dem Term $(x^2 + a^2)$, kann der Nenner in folgender Form geschrieben werden:

$$(x - x_{N1})^2 * \ldots * (x - x_{Nn-2}) * (x^2 + a^2)$$

2) Für die Partialbruchzerlegung wird der folgende Ansatz gewählt:

$$\frac{a_0x^0 + a_1x^1 + \ldots + a_mx^m}{(x - x_{N1}) * \ldots * (x - x_{Nn-2}) * (x^2 + a^2)}$$

$$= \frac{A_1}{x - x_{N1}} + \ldots + \frac{Bx + C}{x^2 + a^2}$$

3 – 5) Wie zuvor angegeben.

6) Bei der Lösung der Integrale ist für den Term mit $(x^2 + a^2)$ Folgendes zu beachten:

$$\int \frac{Bx + C}{x^2 + a^2} \, dx = \int \frac{Bx}{x^2 + a^2} \, dx + \int \frac{C}{x^2 + a^2} \, dx$$

Das erste der beiden Integrale kann mittels Substitution ($y = x^2 + a^2$) gelöst werden.

Für das zweite Integral gilt:

$$\int \frac{C}{x^2 + a^2} \, dx = C * \frac{1}{a} \arctan \frac{x}{a}$$

Speziell für den Fall a=1 ergibt sich somit:

$$\int \frac{C}{x^2 + 1} \, dx = C * \arctan(x)$$

Nachfolgend sind einige weitere Anmerkungen zur Partialbruchzerlegung

---

1: Allgemein kann es sich um einen Term der Gestalt $(x^2 + bx + c)$ handeln. Allerdings wird die Integration für diesen allgemeinen Fall recht kompliziert. Im Rahmen der Schulmathematik wird dieser allgemeine Fall in der Regel nicht behandelt.

angeführt:

1) Voraussetzung für die zuvor dargelegte Durchführung der Partialbruchzerlegung ist, dass vor der höchsten x‑Potenz im Nenner eine 1 als Faktor steht. Bei dem folgenden Ausdruck ist diese Bedingung nicht erfüllt:

$$f(x) = \frac{4x^2 - 2x + 6}{2x^3 - 2x + 4}$$

Wenn man den Bruch mit $\frac{1}{2}$ erweitert, also den Zähler und den Nenner durch 2 teilt, ergibt sich:

$$= \frac{2x^2 - x + 3}{x^3 - x + 2}$$

Jetzt hat man die für die Partialbruchzerlegung notwendige Form erhalten.

2) Voraussetzung für die Partialbruchzerlegung ist weiterhin, dass die höchste x‑Potenz im Nenner höher als die höchste x‑Potenz im Zähler ist. Ist dies nicht der Fall, so kann man zunächst den Zähler mittels Polynomdivision durch den Nenner teilen. Nachfolgend wird ein Beispiel betrachtet:

$$f(x) = \frac{x^3 + 1}{x^2 - 2}$$

Die Polynomdivision ergibt:

$$\begin{array}{l} x^3 + 1 \ \div (x^2 - 2) = x \dots \\ \underline{-(x^3 - 2x)} \\ \quad 2x + 1 \end{array}$$

Somit ergibt sich:

$$f(x) = \frac{x^3}{x^2 - 2} = x + \frac{2x + 1}{x^2 - 2}$$

Jetzt ist bei dem Bruch die für die Partialbruchzerlegung notwendige Bedingung erfüllt.

3) Wenn bei der Bestimmung der Zerlegung des Nenners in Faktoren **einzelne Faktoren mehrfach vorkommen**, ist dies bei der Zerlegung in Parialbrüche entsprechend zu berücksichtigen. Wenn ein Faktor z. B. in der dritten Potenz auftritt, so sind für diesen Faktor drei Partialbrüche zu bilden. Lautet der Faktor z. B. $(x - 3)^3$, so müssen die

folgenden Partialbrüche gebildet werden:

$$\frac{A_1}{x-3} + \frac{A_2}{(x-3)^2} + \frac{A_3}{(x-3)^3}$$

Taucht der Faktor $(x^2 + 4)$ in zweiter Potenz auf, so sind folgende Terme zu bilden:

$$\frac{B_1 x + C_1}{x^2 + 4} + \frac{B_2 x + C_2}{(x^2 + 4)^2}$$

8.7 Tabelle wichtiger Stammfunktionen

Für einige spezielle Fälle wurde im vorherigen Abschnitt besprochen, wie diese zu integrieren sind. Es wurde bisher keine allgemeine Regel angegeben, wie Produkte von Funktionen oder verkettete Funktionen integriert werden können. Dies hat einen Grund: Es gibt keine solche Regel. Es gibt sogar Funktionen, die sich gar nicht (geschlossen) integrieren lassen. Dies bedeutet, dass es für diese Funktionen keine Stammfunktion gibt. Ein Beispiel für eine solche Funktion ist die Normalverteilung. Unnormiert hat diese die Gestalt $f(x) = e^{-x^2}$. Das Integral über diese Funktion liefert die Gaußsche Summenfunktion, die bei einer normalverteilten Größe die Wahrscheinlichkeit angibt, dass der Wert für x zwischen den Integralgrenzen liegt. Da es keine Funktion gibt, die abgeleitet e^{-x^2} ergibt, kann die Gaußsche Summenfunktion nur numerisch (d.h. durch Näherungsverfahren) berechnet werden.

Nachfolgend wird eine Übersicht über die wichtigsten Stammfunktionen gegeben. Zeilen, die mit ⇒ beginnen, lassen sich immer durch Anwendung der „nächsthöheren" Regel ohne ⇒ berechnen. Rechts in der Tabelle steht jeweils die Stammfunktion der linken Funktion. Diese Formulierung ist natürlich gleichbedeutend damit, dass links jeweils die Ableitung der rechten Funktion steht.

Es ist jeweils eine Stammfunktion angegeben worden. Alle Stammfunktionen ergeben sich, wenn jeweils noch eine beliebige Konstante addiert wird.

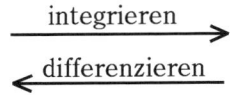

integrieren →

← differenzieren

Funktion	Stammfunktion
f(x)	F(x)
$x^{-1} = \frac{1}{x}$	$\ln\lvert x\rvert$
$\Rightarrow \frac{1}{x+a}$	$\ln\lvert x+a\rvert$
$x^n \quad n \in \mathbb{R}\setminus\{-1\}$	$\frac{1}{n+1}x^{n+1}$
$\Rightarrow \sqrt{x} = x^{\frac{1}{2}}$	$\frac{1}{\frac{1}{2}+1}*x^{\frac{1}{2}+1} = \frac{2}{3}*x^{\frac{3}{2}}$
$\Rightarrow \frac{1}{x^3} = x^{-3}$	$\frac{1}{-3+1}*x^{-3+1} = -\frac{1}{2}x^{-2}$
$\Rightarrow \frac{1}{\sqrt[3]{x^5}} = x^{-\frac{5}{3}}$	$\frac{1}{-\frac{5}{3}+1}*x^{-\frac{5}{3}+1} = -\frac{3}{2}*x^{-\frac{2}{3}}$
$\Rightarrow (ax+b)^n \quad n \in \mathbb{R}\setminus\{-1\}$	$\frac{1}{a}*\frac{1}{n+1}*(ax+b)^{n+1}$
$\Rightarrow a, \quad a \in \mathbb{R}$	$a*x$
$\sin(x)$	$-\cos(x)$
$\cos(x)$	$\sin(x)$
$\ln(x)$	$x*\ln(x)-x$
$\Rightarrow \ln(a*x) = \ln(a)+\ln(x)$	$\ln(a)*x + x*\ln(x)-x$
e^x	e^x
$\Rightarrow e^{a*x}$	$\frac{1}{a}e^{a*x}$
$\Rightarrow a^x = e^{\ln(a)*x}$	$\frac{1}{\ln(a)}*e^{\ln(a)*x} = \frac{1}{\ln(a)}*a^x$
$\tan(x)$	$-\ln\lvert\cos(x)\rvert$
$\frac{1}{x^2+1}$	$\arctan(x)$
$\frac{a*g'(x)}{g(x)}$	$a*\ln(g(x))$

Wie im vorherigen Abschnitt gezeigt, bleiben Faktoren beim Integrieren erhalten. Dies bedeutet, dass, wenn eine der angeführten Funktionen mit einem beliebigem Faktor multipliziert wird, auch die Stammfunktion mit diesem Faktor multipliziert werden muss. Außerdem können Summen und Differenzen von Funktionen einzeln integriert werden:

$\int a*f(x)\,dx$	$= a * \int f(x)\,dx$
$\int (f(x) \pm g(x))\,dx$	$= \int (f(x))\,dx \pm \int (g(x))\,dx$

Für Brüche bietet sich folgende Umformung an:

$\int \frac{f(x) \pm h(x)}{g(x)}\,dx$	$= \int \frac{f(x)}{g(x)}\,dx \pm \int \frac{h(x)}{g(x)}\,dx$

Bezüglich der Stammfunktionen, bei denen der ln auftaucht, sei angemerkt, dass häufiger die Betragsstriche weggelassen werden, dann wird die Stammfunktion nur für $\mathbb{R}_+$ angegeben.

Die nachfolgende Tabelle ist für Ergänzungen der angeführten Integrale gedacht. Hier kann sich jeder weitere Integrale eintragen, die er für wichtig hält.

Funktion	Stammfunktion
f(x)	F(x)

8.8   Integralfunktionen

Wenn die eine Grenze eines bestimmten Integrals eine Variable ist, so wird durch diesen Ausdruck eine Funktion definiert. Eine solche Funktion nennt man **Integralfunktion**:

$$F(x) = \int_a^x g(t)dt \quad \text{wobei a eine Konstante ist.}$$

Die Variable in dem Integral wurde hier mit t bezeichnet, denn x ist ja bereits die Bezeichnung für die Grenze des Integrals.

In der nebenstehenden Zeichnung gibt die Integralfunktion F(X) die Fläche von a bis x an, die die Funktion g(t) mit der x-Achse einschließt. Je nachdem, wie groß x ist, ändert sich der Wert der Fläche. Der angeführte direkte Zusammenhang zwischen dem Funktionswert einer Integralfunktion und der Fläche gilt allerdings nur, wenn g(t) ≥ 0 und x $\geq$ a gilt.

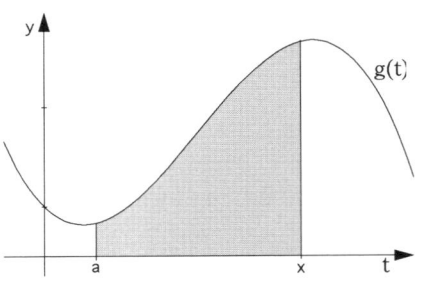

Beim Lösen des Integrals ergibt sich:

$$F(x) = \int_a^x g(t)dt = [G(t)]_a^x = G(x) - G(a)$$

Wenn man diese Funktion ableitet, ergibt sich:

$$F'(x) = g(x)$$

Da der hintere Term nicht von x abhängig ist, fällt er beim Differenzieren weg.

Die Ableitung einer Integralfunktion ist also die Funktion, die im Integral steht.

Der angeführte Zusammenhang gilt allerdings nur, wenn x die obere Grenze des Integrals ist. Ist x die untere Grenze, ergibt sich:

$$F(x) = \int_x^a g(t)dt = [G(t)]_x^a = G(a) - G(x)$$

Für die Ableitung dieser Funktion gilt:

$F'(x) = -g(x)$

Wenn x als untere Grenze eingesetzt wird, ergibt sich für die Ableitung der Integralfunktion also das Negative der Funktion, die im Integral steht.

Die angeführten Zusammenhänge sind z.B. sehr nützlich, wenn Extremstellen von Integralfunktionen bestimmt werden sollen. Es sei folgende Funktion auf Extremstellen zu untersuchen:

$$F(x) = \int_{3}^{x}(t-2)(t+1)dt$$

Ohne weitere Rechnung kann man sofort die Ableitung der Funktion angeben:

$F'(x) = g(x) = (x-2)(x+1)$

8.9 Uneigentliche Integrale

Bisher wurden nur Integrale über **endliche Intervalle** und im Integrationsbereich **beschränkte Funktionen** betrachtet. Wenn diese Bedingungen nicht erfüllt sind, so spricht man von **uneigentlichen** Integralen.

Nebenstehend ist die Funktion

$$f(x) = \frac{1}{\sqrt{x}}$$

dargestellt. Die Funktion geht für kleine x-Werte gegen unendlich, sie ist somit nicht beschränkt. Die Fläche, die die Funktion zwischen 0 und 1 mit der x-Achse einschließt, wurde grau dargestellt. Die

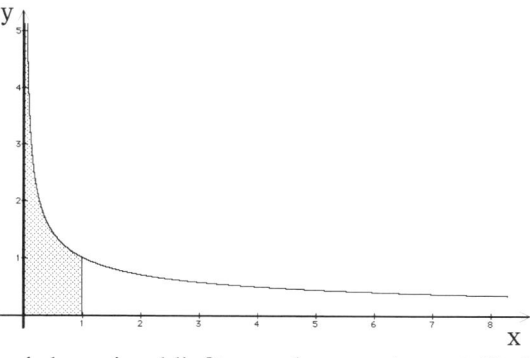

Höhe dieser Fläche ist ∞, denn die Funktion steigt für kleine x immer stärker an und erreicht die y-Achse nie. Anhand der Zeichnung lässt sich aber vermuten, dass ein Grenzwert für die Fläche existieren könnte.

Für die Fläche ergibt sich das folgende Integral:

$$\int_0^1 \frac{1}{\sqrt{x}} \, dx$$

Die Funktion ist allerdings bei x=0 nicht definiert. Das Integral ist daher eine abkürzende Schreibweise für folgenden Grenzwert:

$$\int_0^1 \frac{1}{\sqrt{x}} \, dx = \lim_{a \to 0} \int_a^1 \frac{1}{\sqrt{x}} \, dx$$

Das Integral kann nun zunächst bestimmt und anschließend der Grenzwert ausgerechnet werden:

$$\lim_{a \to 0} \int_a^1 \frac{1}{\sqrt{x}} \, dx = \lim_{a \to 0} \int_a^1 x^{-\frac{1}{2}} \, dx$$

$$= \lim_{a \to 0} \left[2x^{\frac{1}{2}} \right]_a^1 = \lim_{a \to 0}(2 * 1^{\frac{1}{2}} - 2a^{\frac{1}{2}}) = 2 - 0 = 2$$

Es handelt sich also tatsächlich um eine endliche Fläche, obwohl die Ausdehnung dieser Fläche in y-Richtung unendlich groß ist. Als Stammfunktion hatte sich zuvor die Funktion $2x^{\frac{1}{2}}$ ergeben. Man hätte statt der Grenzwertbetrachtung auch direkt die Grenze 0 in diese Funktion einsetzen können und wäre zu demselben Ergebnis gekommen. Allerdings gibt es auch Fälle, bei denen ein einfaches Einsetzen der Grenzen zu einem nicht definierten Ausdruck führt und dann tatsächlich überprüft werden muss, ob ein Grenzwert existiert. Nachfolgend wird ein Beispiel hierzu betrachtet:

Es sei folgendes Integral zu lösen:

$$\int_0^1 \frac{1}{x} \, dx$$

Die Berechnung ergibt:

$$\int_0^1 \frac{1}{x} \, dx = \lim_{a \to 0} \int_a^1 \frac{1}{x} \, dx$$

$$= \lim_{a \to 0} \left[\ln(x)\right]_a^1 = \lim_{a \to 0} (\ln(1) - (\ln(a)))$$

Nach den Grenzwertsätzen können die Grenzwerte einzeln bestimmt werden:

$$= \lim_{a \to 0} \ln(1) - \lim_{a \to 0} \ln(a) = 0 - \lim_{a \to 0} \ln(a)$$

Der ln(a) geht für a gegen 0 gegen – ∞, daher existiert kein Grenzwert.

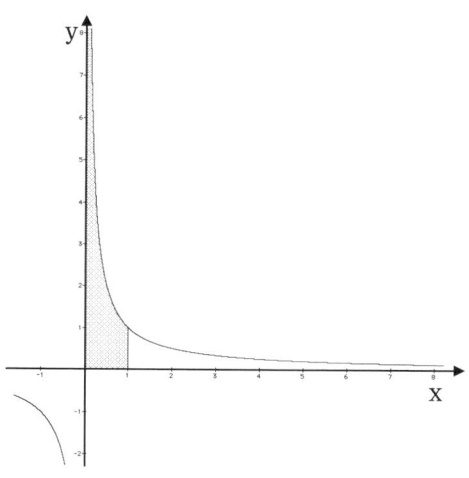

Für die betrachtete Fläche gibt es also keinen Grenzwert. Nebenstehend sind die Funktion und die entsprechende Fläche graphisch dargestellt. Anhand der Zeichnung lässt sich nicht ohne weiteres erkennen, ob für die Fläche ein Grenzwert existiert.

Für dieselbe Funktion soll nun die mit der x–Achse zwischen 2 und ∞ eingeschlossene Fläche berechnet werden. Auch hierbei handelt es sich um

eine Grenzwertbetrachtung. Nebenstehend ist die entsprechende Fläche dargestellt. Es ergibt sich folgender Grenzwert:

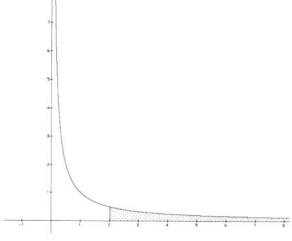

$$\int_2^\infty \frac{1}{x}\,dx = \lim_{a\to\infty}\int_2^a \frac{1}{x}\,dx$$

$$= \lim_{a\to\infty}[\ln(x)]_2^a = \lim_{a\to\infty}[\ln(a) - \ln(2)]$$

$$= \lim_{a\to\infty}\ln(a) - \ln(2)$$

Der ln(a) geht für a gegen ∞ ebenfalls gegen unendlich, so dass kein Grenzwert existiert.

Nachfolgend wird dieselbe Fläche unterhalb der Funktion $f(x) = \frac{1}{x^2}$ berechnet:

$$\int_2^\infty \frac{1}{x^2}dx = \lim_{a\to\infty}\int_2^a \frac{1}{x^2}\,dx = \lim_{a\to\infty}\int_2^a x^{-2}\,dx = \lim_{a\to\infty}[-x^{-1}]_2^a$$

$$= \lim_{a\to\infty}(-a^{-1} - (-2^{-1})) = \lim_{a\to\infty}(-a^{-1}) + 2^{-1} = 0 + \frac{1}{2} = \frac{1}{2}$$

8.10   Berechnung von Summen mittels Integralen

Summen können durch Integrale approximiert (angenähert) werden. Dieses ist insbesondere deshalb sinnvoll, weil sich Integrale oft erheblich einfacher berechnen lassen. Es sei die **Summe** aller natürlichen Zahlen von 1 bis 1.000 zu berechnen:

$$\sum_{i=1}^{1000} i$$

Diese Summe lässt sich mit einem Trick relativ einfach berechnen. Man fasst immer zwei Zahlen zusammen, so dass sich jeweils 1.001 ergibt:

1.000	999	998	997	996	995	994	993	992	...501
+1	+2	+3	+4	+5	+6	+7	+8	+9	...+500
=1.001	1.001	1.001	1.001	1.001	1.001	1.001	1.001	1.001	...1.001

Insgesamt kann man also 500 mal 1.001 zusammenbasteln. Somit ergibt sich:

$$\sum_{x=1}^{1000} x = 500 * 1.001 = 500.500$$

Wie kann nun die Summe durch ein Integral ersetzt werden? Die einzelnen Summanden lauten 1, 2, 3, ... Wenn man bei der Funktion nun um jeden Wert ein Intervall von der Breite 1 legt, so sind die dabei entstehenden Flächen eine gute Näherung für den jeweiligen mittleren x-Wert (da es sich um eine lineare Funktion handelt, ist die Näherung sogar exakt).

Nebenstehend ist der Sachverhalt graphisch dargestellt. Die Summe aller Flächen erhält man also, indem die Funktion von 0,5 bis 1000,5 integriert wird. Dieses Integral wird nachfolgend berechnet:

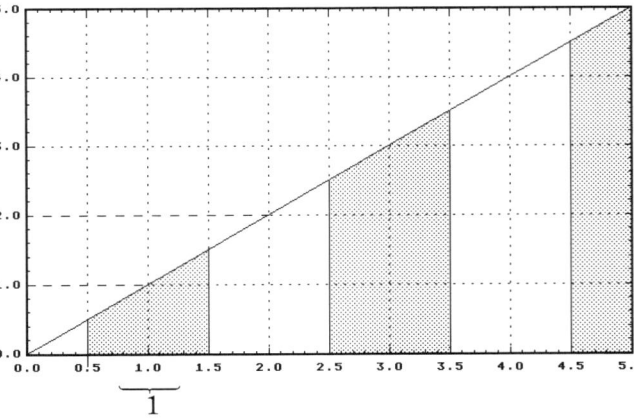

$$\int_{0,5}^{1000,5} x \ dx = [\tfrac{1}{2}x^2]_{0,5}^{1000,5} = 500500,125 - 0,125 = 500500$$

Das Integral liefert hier also exakt den gleichen Wert. Dies liegt allerdings daran, dass es sich um eine lineare Funktion handelt. In dem Beispiel war es auch ohne Integral relativ leicht möglich, die Summe zu berechnen. Viele Summen können aber nicht auf so einfache Art berechnet werden, so dass die Näherung durch ein Integral durchaus Sinn macht. So z.b. bei folgender Summe:

$$\sum_{x=1}^{1000} x^3$$

8.11 Rotationskörper

Wenn man eine Funktion um die x-Achse rotieren lässt, so ergibt sich ein Rotationskörper. Der Radius dieses Rotationskörpers entspricht jeweils dem zugehörigem Funktionswert (r=f(x)). Für die Fläche eines Kreises gilt: $A = \Pi r^2$. Somit ergibt sich für die Fläche einer Kreisscheibe des Rotationskörpers: $A = \Pi * f(x)^2$. Wenn man nun die einzelnen Kreisscheiben des Rotationskörpers mittels des Integrales quasi aufaddiert, so erhält man als Lösung des Integrals das Volumen des Rotationskörpers.

Es sei folgende Funktion gegeben:

$$f(x) = 0,5x$$

Welches Volumen hat der Rotationskörper, der entsteht, wenn man diese Funktion um die x-Achse rotieren lässt und man den Körper zwischen x=0 und x=2 betrachtet? Entsprechend den vorherigen Ausführungen muss zur Lösung dieser Aufgabe folgendes Integral gelöst werden:

$$\int_0^2 \Pi * (0,5x)^2 dx = \Pi * \frac{1}{4} \int_0^2 x^2 dx = \Pi * \frac{1}{4} * [\frac{1}{3}x^3]_0^2$$

$$= \Pi * \frac{1}{4} * (\frac{1}{3}2^3 - \frac{1}{3}0^3) = \frac{2}{3}\Pi$$

Bei dem zuvor betrachteten Körper handelt es sich um einen Kegel mit der Höhe 2 und einem Radius der Grundfläche von $\frac{1}{2}*2=1$. In diesem einfachen Fall kann man das Ergebnis auch mittels der bekannten Formel für das Volumen eines Kegels: $A = \frac{1}{3} *$ Höhe $*$ Grundfläche berechnen.

Wenn die Funktion streng monoton ist, kann auch das Volumen von Drehkörpern um die y-Achse berechnet werden, hierzu muss erst die Umkehrfunktion gebildet werden. Für die Umkehrfunktion berechnet man dann, wie zuvor beschrieben, den Rotationskörper um die x–Achse. Dieser Rotationskörper um die x–Achse entspricht dem ursprünglichem Rotationskörper um die y–Achse, denn durch die Bildung der Umkehrfunktion wurden quasi x– und y–Achse vertauscht.

Wenn die Fläche zwischen zwei Funktionen um die x–Achse rotieren soll, so muss man zur Volumenberechnung des entstehenden Drehkörpers zunächst das Volumen der Drehkörper für die einzelnen Funktionen berechnen. Nachfolgend zieht man von dem Volumen für die weiter von der x–Achse entfernt liegende Funktion das Volumen des anderen Drehkörpers ab.

8.12 Übungsaufgaben

Zur Übung sollte zunächst versucht werden, die nachfolgenden Aufgaben selbst zu lösen.

Berechnen Sie die Integrale:

1 $\int\limits_{2}^{4} (\frac{4}{x} + x - 4)\, dx$

2 $\int\limits_{2}^{3} (\cos(x) - \frac{1}{x} + \frac{1}{\sqrt[3]{x^5}} - e^{-x})\, dx$

3 $\int\limits_{1}^{2} \frac{x^2 + x - 1}{x^2}\, dx$

4 Bestimmen Sie die obere Grenze b (b≠0) so, dass gilt:
$\int\limits_{0}^{b} (3x^2 - 10x + 6)\, dx = 0$

5 Zeigen Sie, dass F: x → ln(ln(x)) Stammfunktion von

$f: x \to \dfrac{1}{x * \ln(x)}$ ist.

6 Berechnen Sie das Integral
$\int\limits_{1}^{2} (\sin(x) + e^{2x} - x^{-3} + \frac{1}{x})\, dx$

7 Bestimmen Sie $\lim\limits_{b \to \infty} \int\limits_{1}^{b} \dfrac{x-2}{x^3}\, dx$.

8 Berechnen Sie das folgende Integral:

$\int\limits_{-4}^{4} (ax^3 - bx)\, dx$

Lösungsvorschläge:

1 $\int\limits_{2}^{4} \left(\dfrac{4}{x} + x - 4\right) dx = \left[\, 4\ln(x) + \dfrac{1}{2}x^2 - 4x \,\right]_{2}^{4}$

$= 4\ln(4) + \dfrac{1}{2}4^2 - 4*4 - \left(4\ln(2) + \dfrac{1}{2}2^2 - 4*2\right)$

$= 5{,}545 + 8 - 16 - 2{,}773 - 2 + 8 = 0{,}773$

---

2 $\int\limits_{2}^{3}\left(\cos(x) - \dfrac{1}{x} + \dfrac{1}{\sqrt[3]{x^5}} - e^{-x}\right) dx$

$= \int\limits_{2}^{3}\left(\cos(x) - \dfrac{1}{x} + x^{-\frac{5}{3}} - e^{-x}\right) dx$

$= \left[\, \sin(x) - \ln(x) - \dfrac{3}{2}x^{-\frac{2}{3}} + e^{-x} \,\right]_{2}^{3}$

$= \sin(3) - \ln(3) - \dfrac{3}{2}3^{-\frac{2}{3}} + e^{-3} - \left(\sin(2) - \ln(2) - \dfrac{3}{2}2^{-\frac{2}{3}} + e^{-2}\right)$

$= 0.141 - 1.099 - 0.721 + 0.05 - 0.909 + 0.693 + 0.945 - 0.135 = \mathbf{-1.035}$

---

3 $\int\limits_{1}^{2}\dfrac{x^2 + x - 1}{x^2}\, dx = \int\left(\dfrac{x^2}{x^2} + \dfrac{x}{x^2} - \dfrac{1}{x^2}\right) dx = \int\left(1 + \dfrac{1}{x} - \dfrac{1}{x^2}\right) dx$

$= \int 1\, dx + \int\dfrac{1}{x}dx - \int x^{-2} dx = \left[\, x + \ln(x) + x^{-1} \,\right]_{1}^{2}$

$= 2 + \ln(2) + \dfrac{1}{2} - (1 + \ln(1) + 1)$

$= 2 + 0{,}693 + 0.5 - 1 - 0 - 1 = 1{,}193$

4 Hier muss das Integral berechnet und das Ergebnis dann gleich Null gesetzt werden.

$$\int_0^b (3x^2 - 10x + 6)\, dx = \left[\, x^3 - 5x^2 + 6x \,\right]_0^b$$

$$= b^3 - 5b^2 + 6b - (\, 0 - 0 + 0\,) = b^3 - 5b^2 + 6b$$

$$b^3 - 5b^2 + 6b = 0 \Leftrightarrow b * (b^2 - 5b + 6) = 0$$

$$\Leftrightarrow b = 0 \vee b^2 - 5b + 6 = 0$$

In der Aufgabenstellung ist angegeben, dass $b \neq 0$ sein soll. somit kommt nur die zweite Bedingung in Frage. Die quadratische Gleichung wird nachfolgend gelöst (siehe Anhang):

$$b^2 - 5b + 6 = 0 \Leftrightarrow (b - 2,5)^2 - 6,25 + 6 = 0$$
$$\Leftrightarrow (b - 2,5)^2 = 0,25 \Leftrightarrow b - 2,5 = 0,5 \vee b - 2,5 = -0,5$$
$$\Leftrightarrow \mathbf{b = 3 \vee b = 2}$$

---

5 Die Ableitung der Stammfunktion muss die Funktion ergeben. Am einfachsten ist es bei dieser Aufgabe, dieses nachzuweisen.

$F(x) = \ln(\ln(x))$ ist eine verkettete Funktion, so dass die Kettenregel angewendet werden muss:

$$F(x) = g(h(x)) \Rightarrow g(y) = \ln(y) \quad h(x) = \ln(x)$$

äußere Ableitung: $g'(y) = \dfrac{1}{y} \Rightarrow g'(x) = \dfrac{1}{\ln(x)}$

innere Ableitung: $h'(x) = \dfrac{1}{x}$

$$\Rightarrow F'(x) = h'(x) * g'(x) = \frac{1}{x * \ln(x)} = f(x)$$

---

6 $\displaystyle\int_1^2 \left(\, \sin(x) + e^{2x} - x^{-3} + \frac{1}{x} \,\right) dx$

$$= \left[\, -\cos(x) + 0,5 e^{2x} + \frac{1}{2} x^{-2} + \ln(x) \,\right]_1^2$$

$$= -\cos 2 + 0,5e^{2*2} + \frac{1}{2}\, 2^{-2} + \ln 2 - (-\cos 1 + 0,5e^{2*1} + \frac{1}{2}\, 1^{-2} + \ln 1)$$

$$= 0,416 + 27,299 + 0,125 + 0,693 + 0,54 - 3,695 - 0,5 - 0 = 24,88$$

7 Zunächst muss das Integral gelöst werden. Aus dem Bruch lassen sich zwei einzelne Brüche machen:

$$\lim_{b \to \infty} \int_1^b \frac{x-2}{x^3}\, dx = \lim_{b \to \infty} \int_1^b \frac{1}{x^2} - \frac{2}{x^3}\, dx$$

$$= \lim_{b \to \infty} \left[-x^{-1} + x^{-2} \right]_1^b = \lim_{b \to \infty} (-b^{-1} + b^{-2} - (-1 + 1)) = 0$$

8 $$\int_{-4}^4 (ax^3 - bx)\, dx = \left[\frac{1}{4}ax^4 - \frac{1}{2}bx^2 \right]_{-4}^4$$

$$= \frac{1}{4}a*4^4 - \frac{1}{2}b*4^2 - (\frac{1}{4}a*(-4)^4 - \frac{1}{2}b*(-4)^2) = 0$$

Anmerkung: Da die Funktion nur ungeradzahlige x-Potenzen enthält, handelt es sich um eine punktsymmetrische Funktion zum Ursprung. Werden punktsymmetrische Funktionen über ein Intervall integriert, dessen Mitte der Ursprung ist, so ergibt sich immer Null, denn die beiden Flächen links und rechts des Ursprungs sind gleichgroß, gehen aber beim Integrieren mit einem unterschiedlichen Vorzeichen ein.

9 Anhang

Nachfolgend werden zunächst einige wichtige mathematische Grundfertigkeiten besprochen. Hierbei handelt es sich um Methoden, die zur Lösung von sehr vielen Aufgaben benötigt werden. Fast alle hier behandelten Dinge sind Schulstoff in der Mittelstufe. **Gewissermaßen handelt es sich um eine Zusammenstellung der für die Oberstufe wichtigsten Begriffe aus der Mittelstufe.**

Weiterhin werden typische Fehler besprochen und es werden wichtige Formeln und mathematische Zeichen angeführt.

9.1 Lösungen von Gleichungen

In sehr vielen Aufgaben zu sehr unterschiedlichen Gebieten ist es notwendig, Gleichungen oder Gleichungssysteme zu lösen. Deshalb wird nachfolgend ein Überblick über die Lösungsverfahren gegeben.

9.1.1 Lineare Gleichungen

Wenn eine lineare Gleichung nach einer Variablen aufgelöst werden soll, so sollten zunächst alle Terme mit dieser Variablen auf die eine Seite und alle anderen Terme auf die andere Seite gebracht werden:

$$3x + 5x - 14 = x \mid -x$$

$$7x - 14 = 0 \mid +14$$

$$\Leftrightarrow 7x = 14$$

Dann kann durch den Faktor vor der Variablen geteilt werden:

$$7x = 14 \mid \div 7$$

$$x = 2$$

9.1.2 Quadratische Gleichungen

Bei quadratischen Gleichungen taucht die Variable in zweiter Potenz auf. Folgende Gleichung ist z.B. eine quadratische Gleichung:

$$2x^2 - 4x = 6$$

Eine derartige Gleichung kann man entweder mittels einer quadratischen Ergänzung lösen oder die auf diese Weise hergeleitete pq-Formel benutzen.

9.1.2.1 Quadratische Ergänzung

Der Term mit x^2 und der mit x^1 müssen beide auf einer Seite der Gleichung stehen. Dies ist hier der Fall. Zunächst muss dafür gesorgt werden, dass vor dem x^2 kein Faktor mehr steht:

$$2x^2 - 4x = 6 \mid \div 2$$
$$\Leftrightarrow x^2 - 2x = 3$$

Nun wird die linke Seite der Gleichung so umgeformt, dass eine Klammer entsteht, die quadriert wird. Folgende Klammer ergibt quadriert:

$$(x - 1)^2 = x^2 - 2x + 1$$

Die ersten beiden Terme entsprechen den ersten beiden Termen in der obigen Gleichung. Wenn man die linke Seite der obigen Gleichung durch die Klammer ersetzt, so muss der dritte Term (die 1) wieder abgezogen werden:

$$x^2 - 2x = 3 \Leftrightarrow (x - 1)^2 - 1 = 3$$

(Den zweiten Ausdruck in der Klammer erhält man, indem der in der Gleichung vor dem x stehende Faktor durch zwei geteilt wird ($-1 = \frac{-2}{2}$).)

Die Gleichung kann nun nach x aufgelöst werden:

$$(x - 1)^2 - 1 = 3 \mid +1$$
$$\Leftrightarrow (x - 1)^2 = 4 \mid \sqrt{\ }$$

Nun wird die Wurzel gezogen. Hierbei ist zu beachten, dass es immer die positive und die negative Wurzel gibt:

$$\Leftrightarrow x - 1 = 2 \text{ oder } x - 1 = -2$$
$$\Leftrightarrow x = 3 \text{ oder } x = -1$$

Außer der hier angeführten Schreibweise ist es auch gebräuchlich, die verschiedenen Lösungen durchzunummerieren. Man würde dann schreiben:

$$x_1 = 3 \quad \text{und} \quad x_2 = -1$$

9.1.2.2 pq-Formel

Mittels der quadratischen Ergänzung kann eine allgemeine Formel zur Lösung von quadratischen Gleichungen hergeleitet werden. Man formt die Gleichung zunächst so um, dass auf der einen Seite der Gleichung eine Null steht, anschließend sorgt man durch das Multiplizieren (oder auch Teilen) der Gleichung mit einem geeigneten Faktor dafür, dass vor dem x^2 nur noch eine 1 steht. Den Faktor, der nun noch vor dem x steht, nennt man p und den Term, der ohne x steht, q, die Gleichung lautet dann:

$$x^2 + px + q = 0$$

Diese Gleichung kann nun mittels quadratischer Ergänzung gelöst werden.

$$x^2 + px + q = 0$$

$$\Leftrightarrow (x + \tfrac{p}{2})^2 - \left(\tfrac{p}{2}\right)^2 + q = 0 \mid + \left(\tfrac{p}{2}\right)^2 - q$$

$$\Leftrightarrow (x + \tfrac{p}{2})^2 = \left(\tfrac{p}{2}\right)^2 - q \mid \sqrt{}$$

$$\Leftrightarrow x + \tfrac{p}{2} = \pm \sqrt{\left(\tfrac{p}{2}\right)^2 - q} \mid - \tfrac{p}{2}$$

Als Lösung für x ergibt sich somit:

$$x = -\tfrac{p}{2} \pm \sqrt{\left(\tfrac{p}{2}\right)^2 - q}$$

Da in der Gleichung p und q auftreten, nennt man die Formel häufig auch pq–Formel.

Nachfolgend wird das zuvor schon angeführte Beispiel mit der pq–Formel berechnet:

$$2x^2 - 4x = 6$$

Zunächst wird die 6 auf die andere Seite gebracht. Nachfolgend wird die Gleichung durch 2 geteilt:

$$2x^2 - 4x = 6 \mid -6$$

$$\Leftrightarrow 2x^2 - 4x - 6 = 0 \mid \div 2$$

$$\Leftrightarrow x^2 - 2x - 3 = 0$$

An dieser Gleichung kann man nun den Wert für p und q ablesen, p ist der Wert, mit dem x multipliziert wird, und q ist der Wert, der alleine steht. Wichtig ist, dass auch das Vorzeichen zu p und q gehört. In diesem Fall hat also p den Wert von -2 und q den Wert von -3. Wenn man dies einsetzt, ergibt sich:

$$x = -\frac{-2}{2} \pm \sqrt{(\frac{-2}{2})^2 - (-3)}$$

$$x = +\frac{2}{2} \pm \sqrt{1+3}$$

$$\Leftrightarrow x = 1+2 \quad \text{oder} \quad x = 1-2$$

$$\Leftrightarrow x = 3 \quad \text{oder} \quad x = -1$$

9.1.2.3 Weitere Zusammenhänge

1) Bisweilen wird auch eine sogenannte abc–Formel zur Berechnung von quadratischen Gleichungen angeführt. Hierbei wird die Gleichung nicht so umgeformt, dass vor dem x^2 nichts mehr steht, sondern der Ausdruck vor dem x wird mit a bezeichnet. Entsprechend lautet die allgemeine Form der quadratischen Gleichung:

$$ax^2 + bx + c = 0$$

Wenn man diese Gleichung mit der quadratischen Gleichung oder auch der pq–Formel löst, so ergibt sich:

$$x = -\frac{b}{2a} \pm \sqrt{\left(\frac{b}{2a}\right)^2 - \frac{c}{a}}$$

2) Ganz allgemein gibt es für die **Anzahl der Lösungen von quadratischen Gleichungen** 3 verschiedene Möglichkeiten:

- wenn der Ausdruck in der auftretenden Wurzel negativ ist, gibt es keine Lösung
- wenn der Ausdruck in der Wurzel 0 ist, existiert genau eine Lösung
- wenn der Ausdruck in der Wurzel größer als Null ist, existieren genau zwei Lösungen

9.1.3 Homogene Gleichungen höherer Ordnung

Bei homogenen Gleichungen tauchen keine einzelnen Zahlen oder Konstanten auf. Bei solchen Gleichungen kommt man meist durch Ausklammern weiter und erhält so zumindest eine Lösung. Dies wird nachfolgend an einem Beispiel demonstriert:

Es sei folgende Gleichung dritten Grades zu lösen:

$$x^3 + x^2 - 2x = 0$$

Hier kann x ausgeklammert werden:

$$\Leftrightarrow x * (x^2 + x - 2) = 0$$

Nun ist ein Produkt entstanden. Ein Produkt ist immer dann Null, wenn einer der Faktoren Null ist. Es muss also gelten:

$$x = 0 \quad \text{oder} \quad x^2 + x - 2 = 0$$

Der rechte Ausdruck könnte nun entsprechend den Lösungsverfahren für quadratische Gleichungen weiter gelöst werden.

9.1.4 Inhomogene Gleichungen höherer Ordnung

Typisch wären hier etwa Gleichungen dritten Grades. Angenommen, es sei folgende Gleichung zu lösen:

$$x^3 + 10x^2 - x = 10$$

Numerisch können derartige Gleichungen natürlich mit Näherungsverfahren gelöst werden. Wenn man aber direkt eine Lösung finden will, so muss man zunächst eine Lösung erraten. In der Realität wird es natürlich zumeist unmöglich sein, eine Lösung zu erraten, denn im allgemeinen kann die Lösung aus irgendwelchen Zahlen aus $\mathbb{R}$ bestehen. In Klausuraufgaben sind allerdings solche Aufgaben recht beliebt, bei denen sich die Lösung einfach erraten lässt (Zumeist ist dann 1, 2, 3, -1, -2, oder -3 eine Lösung). Bei der gestellten Aufgabe ist 1 eine Lösung. Nun könnte man natürlich versuchen, weiter zu raten, aber wenn man bei einer Gleichung dritten Grades eine Lösung gefunden hat, so lassen sich die anderen Lösungen mittels **Polynomdivision** ermitteln. Zunächst muss die Funktion so umgestellt werden, dass auf der einen Seite Null steht.

$$x^3 + 10x^2 - x - 10 = 0$$

Dieser Ausdruck wird nun gewissermaßen durch die gefundene Lösung geteilt. Genaugenommen wird durch das entsprechende Polynom, das für die gefundene Lösung Null wird, geteilt. Es wird also aus dem gesamten Polynom sozusagen die eine Nullstelle "herausgeteilt". Die erratene Lösung war x = 1, das entsprechende Polynom lautet (x − 1), denn dieser Ausdruck wird für x = 1 gerade Null. Die nun durchzuführende Division wird nach dem Verfahren der schriftlichen Division durchgeführt.

$$x^3 + 10x^2 - x - 10 \div (x - 1) = ?$$

Zunächst muss nun ein Ausdruck gefunden werden, der, mit dem x multipliziert, gerade die höchste x−Potenz des vorderen Ausdrucks ergibt. Dieser Ausdruck ist x^2. Von der ursprünglichen Funktion muss dann das Produkt aus diesem Ausdruck und (x − 1) abgezogen werden:

$$
\begin{array}{l}
x^3 + 10x^2 - x - 10 \div (x - 1) = x^2 \dots \dots \\
\underline{-(x^3 - x^2)} \\
\quad 11x^2 - x - 10
\end{array}
$$

Für den nun unten stehenden Ausdruck muss genauso verfahren werden:

$$
\begin{array}{l}
x^3 + 10x^2 - x - 10 \div (x - 1) = x^2 + 11x + 10 \\
\underline{-(x^3 - x^2)} \\
\quad 11x^2 - x - 10 \\
\quad \underline{-(11x^2 - 11x)} \\
\qquad\quad 10x - 10 \\
\qquad\quad \underline{-(10x - 10)} \\
\qquad\qquad\quad 0
\end{array}
$$

Die restlichen Lösungen der ursprünglichen Gleichung ergeben sich jetzt durch die Lösung der übriggebliebenen Gleichung:

$$x^2 + 11x + 10 = 0$$

Diese quadratische Gleichung kann mittels der pq−Formel gelöst werden:

$$x = -5{,}5 \pm \sqrt{5{,}5^2 - 10} = -5{,}5 \pm 4{,}5$$

$$\Leftrightarrow x = -1 \ \lor \ x = -10$$

9.1.5 Gleichungen mit Quotienten

Bei Gleichungen mit Quotienten ist es in der Regel am besten, zunächst die Quotienten zu beseitigen. Diese lassen sich beseitigen, indem man die Gleichung mit ihnen multipliziert.

$$\frac{x^2 + 2}{x} = 3 + \frac{2}{x} \quad | *x$$

Hier gilt es aber zu beachten, dass nicht mit 0 malgenommen werden darf. Wenn der Nenner (hier also x) Null ist, so ist der ganze Ausdruck nicht definiert. Falls sich bei der weiteren Berechnung eine Lösung von Null ergibt, so muss diese ausgeschlossen werden.

$$\Rightarrow x^2 + 2 = 3x + 2 \quad \Leftrightarrow x^2 - 3x = 0 \quad \Leftrightarrow x(x - 3) = 0$$

$$\Leftrightarrow x = 0 \ \lor \ x = 3$$

Die Lösung x=0 wurde zuvor ausgeschlossen, so dass sich als einzige Lösung x=3 ergibt.

Ein Quotient wird als Ganzes Null, wenn der Zähler Null ist und der Nenner gleichzeitig ungleich Null ist.

9.1.6 Komplexere Gleichungen

Im allgemeinen können in Gleichungen alle möglichen Funktionen auftreten. Wenn auf die betrachtete Variable eine bestimmte Funktion angewendet wird, so kann man die Funktion "entfernen", indem man die **Umkehrfunktion** auf die Gleichung anwendet. In derartigen Fällen muss man darauf achten, die Umkehrfunktion auch wirklich auf beide Seiten der Gleichung komplett anzuwenden. Dies soll nachfolgend an Beispielen verdeutlicht werden:

1) $5 + \ln(x) = a + 1 \qquad (a \in \mathbb{R})$

Um diese Gleichung nach x aufzulösen, bringt man am besten zunächst die 5 auf die andere Seite:

$$\Leftrightarrow \ \ln(x) = a - 4$$

Nun muss der ln "entfernt" werden. Hierzu wird auf die ganze Gleichung die Umkehrfunktion des ln, die e–Funktion, angewendet, so dass sich ergibt:

$$\Leftrightarrow \ x = e^{a-4}$$

Wichtig ist hierbei, die e–Funktion auf der rechten Seite auf beide Terme anzuwenden. Ein typischer Fehler wäre z. B. folgende Auflösung:

$$x = e^a - e^4 \quad \text{(falsch)}$$

Hierbei wurde die e–Funktion einfach auf die einzelnen Komponenten der rechten Seite angewendet. Dies ist aber keinesfalls zulässig, wie die folgende Auflösung des richtigen Ergebnisses zeigt:

$$x = e^{a-4} \Leftrightarrow x = e^a * e^{-4}$$

Hierbei wurde die entsprechende Rechenregel für Exponenten benutzt. Man sieht deutlich, dass sich ein anderes Ergebnis als bei der zuvor angeführten falschen Auflösung ergibt.

2) Es sei folgende Gleichung nach y aufzulösen:

$$2^y = 4x + 2 \mid \log_2$$

$$\Leftrightarrow y = \log_2(4x+2)$$

Auch hier war darauf zu achten, dass der entsprechende Logarithmus auf die ganze rechte Seite angewendet wird.

3) Nachfolgend sei noch eine relativ komplexe Gleichung gegeben, die ebenfalls nach y aufgelöst werden soll:

$$\sin(\ln(y^2+a)) = \cos(x) - 3a \mid \arcsin \quad (a \in \mathbb{R})$$

$$\Leftrightarrow \ln(y^2+a) = \arcsin(\cos(x) - 3a) \mid e^{\text{hoch}}$$

$$\Leftrightarrow y^2 + a = e^{(\arcsin(\cos(x) - 3a))} \mid -a$$

$$\Leftrightarrow y^2 = e^{(\arcsin(\cos(x) - 3a))} - a \mid \sqrt[2]{}$$

$$\Leftrightarrow y = \sqrt[2]{e^{(\arcsin(\cos(x) - 3a))} - a}$$

4) Tauchen **Wurzeln** oder **Potenzen** auf, so werden diese, falls möglich, am besten zunächst beseitigt:

$$\sqrt{x^2 - 2x} = \sqrt{x^2 + 5x + 7} \mid {}^{\wedge}2$$

Die gesamte Gleichung wird quadriert. Hierbei ergibt sich:

$$\Rightarrow x^2 - 2x = x^2 + 5x + 7 \mid -x^2 - 5x$$

$$\Leftrightarrow -7x = 7 \mid \div (-7)$$

$$\Leftrightarrow x = -1$$

Bei der ersten Umformung wurde bewusst nur ein "⇒" statt einem "⇔" verwendet. Denn wenn man das Quadrieren wieder rückgängig machen würde, müsste man die Wurzel ziehen, hierbei würde man aber in der Regel eine positive und eine negative Lösung erhalten.

9.1.7 Gleichungssysteme

9.1.7.1 Lineare Gleichungssysteme

Bei linearen Gleichungssystemen sind mehrere lineare Gleichungen gegeben, die gleichzeitig erfüllt sein sollen. Zunächst wird ein einfaches Beipiel mit 2 Gleichungen angeführt:

$$x + y = 2$$
$$x - 3y = 1$$

Aus den einzelnen Gleichungen kann man noch keine Werte für x und y bestimmen. Man muss mit geeigneten Verfahren eine Gleichung produzieren, in der nur noch eine der Variablen vorkommt. Entweder kann eine Gleichung nach einer Variablen aufgelöst und das Ergebnis dann in die andere Gleichung eingesetzt werden (**Einsetzungsverfahren**), oder man kann das **Additionsverfahren** verwenden. Hierbei addiert oder subtrahiert man zu der einen Gleichung ein Vielfaches der anderen Gleichung, so dass eine der Variablen aus der entstehenden Gleichung herausfällt. In dem Beispiel kann man einfach von der ersten Gleichung die zweite abziehen.

$$
\begin{array}{r}
x + y = 2 \\
- (x - 3y = 1) \\
\hline
0 + 4y = 1
\end{array}
$$

Aus der so entstandenen Gleichung kann nun y berechnet und das Ergebnis dann in eine der ursprünglichen Gleichungen eingesetzt werden:

$$4y = 1 \Leftrightarrow y = 0{,}25$$
$$\Rightarrow x + 0{,}25 = 2 \Leftrightarrow x = 1{,}75$$

Wenn die Anzahl der Gleichungen größer ist, kann vom Prinzip her genauso verfahren werden; es seien beispielsweise folgende 3 Gleichungen gegeben:

$$2x - 2y \quad\ = 0$$
$$x + y - 1 = -2z$$
$$x + y + z = 1$$

Hier muss man zunächst zwei Gleichungen erzeugen, in denen nur noch zwei bestimmte Variable vorkommen. Die meisten werden bei derartigen Berechnungen schon einmal erlebt haben, dass man sehr schnell den Überblick verliert und sich verzettelt. Noch problematischer wird dies natürlich bei 4, 5 oder noch mehr Gleichungen. Daher erscheint es sinnvoll, zur Lösung dieser Gleichungen eine gewisse formale Strenge einzuhalten. Wie man dies macht, wird im folgenden beschrieben, wobei es sich einfach um eine Anwendung des Additionsverfahrens handelt.

Zunächst formt man die Gleichungen so um, dass alle Variablen auf der linken Seite und alle einzelnen Zahlen oder Konstanten auf der rechten Seite stehen. In dem Beispiel sind die erste und dritte Gleichung bereits in der geforderten Form gegeben. Nur die zweite Gleichung muss umgeformt werden:

$$x + y + 2z = 1$$

Nun schreibt man die Gleichungen untereinander, wobei man darauf achten muss, dass die geichen Variablen direkt untereinander stehen:

$$
\begin{aligned}
2x - 2y \quad\quad\;\; &= 0 \mid \div 2 \\
x + \;\; y + 2z &= 1 \\
x + \;\; y + \;\; z &= 1
\end{aligned}
$$

Jetzt wird zunächst dafür gesorgt, dass die erste Variable in allen Gleichungen in gleicher Anzahl vorkommt. Hierzu wird die erste Gleichung durch 2 geteilt:

$$
\begin{aligned}
x - \;\; y \quad\quad\; &= 0 \\
x + \;\; y + 2z &= 1 \mid -\text{I} \\
x + \;\; y + \;\; z &= 1 \mid -\text{I}
\end{aligned}
$$

Nun wird in der zweiten und dritten Zeile das x eliminiert. Hierzu werden zu diesen Gleichungen geeignete Vielfache der ersten Gleichung addiert oder subtrahiert. In diesem Fall muss von der zweiten und dritten Gleichung einmal die erste Gleichung abgezogen werden. Hinter den zuvor angeführten Gleichungen wird dies durch die römischen Zahlen hinter den Gleichungen angedeutet. Werden diese Rechnungen ausgeführt, ergibt sich:

$$
\begin{aligned}
x - \;\; y \quad\quad &= 0 \\
2y + 2z &= 1 \\
2y + \;\; z &= 1 \mid -\text{II}
\end{aligned}
$$

In der zweiten und dritten Gleichung kommen nur noch y und z vor. Somit kann aus diesen Gleichungen eine neue Gleichung, in der nur noch eine Variable auftaucht, ermittelt werden. Dies wird nachfolgend erreicht, indem von der dritten Gleichung die zweite Gleichung abgezogen wird:

$$x - y \quad = 0$$
$$2y + 2z = 1$$
$$0 + 0 - z = 0$$

In der letzten Gleichung steht nun schon, wie groß z ist. Dieses Ergebnis kann man dann in die zweite Gleichung einsetzen, um y zu bestimmen, und durch Einsetzen des Ergebnisses für y in die erste Gleichung erhält man dann x:

z = 0

$$2y + 0 = 1 \Leftrightarrow \mathbf{y = 0{,}5}$$

$$x - 0{,}5 = 0 \Leftrightarrow \mathbf{x = 0{,}5}$$

9.1.7.2 Nichtlineare Gleichungssysteme

Während sich bei linearen Gleichungssystemen entweder eine eindeutige Lösung oder eine unendliche Lösungsmenge ergibt, kann es bei nicht linearen Gleichungen eine beliebige Anzahl von Lösungen geben. Manchmal muss man aufpassen, dass man bei der Lösung keine vergisst.

Für nicht lineare Gleichungssysteme gibt es kein allgemeines Lösungsverfahren wie für lineare Gleichungssysteme. Nachfolgend werden einige wesentliche Aspekte für das Lösen von nicht linearen Gleichungssystemen anhand eines Beispiels herausgearbeitet:

$$2x + y = 0$$
$$\wedge \; x^2 + y^2 = 20$$

Aus der ersten Gleichung ergibt sich:

$$y = -2x$$

Dieses Ergebnis kann nun in die zweite Gleichung für y eingesetzt werden:

$$x^2 + (-2x)^2 = 20 \Leftrightarrow x^2 + 4x^2 = 20$$

$$\Leftrightarrow 5x^2 = 20 \Leftrightarrow x^2 = 4 \Leftrightarrow x = 2 \lor x = -2$$

Aus der ersten Gleichung kann nun jeweils der y-Wert bestimmt werden:

$$y = -2 * 2 = -4 \lor y = -2 * (-2) = 4$$

Somit ergeben sich die folgenden 2 Wertepaare als Lösungen:

$$(2, -4) \text{ oder } (-2, 4)$$

9.1.8 Ungleichungen

Bei Ungleichungen taucht statt des Gleichheitszeichens der Gleichung ein kleiner (<), kleinergleich (≦), größer (>) oder größergleich (≧) Zeichen auf. Bezüglich der meisten Umformungen können Ungleichungen wie Gleichungen behandelt werden. Ein wichtiger Unterschied ergibt sich insbesondere, wenn eine Ungleichung mit einer negativen Zahl multipliziert wird. In diesem Fall muss das Relationszeichen umgedreht werden:

$$3 < 7 \quad | * (-2)$$
$$\Leftrightarrow \quad -6 > -14$$

An folgendem Beispiel kann die Sinnhaftigkeit dieser Regel gut nachvollzogen werden:

$$3 - x < 0 \,|+x \quad \Leftrightarrow \quad 3 < x$$

Natürlich könnte bei dieser Gleichung auch zuerst die 3 auf die andere Seite gebracht werden:

$$3 - x < 0 \,|-3 \quad \Leftrightarrow \quad -x < -3 \,| * (-1)$$

Wenn das Relationszeichen nun bei der Multiplikation mit −1 nicht umgedreht werden würde, so erhielte man ein anderes Ergebnis als zuvor!

Häufig wird übersehen, dass die angeführte Regel auch dann beachtet werden muss, wenn mit Termen multipliziert wird, die möglicherweise negativ sind. Es sei folgende Ungleichung aufzulösen:

$$\frac{-1}{x-2} > 1$$

Um diese Gleichung nach x aufzulösen, muss zunächst mit dem Nenner multipliziert werden:

$$\frac{-1}{x-2} > 1 \,| * (x-2) \qquad \text{(für } x \neq 2)$$

Nun muss eine **Fallunterscheidung** durchgeführt werden. Für den Fall $x > 2$ wird mit einem positiven Term multipliziert und das Relationszeichen ändert sich nicht. Für $x < 2$ wird hingegen mit einem negativen Term multipliziert, so dass das Zeichen umgedreht werden muss:

für $x > 2$	für $x < 2$
$-1 > x - 2$	$-1 < x - 2$
$\Leftrightarrow 1 > x$	$\Leftrightarrow 1 < x$
$\Leftrightarrow x < 1$	$\Leftrightarrow x > 1$

Für den Fall $x > 2$ gibt es also keine Lösung, denn x kann nicht gleichzeitig größer als 2 und kleiner als 1 sein. Eine Lösung ergibt sich nur, wenn x kleiner als 2 und größer als 1 ist. Somit lautet die Lösung für x:

$$1 < x < 2$$

Oder anders ausgedrückt:

$$x \in \,]1, 2[\quad \text{(x ist Element des offenen Intervalls zwischen 1 und 2)}$$

Wenn **Potenzen** in Ungleichungen auftauchen, so ist besondere Vorsicht geboten. Denn das Potenzieren oder Wurzelziehen kann das Vorzeichen der Seiten der Ungleichung beeinflussen, und somit sind besondere Regeln für diese Fälle erforderlich. Dies sei an dem nachfolgenden Beispielen verdeutlicht:

$$x^2 < 9$$

Um die Gleichung nach x aufzulösen, muss die Wurzel gezogen werden. Wenn man einfach wie bei einer Gleichung die Wurzel zieht, so ergibt sich:

$$x < 3 \ \lor \ x < -3$$

Die Lösung wäre also x < 3, denn wenn x < -3 ist, so ist es natürlich auch kleiner als 3. Allerdings lässt sich leicht überprüfen, dass dies nicht die richtige Lösung ist, denn wenn man für x z. B. -4 in die Ausgangsgleichung einsetzt (dies ist kleiner als -3), so ergibt sich:

$$(-4)^2 < 9, \text{ dies gilt aber nicht, denn 16 ist nicht kleiner als 9.}$$

Die richtige Lösung erhält man, indem man beim Wurzelziehen den Betrag von x bildet, also

$$x^2 < 9$$
$$\Leftrightarrow \ |x| < 3$$

Denn da x^2 immer positiv ist und dies kleiner als 9 sein soll, muss x vom Betrag her kleiner als 3 sein. Statt $|x| < 3$ kann man auch schreiben:

$$x < 3 \ \land \ x > -3$$

Die angeführte Lösung mit dem Betrag beim Wurzelziehen gilt für alle **geradzahligen** (2, 4, 6, etc.) Wurzeln.

Bei **ungeradzahligen** Wurzeln kann die Wurzel aus Ungleichungen genauso wie bei Gleichungen gezogen werden. Denn eine ungeradzahlige Wurzel verändert das Vorzeichen nicht. Entsprechend können ungeradzahlige Potenzen auf Ungleichungen angewendet werden, ohne dass sich etwas verändert. Z.B. können beide Seiten einer Ungleichung hoch 3 genommen werden.

Wenn hingegen geradzahlige Potenzen auf eine Ungleichung angewendet werden, so muss das Relationszeichen in bestimmten Fällen umgedreht werden.

9.2 Bruchrechnen

Nachfolgend werden die wesentlichen Zusammenhänge der Bruchrechnung angeführt. (Als weiteren Service des PD-Verlages finden Sie im Internet unter der Adresse **www.bruchrechnen.de** einen Übungskurs zum Bruchrechnen.)

Der Bruchstrich ist nichts anderes als ein Geteiltzeichen. Es gilt:

$$\frac{1}{2} = 1 \div 2$$

Hat ein Bruch im Zähler und Nenner gleiche Faktoren, so können diese **gekürzt** werden:

$$\frac{10}{45} = \frac{2*5}{9*5} = \frac{2}{9}$$

Da der Faktor 5 sowohl im Zähler als auch im Nenner auftaucht, können jeweils Zähler und Nenner durch diesen Faktor gekürzt werden.

Beim Kürzen steht zwischen den Ausdrücken ein Gleichheitszeichen; somit gilt die Regel des Kürzens auch "rückwärts". Brüche können also im Zähler und Nenner gleichzeitig mit beliebigen Faktoren multipliziert werden. Dieses Verfahren nennt man **Erweitern** des Bruches.

$$\frac{2}{9} = \frac{2*7}{9*7} = \frac{14}{63}$$

Zwei Brüche werden **multipliziert**, indem jeweils die Zähler und die Nenner miteinander multipliziert werden:

$$\frac{2}{9} * \frac{7}{5} = \frac{2*7}{9*5} = \frac{14}{45}$$

Dividiert (geteilt) werden Brüche, indem mit dem Kehrwert multipliziert wird:

$$\frac{2}{9} \div \frac{7}{5} = \frac{2}{9} * \frac{5}{7} = \frac{2*5}{9*7} = \frac{10}{63}$$

Auch wenn Brüche dividiert werden, kann natürlich das "Geteilt-Zeichen" durch einen Bruchstrich ersetzt werden:

$$\frac{2}{9} \div \frac{7}{5} = \frac{\frac{2}{9}}{\frac{7}{5}} = \frac{2}{9} * \frac{5}{7} = \frac{2*5}{9*7} = \frac{10}{63}$$

Die **Addition** und **Subtraktion** von Brüchen ist etwas komplizierter. Sollen zwei Brüche addiert oder subtrahiert werden, so müssen sie zunächst auf den **Hauptnenner** gebracht werden. Am besten lässt sich das Verfahren an einem Beispiel verdeutlichen:

$$\frac{2}{9} + \frac{7}{5}$$

Bei dem ersten Ausdruck steht 9 und bei dem zweiten 5 im Nenner. Die Brüche können erst addiert werden, wenn bei beiden das Gleiche im Nenner steht. Hierzu müssen die Brüche erweitert werden. Der erste Bruch kann mit dem Nenner des zweiten und der zweite Bruch mit dem Nenner des ersten erweitert werden:

$$\frac{2}{9} + \frac{7}{5} = \frac{2*5}{9*5} + \frac{7*9}{5*9} = \frac{10}{45} + \frac{63}{45}$$

Nun, da beide Brüche den gleichen Nenner haben, dürfen die Zähler addiert werden:

$$\frac{10}{45} + \frac{63}{45} = \frac{10+63}{45} = \frac{73}{45}$$

Wenn mehr als zwei Brüche addiert oder subtrahiert werden sollen, so muss jeder Bruch mit den Nennern aller anderen Brüche erweitert werden. Z.B.:

$$\frac{2}{a} - \frac{5}{b} + \frac{2}{c} = \frac{2*b*c}{a*b*c} - \frac{5*a*c}{b*a*c} + \frac{2*a*b}{c*a*b} = \frac{2bc - 5ac + 2ab}{abc}$$

Wenn die Nenner gemeinsame Faktoren enthalten, kann man sich allerdings die Arbeit leichter machen. Dies wird anhand des nachfolgenden Beispiels gezeigt:

$$\frac{2}{9} - \frac{5}{3} + \frac{3}{9}$$

Hier reicht es, den zweiten Bruch mit 3 zu erweitern, denn dann haben alle Brüche den gleichen Nenner.

$$\frac{2}{9} - \frac{5}{3} + \frac{3}{9} = \frac{2}{9} - \frac{15}{9} + \frac{3}{9} = -\frac{10}{9}$$

Die Nenner brauchen also zum Addieren oder Subtrahieren nur auf das kleinste gemeinsame Vielfache gebracht zu werden.

Auch die Addition von Brüchen lässt sich "umdrehen". Ein Bruch kann z.B. folgendermaßen in mehrere Brüche aufgespalten werden:

$$\frac{10}{9} = \frac{15-5}{9} = \frac{15}{9} - \frac{5}{9} = \frac{5}{3} - \frac{5}{9}$$

oder auch

$$\frac{x^3 + 4x^2 - 2}{x} = \frac{x^3}{x} + \frac{4x^2}{x} - \frac{2}{x} = x^2 + 4x - \frac{2}{x}$$

Es sei angemerkt, dass derartige Aufspaltungen **nur** mit dem Zähler (dem Term über dem Bruchstrich) und keinesfalls mit dem Nenner (dem Term unter dem Bruchstrich) durchgeführt werden dürfen.

Brüche, deren Wert größer als 1 ist, schreibt man auch als **gemischte Zahl**. Z.B. schreibt man:

$$\frac{10}{9} = 1\frac{1}{9}$$

Den rechten Ausdruck nennt man eine gemischte Zahl. Es handelt sich um eine abkürzende Schreibweise, bei der das Pluszeichen weggelassen wird. Es gilt:

$$1\frac{1}{9} = 1 + \frac{1}{9}$$

Wenn im Zähler oder Nenner Summen oder Differenzen stehen und gekürzt werden soll, so ist zu beachten, dass aus jedem Term gekürzt wird:

$$\frac{2a - 5ac + 2ab}{abc} = \frac{2 - 5c + 2b}{bc}$$

Abschließend sei angeführt, dass ein Quotient genau dann Null ist, wenn der Zähler Null und der Nenner gleichzeitig ungleich Null ist. Es sei folgendes Beispiel betrachtet:

$$\frac{x^2 - 4x + 4}{x + 2} = 0$$

Nun wird der Zähler gleich Null gesetzt:

$$x^2 - 4x + 4 = 0$$

Diese Gleichung kann mittels der pq-Formel gelöst werden:

$$x = \frac{4}{2} \pm \sqrt{\left(\frac{4}{2}\right)^2 - 4} = 2 \pm 0 = 2$$

Wird die 2 in den Nenner eingesetzt, ergibt sich: 2 + 2 = 4. Somit ist der Nenner ungleich Null und der Bruch wird für x=2 Null.

9.3 Grundlegende Rechenregeln

9.3.1 Wurzeln und Potenzen

Für Wurzeln und Potenzen gelten die gleichen Rechenregeln. Dieses muss schon deshalb so sein, weil sich jede Wurzel als Potenz schreiben lässt:

$$\sqrt[n]{a} = a^{\frac{1}{n}}$$

Besonders wichtig ist, dass bei Summen und Differenzen die Wurzeln oder Potenzen **nicht** einfach auf die einzelnen Terme angewendet werden dürfen:

$$(a + c)^3 \neq a^3 + c^3 \quad \text{bzw.} \quad \sqrt{a - c} \neq \sqrt{a} - \sqrt{c}$$

Bei Produkten oder Quotienten darf die Wurzel oder Potenz dagegen einfach auf die einzelnen Terme angewendet werden.

$$(a * c)^3 = a^3 * c^3 \quad \text{bzw.} \quad \sqrt{a * c} = \sqrt{a} * \sqrt{c}$$

$$\left(\frac{a}{b}\right)^2 = \frac{a^2}{b^2} \quad \text{bzw.} \quad \sqrt{\frac{a}{b}} = \frac{\sqrt{a}}{\sqrt{b}}$$

9.3.2 Multiplizieren von Klammern

Hier muss jeder Term der einen Klammer mit jedem Term der anderen Klammer multipliziert werden. Z.B.:

$$(a + b + c) * (d - e) = ad + bd + cd - ae - be - ce$$

Sollen zwei gleiche oder bis aufs Vorzeichen gleiche Klammern miteinander multipliziert werden, so kann auch auf die Binomischen Formeln zurückgegriffen werden:

1. Binomische Formel $(a + b)^2 = a^2 + 2ab + b^2$

2. Binomische Formel $(a - b)^2 = a^2 - 2ab + b^2$

3. Binomische Formel $(a + b) * (a - b) = a^2 - b^2$

Die Binomischen Formeln lassen sich natürlich leicht durch Multiplizieren der Klammern herleiten.

Pascalsches Dreieck

Wenn eine höhere Potenz einer Klammer berechnet werden soll, so kann die Aufgabe mittels des Pascalschen Dreiecks vereinfacht werden.

Das Pascalsche Dreieck sieht folgendermaßen aus:

```
                1
              1   1
            1   2   1
          1   3   3   1
        1   4   6   4   1
      1   5  10  10   5   1
    1   6  15  20  15   6   1
  1   7  21  35  35  21   7   1
```

Die Zahlen in dem Dreieck entstehen jeweils, indem die links und rechts darüberliegenden Zahlen addiert werden. Natürlich kann dieses Dreieck nach unten beliebig fortgesetzt werden. Angenommen, es soll folgende Klammer berechnet werden:

$$(a + b)^4$$

Wenn diese Klammer 4 mal mit sich selbst multipliziert wird, so ergeben sich im Prinzip folgende Terme: a^4, a^3b, a^2b^2, ab^3 und b^4. Diese Terme kommen aber unterschiedlich oft vor. Wie oft sie vorkommen, gibt gerade die entsprechende Zeile im Pascalschen Dreieck an. Da es hier 5 verschiedene Terme gibt, muss die 5. Zeile des Pascalschen Dreiecks genommen werden, und es ergibt sich:

$$(a + b)^4 = a^4 + 4a^3b + 6a^2b^2 + 4ab^3 + b^4$$

Entsprechend kann bei anderen Klammern verfahren werden. Taucht ein Minus in der Klammer auf, so hängt das Vorzeichen der Terme davon ab, in welcher Potenz der Term, vor dem das Minus steht, eingeht:

$$(a - b)^5 = a^5 - 5a^4b + 10a^3b^2 - 10a^2b^3 + 5ab^4 - b^5$$

oder auch

$$(-a - b)^7 = -a^7 - 7a^6b - 21a^5b^2 - 35a^4b^3 - 35a^3b^4 - 21a^2b^5$$
$$- 7ab^6 - b^7$$

9.4   Typische Fehler

Nachfolgend werden typische Fehler, also Fehler, die immer wieder gemacht werden, angeführt. Für die meisten dürfte es nützlich sein, die Liste auf eigene Fehler zu durchforsten. Nachfolgend wird für die nicht erlaubten Umformungen das $\neq$ Zeichen benutzt. Hiermit ist gemeint, dass die angeführten Umformungen im allgemeinen nicht gestattet sind. In Spezialfällen können sie natürlich gelten.

1) $(x + y)^n \neq x^n + y^n$

2) $\sqrt{a + c} \neq \sqrt{a} + \sqrt{c}$

3) $\dfrac{2b - 5}{b} \neq 2 - 5$

4) $\dfrac{1}{a} + \dfrac{1}{b} \neq \dfrac{1}{a + b}$

5) $a^n + a^m \neq a^{n+m}$

6) $\log(x+y) \neq \log x + \log y$

7) $a - (3 + b) \neq a - 3 + b$

8) $\int (x^2 * x)\, dx \neq \int x^2 dx * \int x\, dx$

9) $f(x) = x^{-2} \qquad f'(x) \neq -2x^{-1}$

Bei den angeführten Umformungen wurde häufig die Verknüpfung + verwendet. Es könnte genauso gut auch – verwendet werden.

Nachfolgend werden Erläuterungen zu einigen der Fehler angeführt:

1)   Bei + und – darf eine Potenz nicht einfach in die Klammer gezogen werden, bei $*$ und $\div$ ist dieses hingegen erlaubt, z. B. $(x * y)^n = x^n * y^n$.

2)   Wie zuvor bei den Potenzen ist dieses nur bei $*$ und $\div$ erlaubt.

3)   Auch die 5 muß durch b geteilt werden.

4)   Brüche müssen zum Addieren auf den Hauptnenner gebracht werden, dann können die Zähler der Brüche addiert werden.

6)   Es gilt $\log(x * y) = \log(x) + \log(y)$.

7)   Beim Auflösen der Klammer ergibt sich ”–b”

8)   Eine derartige Auflösung ist nur bei + und – erlaubt.

9)   Im Exponenten muss 1 subtrahiert und nicht addiert werden.

9.5 Formeln

Nachfolgend werden wichtige Formeln zusammengefasst. Damit die Übersicht einigermaßen komplett ist, werden auch die im Anhang zuvor besprochenen Formeln noch einmal mit angeführt.

9.5.1 Bruchrechnen

multiplizieren:
$$\frac{a}{b} * \frac{c}{d} = \frac{a*c}{b*d}$$

dividieren
$$\frac{a}{b} \div \frac{c}{d} = \frac{\frac{a}{b}}{\frac{c}{d}} = \frac{a}{b} * \frac{d}{c} = \frac{a*d}{b*c}$$

addieren und subtrahieren (mittels Hauptnenner):
$$\frac{a}{b} \pm \frac{c}{d} = \frac{a*d}{b*d} \pm \frac{c*b}{d*b} = \frac{ad \pm cb}{db}$$

9.5.2 Rechnen mit Exponenten

1a) multiplizieren $\quad (a * b)^x = a^x * b^x$

1b) dividieren $\quad \left(\frac{a}{b}\right)^x = \frac{a^x}{b^x}$

(Die Regeln für Wurzeln stecken in den angeführten Gleichungen mit drin. Wenn x z.B. $\frac{1}{2}$ ist, so ergibt sich gerade die entsprechende Regel für die 2.Wurzel. Auch bei den nachfolgenden Beziehungen ergeben sich auf diese Weise die entsprechenden Gleichungen für Wurzeln.)

2a) $\quad a^n * a^m = a^{n+m}$

2b) $\quad \frac{a^n}{a^m} = a^{n-m}$

3) $\quad (a^n)^m = a^{n*m}$

4) $\quad a^x = e^{\ln(a)*x}$

9.5.3 Logarithmen

$\log_a x$ ist der Logarithmus zur Basis $a \in \mathbb{R}^+\backslash\{0\}$. Es gilt:

$$y = \log_a(x) \Leftrightarrow a^y = x$$

Die Fragestellung hinter dem Logarithmus lautet also: „a hoch wie viel ergibt den vorgegebenen x–Wert"?

1a) $\log_a(x * y) = \log_a(x) + \log_a(y)$

1b) $\log_a(\frac{x}{y}) = \log_a(x) - \log_a(y)$

2) $\log_a(x^y) = y * \log_a(x)$

3) $\log_a(x) = \dfrac{1}{\ln(a)} \ln(x)$

Natürlich gelten die angeführten Regeln auch für a=10 (10er Logarithmus, der auch log oder lg genannt wird) und a=e (natürlicher Logarithmus, der auch ln genannt wird).

9.5.4 Trigonometrische Funktionen

$\sin(x + \frac{\pi}{2}) = \cos(x)$, $\sin(x + \pi) = -\sin(x)$, $\sin(x + 2\pi) = \sin(x)$

$\cos(x + \frac{\pi}{2}) = -\sin(x)$, $\cos(x + \pi) = -\cos(x)$, $\cos(x + 2\pi) = \cos(x)$

$\sin^2(x) + \cos^2(x) = 1$

$\sin(2x) = 2\sin(x) * \cos(x)$, $\cos(2x) = \cos^2(x) - \sin^2(x)$

$\sin(-x) = -\sin(x)$ der sinus ist punktsymmetrisch

$\cos(-x) = \cos(x)$ der cosinus ist achsensymmetrisch

9.5.5 Wichtige Identitäten

1          $\sqrt[n]{a} = a^{\frac{1}{n}}$

2          $x^{-n} = \dfrac{1}{x^n}$

3          $f^{-1}(f(x)) = x$ (Funktion und Umkehrfunktion heben sich gegenseitig auf, nachfolgend einige Beispiele)

$$\Rightarrow \ln(e^x) = x \ ; \ e^{\ln x} = x \ ; \ \sqrt[3]{x^3} = x \quad \text{etc.}$$

9.5.6 Ableitungsübersicht

Funktion	Ableitung
$f(x)$	$f'(x)$
a	0
$x^n \quad n \in \mathbb{R} \setminus \{0\}$	$n * x^{n-1}$
$\Rightarrow \sqrt{x} = x^{\frac{1}{2}}$	$\frac{1}{2} * x^{-\frac{1}{2}} = \frac{1}{2\sqrt{x}}$
$\Rightarrow \frac{1}{x} = x^{-1}$	$-\frac{1}{x^2}$
$\ln(x)$	$\frac{1}{x}$
$\Rightarrow \log_a(x) = \frac{1}{\ln(a)}\ln(x)$	$\frac{1}{\ln(a)} * \frac{1}{x}$
$\sin(x)$	$\cos(x)$
$\cos(x)$	$-\sin(x)$
$\tan(x)$	$\frac{1}{\cos^2 x}$
e^x	e^x
$\Rightarrow a^x = e^{\ln(a)*x}$	$\ln(a)*e^{\ln(a)*x} = \ln(a) * a^x$
$\cos^2(x)$	$-2\sin(x) * \cos(x)$
$\sin^2(x)$	$2\sin(x) * \cos(x)$
$\sqrt{g(x)}$	$\frac{g'(x)}{2\sqrt{g(x)}}$
$\sqrt[n]{x}$	$\frac{1}{n\sqrt[n]{x^{n-1}}}$
$\ln(x^n)$	$\frac{n}{x}$
$\ln(g(x))$	$\frac{g'(x)}{g(x)}$
$e^{g(x)}$	$g'(x) * e^{g(x)}$

9.5.7 Ableitungsregeln

Faktoren; $(a*f(x))' = a*f(x)'$

Summen/Differenzen: $(f(x) \pm g(x))' = f'(x) \pm g'(x)$

Kettenregel: $(g(h(x)))' = g'(h(x)) * h'(x)$
                        äußere   innere   Ableitung

Produktregel: $(g(x)*h(x))' = g'(x)*h(x) + g(x)*h'(x)$

Quotientenregel: $f'(x) = \dfrac{g'(x) * h(x) - g(x) * h'(x)}{[h(x)]^2}$

9.5.8 Integrationsregeln

Faktoren $\int(a*f(x))dx = a* \int f(x)dx$

Summen/Differenzen $\int(f(x) \pm g(x))dx = \int f(x)dx \pm \int g(x)dx$

Partielle Integration $\int f'*g = f*g - \int f*g'$

Substitution   es muss eine neue Variable definiert, die alte Variable durch die neue vollständig ersetzt, das Integral gelöst und dann die neue Variable wieder durch die alte ersetzt werden.

Partialbruchzerlegung diese kann bei Brüchen der folgenden Gestalt verwendet werden:

$$f(x) = \frac{a_0x^0 + a_1x^1 + ... + a_mx^m}{a_0x^0 + a_1x^1 + ... + a_nx^n} \quad \text{mit } m, n \in \mathbb{N} \land n > m$$

bestimmtes Integral hier müssen die Grenzen folgendermaßen in die Funktion eingesetzt werden:

$$\int_a^b f(x)dx = F(b) - F(a)$$

Weiterhin gelten für bestimmte Integrale die nachfolgend aufgeführten Regeln

$$\int_a^b f(x)dx = - \int_b^a f(x)dx$$
$$\int_a^b f(x)dx + \int_b^c f(x)dx = \int_a^c f(x)dx$$

9.5.9 Tabelle wichtiger Stammfunktionen

Funktion	Stammfunktion
f(x)	F(x)
$x^{-1} = \frac{1}{x}$	$\ln\lvert x\rvert$
$\Rightarrow \frac{1}{x+a}$	$\ln\lvert x+a\rvert$
$x^n \quad n\in\mathbb{R}\setminus\{-1\}$	$\frac{1}{n+1}x^{n+1}$
$\Rightarrow \sqrt{x} = x^{\frac{1}{2}}$	$\frac{1}{\frac{1}{2}+1}*x^{\frac{1}{2}+1} = \frac{2}{3}*x^{\frac{3}{2}}$
$\Rightarrow \frac{1}{x^3} = x^{-3}$	$\frac{1}{-3+1}*x^{-3+1} = -\frac{1}{2}x^{-2}$
$\Rightarrow \frac{1}{\sqrt[3]{x^5}} = x^{-\frac{5}{3}}$	$\frac{1}{-\frac{5}{3}+1} * x^{-\frac{5}{3}+1} = -\frac{3}{2}*x^{-\frac{2}{3}}$
$\Rightarrow (ax+b)^n \quad n\in\mathbb{R}\setminus\{-1\}$	$\frac{1}{a} * \frac{1}{n+1}*(ax+b)^{n+1}$
$\Rightarrow a, \quad a\in\mathbb{R}$	$a*x$
$\sin(x)$	$-\cos(x)$
$\cos(x)$	$\sin(x)$
$\ln(x)$	$x*\ln(x)-x$
$\Rightarrow \ln(a*x) = \ln(a)+\ln(x)$	$\ln(a)*x + x*\ln(x)-x$
e^x	e^x
$\Rightarrow e^{a*x}$	$\frac{1}{a}e^{a*x}$
$\Rightarrow a^x = e^{\ln(a)*x}$	$\frac{1}{\ln(a)}*e^{\ln(a)*x} = \frac{1}{\ln(a)}*a^x$
$\tan(x)$	$-\ln\lvert\cos(x)\rvert$
$\frac{1}{x^2+1}$	$\arctan(x)$
$\frac{a*g'(x)}{g(x)}$	$a*\ln(g(x))$

Viele weitere Integrale können unter Zuhilfenahme der zuvor angeführten Integrationsregeln gelöst werden.

Die nachfolgende Tabelle ist für eigene Ergänzungen der angeführten Integrale gedacht.

integrieren $\longrightarrow$

$\longleftarrow$ differenzieren

Funktion	Stammfunktion
f(x)	F(x)

9.6   Mathematische Zeichen

Mengen

$\mathbb{N}$	Menge der natürlichen Zahlen	$\{1,2,3,4,......\}$
$\mathbb{N}_0$	Menge der natürlichen Zahlen einschließlich der Null	$\{0,1,2,3,4,......\}$
$\mathbb{Z}$	Menge der ganzen Zahlen	$\{....-3,-2,-1,0,1,2,3,....\}$
$\mathbb{Q}$	Menge der rationalen Zahlen	Menge aller als Bruch ganzer Zahlen darstellbarer Zahlen (Ratio = Verhältnis).
$\mathbb{R}$	Menge der reellen Zahlen	zusätzlich zu $\mathbb{Q}$ sind auch alle irrationalen Zahlen (z.B. Π,e,$\sqrt{2}$) enthalten.
$\mathbb{R}^+$	Menge der positiven reellen Zahlen	Für die Elemente x dieser Menge muss gelten: x ϵ $\mathbb{R}$ und x > 0
$\mathbb{R}_0^+$	Menge der nichtnegativen reellen Zahlen	Für die Elemente x dieser Menge muss gelten: x ϵ $\mathbb{R}$ und x $\geq$ 0
$\mathbb{C}$	Menge der komplexen Zahlen	zusätzlich zu $\mathbb{R}$ sind auch alle Wurzeln aus negativen Zahlen (imaginäre Zahlen) enthalten.

Logische Verknüpfungen

$\vee$ oder

$\wedge$ und

Verknüpfungen von Mengen

$\setminus$ ohne

$\cup$ vereinigt

$\cap$ geschnitten

$\in$ ist Element

$\subset$ ist Teilmenge

$\supset$ ist Obermenge (die zweitgenannte Menge ist in diesem Fall Teilmenge der ersten Menge)

Wichtige Konstante

e	Eulersche Zahl	2,71828...
π	Pi	3,14159...

Intervalle

[a, b] abgeschlossenes Intervall		alle reellen Zahlen zwischen a und b, wobei a und b in dem Intervall mit enthalten sind.
]a, b[offenes Intervall		alle reellen Zahlen zwischen a und b, wobei a und b in dem Intervall **nicht** mit enthalten sind.
[a, b[bzw.]a, b] halboffene Intervalle		die eine Grenze ist jeweils in dem Intervall mit enthalten, die andere nicht.

Weitere Zeichen:

$\sum$ Summenzeichen

$\prod$ Produktzeichen

$*$ In diesem Buch verwendetes "mal" Zeichen

$\Rightarrow$ daraus folgt

$\Leftrightarrow$ Äquivalent (gleichbedeutend) (auch Bijunktion genannt)

Dieses Zeichen wird bei der Umformung von Gleichungen verwendet, wenn das "daraus folgt" ($\Rightarrow$) in beide Richtungen, also auch "rückwärts", gilt. Häufig gibt es in Klausuren Punktabzug wegen fehlender Äquivalenzzeichen.

$\neq$ ungleich

$\exists$ es existiert ein ...

$\forall$ es gilt für alle ...

$\circ$ verknüpft- Zeichen für Funktionen

dx   Differential (unendlich kleines Stück in x- Richtung)

n!   n- Fakultät

Hierbei wird n mit allen natürliche Zahlen, die kleiner als n sind, multipliziert, es gilt also: $n! = n * (n-1) * (n-2) * \ldots * 1$

9.7 Griechisches Alphabet

In der Mathematik werden immer wieder griechische Buchstaben verwendet Daher wird nachfolgend ein Überblick über das griechische Alphabet gegeben:

Klein	Groß	Name
α	A	Alpha
β	B	Beta
γ	Γ	Gamma
δ	Δ	Delta
ε	E	Epsilon
ζ	Z	Zeta
η	H	Eta
ϑ	Θ	Theta
ι	I	Jota
ϰ	K	Kappa
λ	Λ	Lambda
μ	M	My
ν	N	Ny
ξ	Ξ	Xi
ο	O	Omikron
π	Π	Pi
ρ	P	Rho
σ	Σ	Sigma
τ	T	Tau
υ	Υ	Ypsilon
φ	Φ	Phi
χ	X	Chi
ψ	Ψ	Psi
ω	Ω	Omega

Stichwortverzeichnis

Lehrbücher aus dem PD-Verlag (Stand Oktober 2014):

Mathematik

Oberstufenmathematik leicht gemacht
Band 1: Differential- und Integralrechnung
8. Auflage, 270 S., ISBN 978-3-86707-168-0
Band 2: Lineare Algebra/Analytische Geometrie
5. Auflage, 318 S., ISBN 978-3-86707-265-6

Mathematik - anschaulich dargestellt - für Studierende der Wirtschaftswissenschaften, 16. Auflage, 400 S., ISBN 978-3-86707-016-4

Über den Stoff der Reihe „Oberstufenmathematik leicht gemacht" hinaus sind folgende Bereiche in dem Buch behandelt:
Lineare Algebra: Inverse Matrizen, Rang, Laplacescher Entwicklungssatz, lineare Optimierung
Analysis im $\mathfrak{R}^n$: Partielle Ableitungen, Lagrangeverfahren, Ableitungsmatrizen, Mehrdimensionale Kettenregel, Totales Differential, Extremwerte im $\mathfrak{R}^n$
Differential- und Differenzengleichungen, Finanzmathematik

„Die geraffte Darstellung, die mit den schulmathematischen Kenntnissen (Mittelstufe) beginnt und bis zum Vordiplom führt, ist so anschaulich, dass innerhalb von 13 Monaten bereits die 4. Auflage des preiswerten Buches erscheinen konnte ..."

„Diese ausgezeichnete Darstellung sei nachdrücklich weiterhin empfohlen."
ekz-Informationsdienst (Besprechung der 4. und 9. Auflage)

Mathematik in den Wirtschaftswissenschaften. Aufgabensammlung mit Lösungen
10. Auflage, 190 S., ISBN 978-3-86707-110-9
Über 160 grundlegende Klausuraufgaben mit ausführlichen Lösungsvorschlägen.

„ ... Da die Aufgaben größtenteils allgemein gehalten sind (nicht speziell auf Fragen der Ökonomie bezogen), ist das Buch auch für Schüler an Gymnasien und Fachoberschulen interessant ..."
ekz-Informationsdienst (Besprechung der 4. Auflage)

Fortsetzung auf der nächsten Seite

Lehrbücher aus dem PD-Verlag (Fortsetzung):

VWL

Grundlagen der Volkswirtschaftslehre anschaulich dargestellt,
6. Auflage, 350 S., ISBN 978-3-86707-476-6

„Sehr preisgünstiges Lehrbuch für Erstsemester, in Teilen auch nützlich als Grundlage für Schulreferate/Sekundarstufe II." ekz-Informationsdienst (Besprechung der 1. Auflage)

Mikroökonomie anschaulich dargestellt
3. Auflage, 478 S., ISBN 978-3-86707-483-4

Makroökonomie anschaulich dargestellt
2. Auflage, 443 S., ISBN 978-3-86707-492-6

BWL

Grundlagen der Finanzierung – anschaulich dargestellt
5. Auflage, 284 S., ISBN 978-3-86707-425-4

Grundlagen der Investitionsrechnung – anschaulich dargestellt
6. Auflage, 112 S., ISBN 978-3-86707-406-3

Grundlagen der Entscheidungstheorie – anschaulich dargestellt
6. Auflage, 112 S., ISBN 978-3-86707-306-6

Die Ausarbeitungen werden durch zahlreiche typische Aufgaben mit ausführlichen Lösungsvorschlägen ergänzt.

Lernhilfen

Mehr Erfolg bei Prüfungen und Klausuren
2. Auflage, ca. 104 S., ISBN 978-3-930737-58-1

Statistik

Wirtschaftsstatistik – anschaulich dargestellt,
7. Auflage, 104 S., ISBN 978-3-86707-207-6
Komprimierte Darstellung des Stoffes (Indizes, Proben, Umbasierung, Kaufkraftparitäten, Konzentration, Lorenzkurve, Gini-Koeffizient, deskriptive Zeitreihenanalyse ...)

Pro & Contra

Das Handbuch des Debattierens
2. Auflage, 286 S., ISBN 978-3-86707-152-9
Neben den verschiedenen Regeln des Debattierens werden auch Tipps für eine erfolgreiche Rede vermittelt. Insbesondere werden zu über 70 aktuellen Themen aus Politik, Wirtschaft und Gesellschaft außer einer kurzen prägnanten Einführung mit den nötigen Grundinformationen auch Pro- und Contra-Argumente, mögliche Anträge und passende Zitate präsentiert.